트래블로그Travellog로 로그인하라!
여행은 일상화 되어 다양한 이유로 여행을 합니다.
여행은 인터넷에 로그인하면 자료가 나오는 시대로 변화했습니다.
새로운 여행지를 발굴하고 편안하고
즐거운 여행을 만들어줄 가이드북을 소개합니다.

일상에서 조금 비켜나 나를 발견할 수 있는 여행은
오감을 통해 여행기록TRAVEL LOG으로 남을 것입니다.

발트 3국 계절

발트 3국의 계절을 한 문장으로 요약하면 "겨울이 길고 봄(5월)과 가을(9월)이 짧다"이다. 북유럽의 스웨덴 남부나 덴마크의 코펜하겐(59°)과 비슷한 위도일 정도로 높아 여름에는 백야, 겨울에는 오전 11시에 해가 떠서 오후 3시 30분이면 해가 진다. 그래서 발트 3국은 북유럽과 비슷한 여행을 상대적으로 저렴한 가격에 즐길 수 있는 여행지이다.

봄 | 4~5월

발트 3국의 봄은 늦게 오고 일찍 끝난다. 3~4월에는 겨울에 쌓은 눈들이 녹아 신발이 젖는 경우가 많다. 또한 4월까지 눈이 내리고 추워지는 경우가 많아 오리털파카 같은 옷을 준비해야 한다. 5월이 되면서 본격적인 봄이 시작되어 날씨가 좋아지고 급격히 낮이 길어진다.

여름 | 6~8월

비교적 서늘하지만 지구 온난화로 점점 여름 기온은 올라가고 있다. 선선한 여름 여행을 원한다면 발트3국 만한 곳이 없다. 여름에는 덥고 건조하여 습하지 않아 여름여행의 최적이다. 여름이어도 기억할 사항은 일교차가 아주 심한 편이라는 것이다. 건조한 여름에는 해변에서 지내는 것이 가능하지만 저녁에는 추워져서 긴 옷이 필요하다. 해안은 날씨의 변화가 많아 우산을 가지고 있는 것이 좋다.

날씨의 변화가 심한 발트 3국이어서 하루에도 비가 내리고 그치기를 반복하는 영국의 런던 날씨 같다는 생각을 할 수 있다. 그러므로 우산은 반드시 챙겨야 한다. 가끔이지만 10도 정도의 가을 날씨가 여러 날 지속되기도 한다. 비가 오거나 흐린 날에는 쌀쌀한 날씨를 대비한 긴 옷은 반드시 필요하다.

가을 | 9~10월

8월까지 여름이 끝나고 나면 9월동안 짧은 가을이 시작되고 10월부터 해가 일찍 지기 시작하면서 겨울날씨로 바뀌기 시작된다. 여름이 가장 여행하기 좋은 날씨이지만 9~10월말도 서늘하여 여행하기에 좋다. 여름의 성수기를 지나 한적하게 가을을 맛보려는 여행자들도 꽤 많다. 또한 단풍이 지는 풍경도 발트 3국 가을 여행의 또 다른 매력이다.

겨울 | 11~3, 4월

겨울은 12월에 첫눈이 내리고, 4월초까지 눈이 내리는 경우도 있고, 발트 해의 영향으로 영하 20도 이하까지 내려가기도 한다. 바람이 많이 불어 체감기온은 더 떨어지므로 두꺼운 패딩이나 발열내의 같은 옷들이 필요하다. 발트 3국 모두 12~1월에는 오후 10시 30분 정도에 해가 떠서 오후 4시면 해가 지는 밤이 길다. 유럽에서도 유명한 크리스마스 마켓이 열리는 발트 3국은 크리스마스 행사가 12월 내내 진행된다.

Contents

발트3국 여행에 꼭 필요한 Info

〉〉〉 에스토니아(Eestonia)

〉〉〉 라트비아(Latvia)

〉〉〉 리투아니아(Lithuania)

〉〉〉 헬싱키(Helsinki)

Intro

식물은 한곳에서만 살아야 해서 참 지루할거야? 라는 친구의 물음에 무슨 이상한 이야기니? 라고 물었던 적이 있다. 얼마 전에 다녀온 탈린의 성벽은 그냥 있을까? 바뀌지 않았을까? 궁금해졌다.

다시 찾아간 탈린의 분위기는 나에게 옛 생각을 하게 만든다. 오랜 시간을 겹겹이 쌓아올린 성벽 옆의 나무를 보며 나는 나의 과거를 되돌아보았다. 동물은 공간여행을 하고 식물은 시간여행을 한다고 한다. 이 식물들은 나를 보고 기억할 것인가? 새롭게 나타난 내가 아니라 과거의 나를 보고 이 식물들은 나의 달라진 모습을 기억할 것인가? 궁금하다.

나는 요즈음 동유럽에 빠져 여행하고 있다. 그 중에서도 체코, 폴란드와 발트3국이다. 사람들의 친절과 그들이 가진 공동체적인 생각이 좋다. 대한민국이 예전에 가진 공동체와 친절을 받기 위해 여행한다. 레스토랑이나 카페에서 시민들과 이야기하고 친해져 그들의 집에 초대받기도 한다.

중세 유럽 문화의 흔적을 엿볼 수 있는 기회를 가질 수 있고 그 전통이 일상 곳곳에 깊숙이 스며들어 있다. 옛 모습을 훌륭하게 간직한 중세성벽과 유적, 장엄한 교회와 커다란 광장 등 많은 장소에서 생생한 역사를 간직한 현장에 있다는 사실에 감탄한다. 동유럽은 정교회를 가진 경우가 많지만 발트 3국은 루터파 교회를 볼 수 있다. 동유럽과 조금 다른 문화를 가졌다는 사실이다.

인간의 시간이란 단어로는 자연의 시간은 이해할 수 없다. 바쁜 것만이 존재하는 공간이 대한민국일 것이다. '바쁘다. 바쁘다'라는 단어를 입에 달고 살면서 달라지는 모습만이 좋은 것이라는 생각으로 살지 말아야 한다.

하루하루가 달라진다고 좋은 것이 아니다. 오랜 시간 지키는 모습이 믿음직스럽고 마음의 안정을 느끼게 한다. 안정되어 있다는 생각을 가져야 사람이 사람답게 살 수 있다. 그러려면 변하는 것은 적어야 하지 않을까? 디지털까지 더해져 대한민국은 불안한 곳 천지다.
언제 불안해질지 모르는 나라, 대한민국에서 조금 벗어나 신비롭고 흥미진진하고 계속 놀라움을 선사하는 발트 3국 여행으로 발길을 옮기게 된다.

이제 조금씩 발트 3국이 소개되고 있지만 정보는 부족하다. 발트 3국으로 여행을 하려는 여행자들은 더욱 자세한 가이드북이 필요하다. 이에 발트 3국의 세세한 정보까지 원하는 여행자들을 위해 발트 3국 가이드북이 탄생할 수 있었다. 이 가이드북을 위해 도시 곳곳을 직접 걸어 다니면서 자료를 찾고 시민들은 친절하게 도시를 알려주면서 같이 가이드북을 만들 수 있도록 도와주었다. 발트 3국에 대한 정보를 원한다면 이 책의 책장을 펼쳐보라고 말하고 싶다.

점점 새로운 인기 유럽 여행지로 변화할 수 있을 것이라고 생각한다. 일상에서 벗어나 단순하게 여행하는 당신에게 발트 3국을 추천한다. 삶은 복잡하지만 여행은 복잡하지 않아야 한다. 발트 3국을 가장 쉽게 다녀올 수 있는 TL(Travellog) 발트 3국으로 이제 떠나보자.

발트 3국 한눈에 알아보기

통화

3국 모두 유로를 사용(숙소와 식당에서 카드를 활성화시켜 관광업을 중요산업으로 만들고 있다. 카드와 현금을 적절하게 준비하는 것이 좋다)

언어

발트 3국의 언어는 모두 다르다. 에스토니아의 언어는 라트비아와 리투아니아 언어와는 본질적으로 완전히 다르다. 영어가 잘 통하는 편이지만 러시아어를 할 수 있다면 라트비아에서는 좀 더 편하게 여행 할 수 있다.

국경 통과

버스로 국경을 넘을 때는 특별한 검사를 하지 않는다. 렌트카 이동시 불시 검문이 있는 경우가 있다.

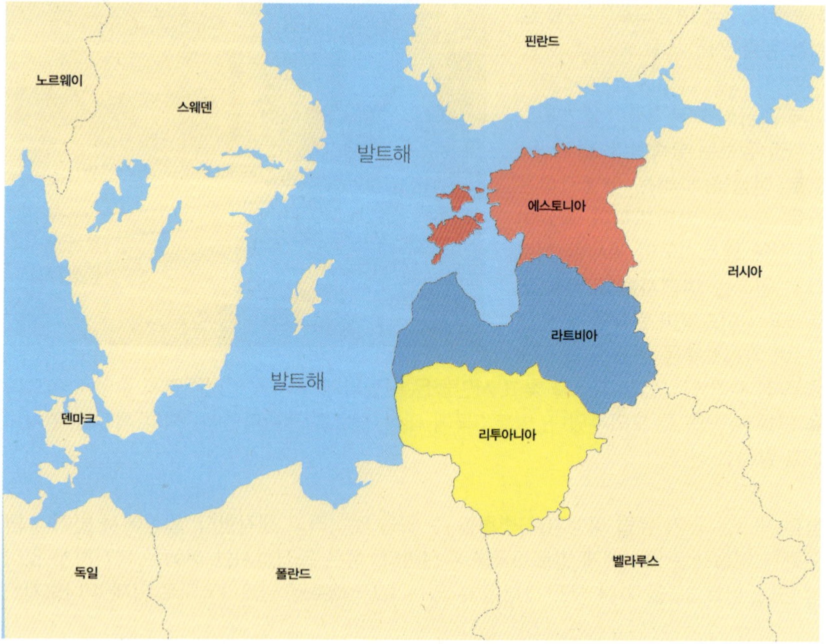

발트 3국 이동

국토가 크지 않은 에스토니아, 라트비아, 리투아니아 세 나라는 서로 인접해 버스가 여행의 이동수단으로 주로 사용되고 있다. 에스토니아에서 리가까지 5시간, 리가에서 빌뉴스까지 4시간 정도가 소요된다.

버스표는 버스터미널에서 구입할 수 있는데 국가 간에 이동할 경우에는 룩스나 에코라인 같은 개별 버스 회사 사무실에서 판매한다. 버스표는 인터넷과 현장 구매 모두 가능하니 미리 예약하는 것이 편리하다. 버스 탑승 전 여권 검사를 하기 때문에 여권은 소지한다.

▶ 에코라인 : http://ecolines.net/en/

▶ 룩스 : http://www.luxexpress.eu/en

유럽여행에서 주로 사용되는 유레일패스는 발트 3국에서는 이용이 불편하기 때문에 기차는 추천하지 않는다. 많이 이용하는 기차는 러시아의 모스크바와 상트 페테르부르그에서 기차로 입국하는 것이다.(라트비아의 경우 벨라루스를 거쳐야 하기 때문에 벨라루스 비자가 필요)

핀란드에서 에스토니아의 탈린으로 입국할 때는 페리로 이동하는 것이 가장 저렴하고 편수도 많다. 스칸디나비아 국가들보다 물가가 저렴하여 핀란드로 돌아가는 페리에서는 생필품과 맥주 등의 주류를 사가는 핀란드 사람들이 매우 많다.

치안

치안 문제는 걱정하지 않아도 될 만큼 안전하다.

에스토니아 긴급전화

긴급상황전화 112
경찰신고 110
탈린 응급처치 핫라인 697 11 45(English)

라트비아 긴급전화

화재신고 01
경찰신고 02
의료 긴급상황 03
긴급상황전화 112

리투아니아 긴급전화

화재신고 01
경찰신고 02
의료 긴급상황 03
긴급상황전화 112

전압 한국과 동일(220v)

시차 한국보다 7시간 느리다.

비자 발트 3국 모두 90일 무비자로 여행이 가능하다.

음식 발트 3국은 찌고 튀긴 요리가 주를 이루어 동유럽의 요리들과 비슷하다.

About 발트 3국

에스토니아

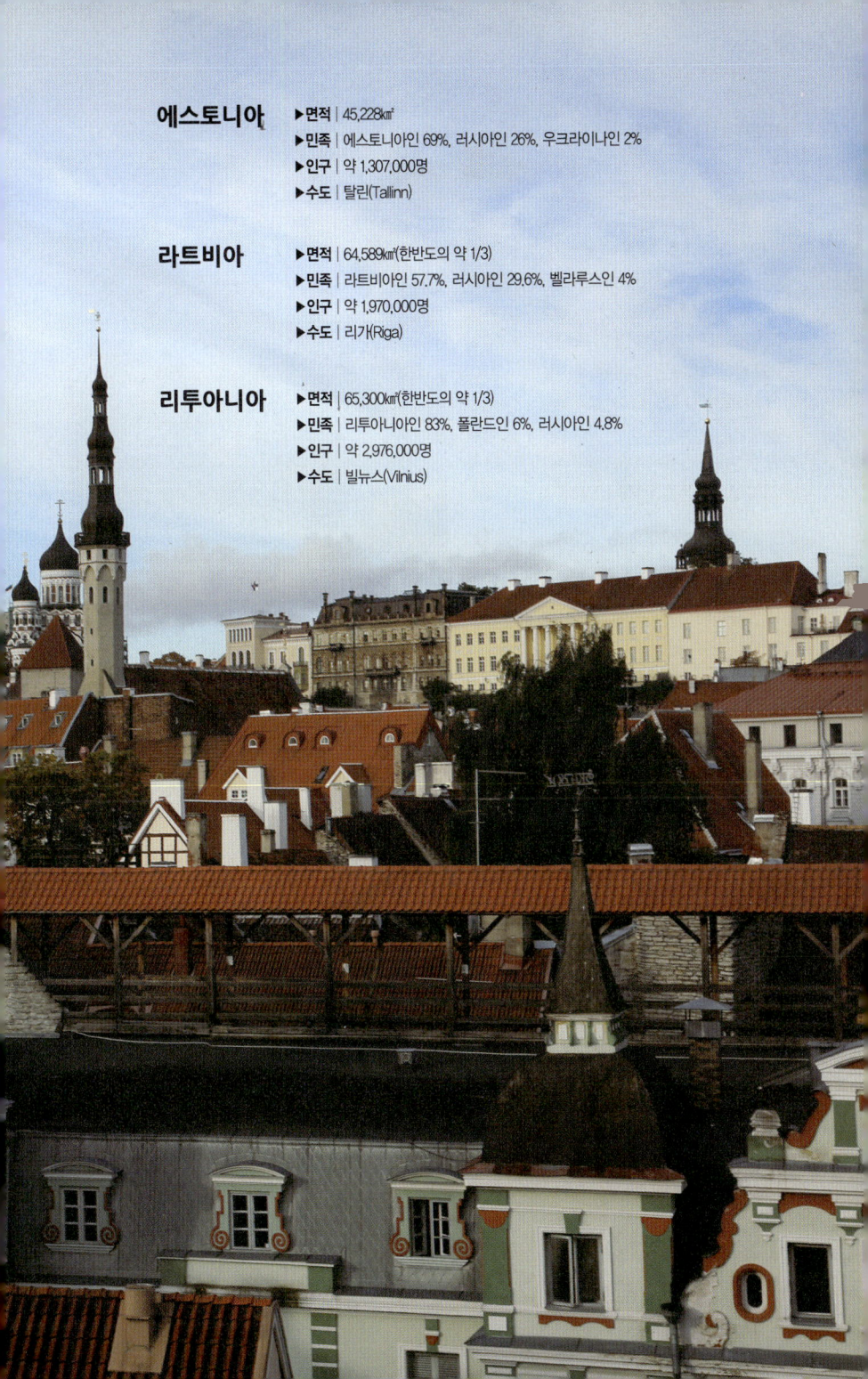

▶**면적** | 45,228㎢
▶**민족** | 에스토니아인 69%, 러시아인 26%, 우크라이나인 2%
▶**인구** | 약 1,307,000명
▶**수도** | 탈린(Tallinn)

라트비아

▶**면적** | 64,589㎢(한반도의 약 1/3)
▶**민족** | 라트비아인 57.7%, 러시아인 29.6%, 벨라루스인 4%
▶**인구** | 약 1,970,000명
▶**수도** | 리가(Riga)

리투아니아

▶**면적** | 65,300㎢(한반도의 약 1/3)
▶**민족** | 리투아니아인 83%, 폴란드인 6%, 러시아인 4.8%
▶**인구** | 약 2,976,000명
▶**수도** | 빌뉴스(Vilnius)

100년의 문화

발트 3국의 문화는 국가적으로 눈을 뜬 시기인 19세기 동안에 본격적으로 발전하였다. 이러한 발전은 노래와 전승문학과 같은 농업 문화의 요소가 1850년 이후에 문화엘리트와 만남으로 이루어졌다. 문학의 발전은 1810년대 민족시인과 소설이 발표되면서 시작되었다.
2차 세계대전 이후 소련의 지배로 문화엘리트들이 나라를 떠났다가 독립을 이루면서 다시 발전을 시작하였다.

에스토니아 화폐 크론(Kroon)

저렴한 물가

발트 3국의 물가가 저렴하다고 생각하는데 앞으로 변할 가능성도 있다. 지금 에스토니아는 물가가 지속적으로 상승하고 있다. 에스토니아는 2011년 1월까지 '크론Kroon'이라는 자국 화폐를 사용했다. 1928년 크론을 처음 도입한 뒤 2차 세계대전 후 소련에 병합되면서 현재 러시아가 쓰고 있는 화폐인 루블로 대체되었다.
이후 1992년 독립을 하고 크론을 재도입했지만, 2011년 1월 기준으로 유로를 쓰고 있다. 에스토니아는 독립 이후에 코딩을 의무 교육화하고 IT에 공을 들이면서 높은 경제 성장을 이루고 있다. 라트비아와 리투아니아도 현재 유럽연합에 가입하고 유로를 사용하면서 물가가 올라가고 있다. 물가가 올라가는 중이지만 유럽에서 가장 저렴한 물가를 가진 나라에 속한다.

유럽의 호랑이

에스토니아는 소련에서 독립한 후 경제 개혁을 통해서 높은 경제성장률을 보이고 있다. 에스토니아의 GDP는 다른 유럽 국가보다 높게 증가하고 있으며 외국인 투자 확대가 산업 생산 증가의 원동력이 되고 있다. 특히 유럽의 호랑이라고 부를 만큼 경제성장률이 높은데, 그 바탕에는 IT기술 발전이 있었다.

화상통화 '스카이프Skype'를 많은 사람들이 알고 있다. 지금은 구글에 인수되었지만 스카이프Skype를 개발한 나라가 에스토니아이다. 미국에 실리콘 밸리Silicon Valley가 있다면 탈린에는 탈린 밸리Tallin Valley가 있어 동유럽에서 가장 많은 스타트업 회사가 생겨나는 나라이다.

라트비아의 리가 밤거리

안전한 치안

발트 3국은 다른 유럽나라들보다 치안이 좋은 편에 속한다. 여자 혼자서 여행해도 문제가 없을 정도이다. 하지만 소매치기나 날강도는 언제든지 나타날 수 있으니 조심하자. 생명을 위협하는 범죄는 거의 없다고 해도 무방할 정도이다. 밤에 올드 타운Old Town을 제외한 지역을 돌아다니는 것은 조심하는 것이 좋다.

에스토니아의 탈린

국토의 50% 이상이 숲

발트 3국을 한마디로 표현한다면 숲과 호수, 그리고 아름다운 사람들이라고 할 수 있다. 예부터 발트 3국은 독일, 스웨덴, 러시아 등 주변 강대국들의 끊임없는 침략을 받았다. 하지만 발트 3국은 숱한 어려움 속에서 다시 독립을 쟁취하였고 아직도 국토의 50%이상이 숲으로 둘러싸인 천혜의 자연을 가지고 있는 나라이다.

에스토니아, 라트비아, 리투아니아는 오랜 기간 식민지시절을 거치면서 발전이 더딘 국가이지만 중세 유럽의 분위기가 남아 있어 도시마다 운치가 있다. 녹지가 50%를 육박하는 산림도 중세의 분위기와 함께 발트 3국의 매력을 극대화시켜주고 있다.

주변 강대국의 많은 침략

발트 3국을 한마디로 표현한다면 숲과 호수, 그리고 아름다운 사람들이라고 할 수 있다. 예부터 발트 3국은 독일, 스웨덴, 러시아 등 주변 강대국들의 끊임없는 침략을 받았다. 하지만 발트 3국은 숱한 어려움 속에서 다시 독립을 쟁취하였다.

발트 3국 여행 잘하는 방법

1. 도착하면 관광안내소(Information Center)를 가자.

어느 도시이든 도착하면 해당 도시의 지도를 얻기 위해 관광안내소를 찾는 것이 좋다. 공항에 나오면 중앙에 크게 'i'라는 글자와 함께 보인다. 환전소를 잘 몰라도 문의하면 친절하게 알려준다. 방문기간에 이벤트나 변화, 각종 할인쿠폰이 관광안내소에 비치되어 있을 수 있다.

2. 심(Sim)카드나 무제한 데이터를 활용하자.

공항에서 시내로 이동을 할 때 새로운 나라에 입국을 하면 인터넷을 이용하기가 힘들다. 무제한 데이터를 사용하려면 출발 전에 신청을 해야 한다. 아니면 심Sim카드를 이용해야 한다. 그런데 시내에서 심Sim카드를 구입하는 것보다 공항에서 구입해서 인터넷을 사용할 수 있는지 확인하고 이동하는 것이 편리하다.

스마트폰의 필요한 정보를 활용하려면 데이터가 필요하다. 그런데 최근에 아파트를 숙소로 이용하는 등의 스마트폰으로 인터넷에 접속해야 하는 일이 많아지고 있다. 매장에 가서 스마트폰을 보여주고 데이터의 크기를 1~3기가 정도를 구입하면 10일 정도는 무난하게 사용할 수 있다. 데이터의 양만 선택하면 매장의 직원이 알아서 다 갈아 끼우고 문자도 확인하여 이상이 없으면 돈을 받는다.

3. 유로로 환전해야 한다.

공항에서 시내로 이동하려고 할 때부터 돈이 필요하다. 다행히 발트 3국은 모두 유럽연합에 가입하고 있기 때문에 유로를 사용하면 된다. 국내에서 환전을 하지 않았다면 필요한 돈을 환전하여 가고 전체 금액을 환전하기 싫다고 해도 일부는 환전해야 한다. 시내 환전소에서 환전하는 것이 더 저렴하다는 이야기도 있지만 금액이 크지 않을 때에는 큰 금액의 차이가 없다.

4. 숙소에 대한 정보를 갖고 출발하자.

최근에 숙소를 꼭 호텔이나 호스텔만을 선택하지 않고 아파트를 선택하는 경우가 많아지고 있다. 숙소의 위치에 대해 정확한 정보가 없다면 숙소 근처에서 헤매거나 아파트의 주인과 연락이 안 되어 고생하는 일이 발생한다. 스마트폰의 구글맵으로 위치를 입력하고 찾는다면 수월할 수도 있으니 처음으로 도착해 익숙하지 않은 나라의 여행을 고생으로 시작하지 않도록 조심하자.

5. '관광지 한 곳만 더 보자는 생각'은 금물

발트 3국은 쉽게 갈 수 있는 해외여행지가 아니다. 사람마다 생각이 다르겠지만 평생 한번만 갈 수 있다는 생각을 하지 말고 여유롭게 관광지를 보는 것이 좋다. 한 곳을 더 본다고 여행이 만족스럽지 않다. 자신에게 주어진 휴가기간 만큼 행복한 여행이 되도록 여유롭게 여행하는 것이 좋다.

서둘러 보다가 지갑도 잃어버리고 여권도 잃어버리기 쉽다. 허둥지둥 다닌다고 발트 3국을 한 번에 다 볼 수 있지도 않으니 한 곳을 덜 보겠다는 심정으로 여행한다면 오히려 더 여유롭고 만족스러운 여행이 될 것이다.

6. 아는 만큼 보이고 준비한 만큼 만족도가 높다.

발트 3국의 관광지는 역사와 긴밀한 관련이 있는 곳이 많다. 그런데 아무런 정보 없이 본다면 재미도 없고 본 관광지는 아무 의미 없는 장소가 되기 쉽다. 역사와 관련한 정보를 습득하고 발트 3국 여행을 떠나보자. 준비하는 만큼 알게되고 만족도가 높아질 것이다.

7. 에티켓을 지키는 여행으로 현지인과의 마찰을 줄이자.

현지에 대한 에티켓을 지키지 않거나 몰라서 실수하는 대한민국 관광객이 늘어나고 있다. 이로 인해 대한민국에 대한 인식이 나빠지고 있다. 현지인에 대해 에티켓을 지켜야 하는 것이 먼저다.

8. 예약과 팁(Tip)에 대해 관대해져야 한다.

발트3국은 팁을 받지 않는 레스토랑이 대부분이다. 팁에 대해 미국처럼 신경을 쓰지 않아도 되어 편하게 이용할 수 있다. 하지만 고급 레스토랑은 다를 수 있다. 발트 3국의 물가가 저렴하기 때문에 고급 레스토랑에 방문하는 경우에는 1£ 정도의 팁은 주고 나오는 것이 에티켓이다.

발트3국에 관광객이 증가하는 이유 9

1. 천혜의 자연환경

개발이 아직 덜 된 발트 3국은 때 묻지 않은 자연환경이 전 세계적으로 유명하다. 유럽에서도 가장 높은 산림의 비율로 어디서든 다양한 자연이 전 세계 관광객들을 끌어 모으고 있다. 여름에는 에메랄드 바다, 계곡에서의 다이빙, 신비로운 반딧불 투어 등 재미가 동반된 여행을 할 수 있는 곳이다.

2. 안전한 치안

유럽연합에 가입하고 관광객 유치를 위해 치안을 강화한 결과 발트3국의 치안은 아주 훌륭하다. 특히 여름의 백야 때는 늦은 밤까지 관광지를 돌아다니는 데 두렵지 않다.
발트 3국은 안전과 치안에 있어선 크게 걱정할 필요가 없다.

3. 친절한 사람들

발트 3국 사람들의 친절함은 둘째가라면 서러울 정도다. 우리에게는 다소 생소한 국가라서 겁날 때도 있지만 먼저 다가가 말을 걸면 친근감과 친절한 마음을 느낄 수 있다. 영어를 잘 못하는 불편함이 있지만 바디랭기지를 사용하여 대화가 충분히 잘 이루어질 수 있다.

4. 다양한 지역이 분포

발트 3국은 지역별로 각자 다른 개성과 매력을 가지고 있어 여행자들의 다양한 취향을 만족시켜 줄 수 있다. 탈린, 리가, 빌뉴스 같은 대도시에서는 세련된 도시를 느낄 수 있고, 소도시와 자연 관광지지역에서는 멋진 자연환경 속에서 재미를 선사하는 환경을 가지고 있다.

5. 북유럽여행의 대체 만족도가 있다.

북유럽을 여행하려는 사람들이 많지만 비싼 물가로 망설이거나 포기하는 여행자들이 있다. 발트 3국은 여름에 백야가 있고 겨울에는 긴 밤을 가지고 있고 위도가 북유럽과 비슷하다. 에스토니아는 핀란드와 사회 경제적으로 가까워서 핀란드 인들도 많이 여행하는 나라이다. 라트비아, 리투아니아도 북유럽의 생활과 거의 비슷하여 저렴하게 북유럽 여행을 즐길 수 있다.

6. 한국인이 별로 없다.

가격적인 매력 때문에 많은 여행자들이 동유럽을 좋아하지만 발트3국은 더 가격적인 매력이 있다. 유럽인들도 불황이 심해지면서 저렴한 여행지를 선택하는데 저렴하고 볼 것 많은 발트 3국으로의 여행이 인기를 높이고 있다. 발트 3국을 여행하다보면 왜 다른 유럽국가에 밀려 여행자가 적은지 의아할 정도이다.

7. 빠른 속도로 성장하는 국가이다.

발트3국은 하루가 다르게 성장하고 있다. 불과 30여 년 전만 해도 러시아의 지배를 받았지만 독립 후에 빠른 속도로 급변하고 있다. 불황으로 점점 치안도 불안해지는 유럽 국가에서 에스토니아는 5%넘는 경제성장을 계속 거두고 있다.

8. 선택의 폭이 넓은 문화적 환경

발트 3국은 러시아의 지배를 오랫동안 받아왔기에 러시아의 영향이 컸다. 또한 에스토니아는 핀란드와 같은 민족이기에 독립한 이후 북유럽과 비슷한 문화적 환경에 처해왔다. 리투아니아와 라트비아는 동유럽과 비슷한 문화적 환경에 있어 발트 3국을 여행하면 북유럽, 동유럽, 러시아의 문화를 한꺼번에 경험할 수 있다.

Ninase pank
Undva n
Tagamõisa ps
Vilsandi
Veere
Mustjala
Orissaare
Kuivastu
Virtsu
76
14
Valjala
Laimjala
Kihelkonna
Aste
Kärla
Vilsandi RP
Kuressaare
Saaremaa
Tõstamaa
Vätta ps
Salme
Suur katel
Abruka
Kihnu
Sõrve ps
Sääre
Liivi laht
Kura kurk
Irbes šaurums
35
Ruhnu
Slīteres NP
Kolka/Kūolka
Mazirbe/Irē
Ovišrags
Rīgas jūras
līcis
17
Ance
Dundaga
Roja
Ventspils
Pope
Blāzma
Valdemārpils
Upesgrīva
Mērsrags
Mērsrags
Vandzene
Tārgale
Ugāle
179
Talsi
Lauciene
Piltene
Stende
27
Engure
Jūrkalne
Ēdole
Sabile
Pūre
Ķemeru NP
15

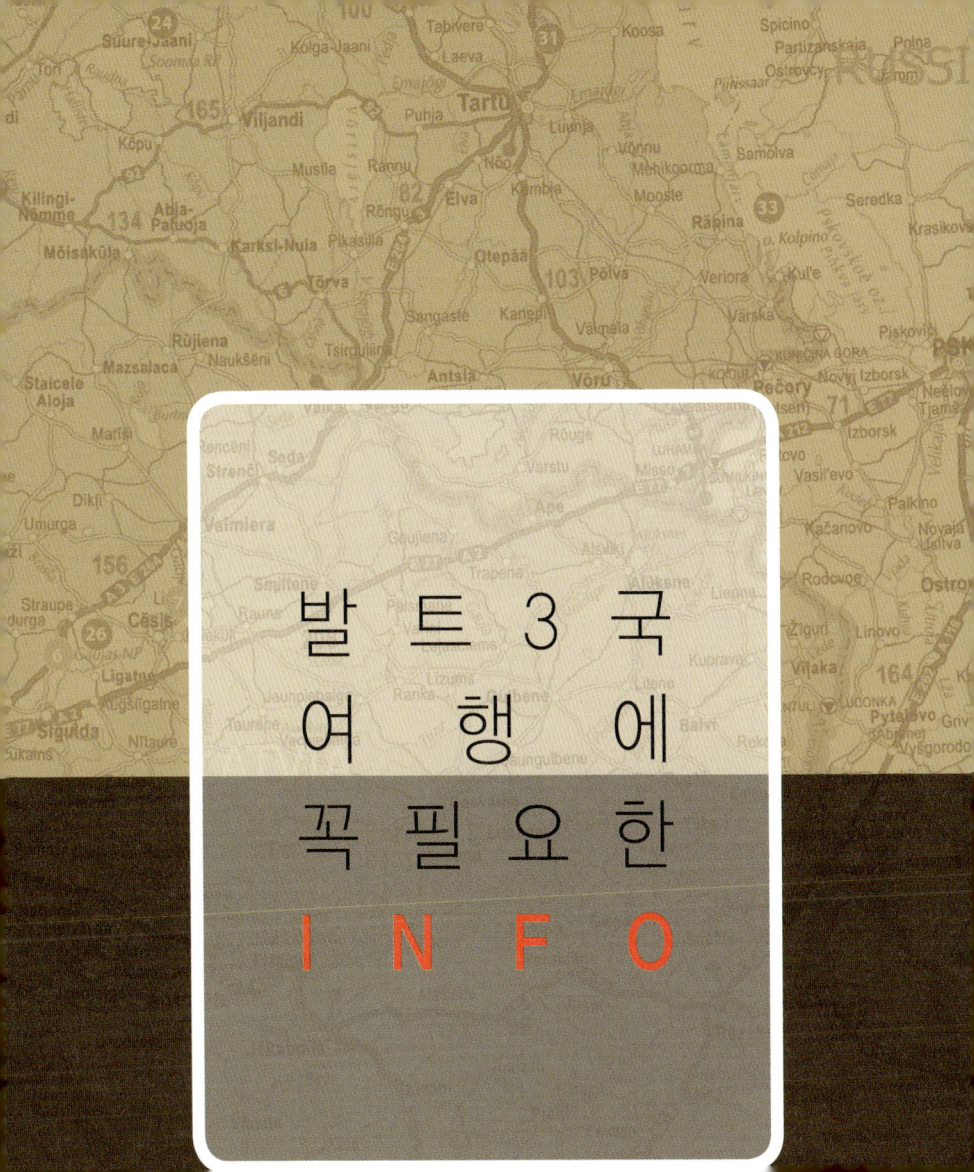

발트 3국 여행에 꼭 필요한 INFO

발트 3국 여행 밑그림 그리기

우리는 여행으로 새로운 준비를 하거나 일탈을 꿈꾸기도 한다. 여행이 일반화되기도 했지만 아직도 여행을 두려워하는 분들이 많다. 발트 3국 여행자가 증가하고 있다. 그러나 어떻게 여행을 해야 할지부터 걱정을 하게 된다. 아직 정확한 자료가 부족하기 때문이다. 지금부터 발트 3국 여행을 쉽게 한눈에 정리하는 방법을 알아보자. 발트 3국 여행준비는 절대 어렵지 않다. 단지 귀찮아 하지만 않으면 된다. 평소에 원하는 발트 3국 여행을 가기로 결정했다면, 준비를 꼼꼼하게 하는 것이 중요하다.

일단 관심이 있는 사항을 적고 일정을 짜야 한다. 처음 해외여행을 떠난다면 발트 3국 여행도 어떻게 준비할지 몰라 당황하게 된다. 먼저 어떻게 여행을 할지부터 결정해야 한다. 아무것도 모르겠고 준비도 하기 싫다면 패키지여행으로 가는 것이 좋다. 발트 3국 여행은 7~12일 여행이 가장 일반적이다. 해외여행이라고 이것저것 많은 것을 보려고 하는 데 힘만 들고 남는 게 없는 여행이 될 수도 있으니 욕심을 버리고 준비하는 게 좋다. 여행은 보는 것도 중요하지만 같이 가는 여행의 일원과 잊지 못할 추억을 만드는 것이 더 중요하다.

다음을 보고 전체적인 여행의 밑그림을 그려보자.

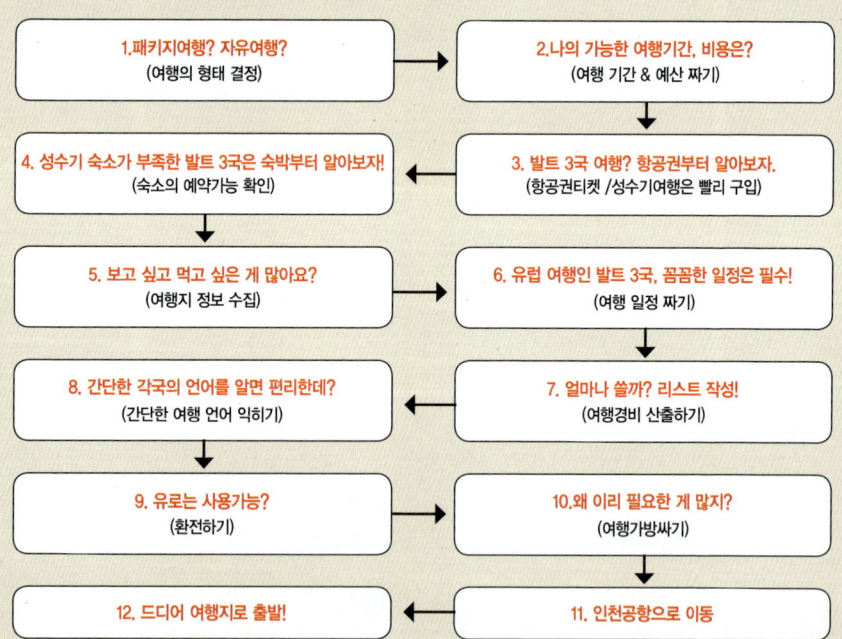

1.패키지여행? 자유여행?
(여행의 형태 결정)

2.나의 가능한 여행기간, 비용은?
(여행 기간 & 예산 짜기)

3. 발트 3국 여행? 항공권부터 알아보자.
(항공권티켓 /성수기여행은 빨리 구입)

4. 성수기 숙소가 부족한 발트 3국은 숙박부터 알아보자!
(숙소의 예약가능 확인)

5. 보고 싶고 먹고 싶은 게 많아요?
(여행지 정보 수집)

6. 유럽 여행인 발트 3국, 꼼꼼한 일정은 필수!
(여행 일정 짜기)

7. 얼마나 쓸까? 리스트 작성!
(여행경비 산출하기)

8. 간단한 각국의 언어를 알면 편리한데?
(간단한 여행 언어 익히기)

9. 유로는 사용가능?
(환전하기)

10.왜 이리 필요한 게 많지?
(여행가방싸기)

11. 인천공항으로 이동

12. 드디어 여행지로 출발!

결정을 했으면 일단 항공권을 구하는 것이 가장 중요하다. 전체 여행경비에서 항공료와 숙박이 차지하는 비중이 가장 크지만 너무 몰라서 낭패를 보는 경우가 많다. 평일이 저렴하고 주말은 비쌀 수밖에 없다.

패키지여행 VS 자유여행

전 세계적으로 발트 3국으로 여행을 가려는 여행자가 늘어나고 있다. 하지만 아직까지 대한민국의 여행자는 많지 않다. 그래서 더욱 누구나 고민하는 것은 “여행정보는 어떻게 구하지?”라는 질문이다. 그만큼 발트 3국에 대한 정보가 매우 부족한 상황이다. 그래서 처음으로 발트 3국을 여행하는 여행자들은 패키지여행을 선호하거나 여행을 포기하는 경우가 많았다. 20~30대 여행자들이 늘어남에 따라 패키지보다 자유여행을 선호하고 있다. 북유럽을 여행하고 주말을 이용한 1박 2일로 잠시 에스토니아 탈린으로 여행을 다녀오는 경우도 상당히 많다. 발트 3국만의 10일이나, 2주일 이상의 여행 등 새로운 여행형태가 늘어나고 있다.

이들은 호스텔을 이용하여 친구들과 여행하면서 단기여행을 즐기고 있다.

편안하게 다녀오고 싶다면 패키지여행

발트 3국이 뜬다고 하니 여행을 가고 싶은데 정보가 없고 나이도 있어서 무작정 떠나는 것이 어려운 여행자들은 편안하게 다녀올 수 있는 패키지여행을 선호한다. 다만 아직까지 많이 가는 여행지는 아니다 보니 패키지 상품의 가격이 저렴하지는 않다.

여행일정과 숙소까지 다 안내하니 몸만 떠나면 된다.

연인끼리, 친구끼리, 가족여행은 자유여행 선호

북유럽을 여행한 후 페리를 이용한 1박 2일, 2박 3일이 많지만 일주일이상의 긴 여행으로 다녀오고 싶은 여행자는 패키지여행을 선호하지 않는다. 특히 유럽을 다녀온 여행자는 발트 3국에서 자신이 원하는 관광지와 맛집을 찾아서 다녀오고 싶어 한다. 여행지에서 원하는 것이 바뀌고 여유롭게 이동하며 보고 싶고 먹고 싶은 것을 마음대로 찾아가는 연인, 친구, 가족의 여행은 단연 자유여행이 제격이다.

발트 3국 숙소에 대한 이해

발트 3국 여행이 처음이고 자유여행이면 숙소예약이 의외로 쉽지 않다. 자유여행이라면 숙소에 대한 선택권이 크지만 선택권이 오히려 난감해질 때가 있다. 발트 3국 숙소의 전체적인 이해를 해보자.

1. 발트 3국 시내에서 관광객은 구시가Old Town에 주요 관광지가 몰려있어서 숙박의 위치가 중요하다. 구시가에서 떨어져 있다면 짧은 여행에서 이동하는 데 시간이 많이 소요되어 좋은 선택이 아니다. 반드시 먼저 구시가에서 얼마나 떨어져 있는지 먼저 확인하자.

2. 발트 3국 숙소는 몇 년 전만해도 호텔과 호스텔이 전부였다. 하지만 에어비앤비를 이용한 아파트도 있고 다양한 숙박 예약 앱도 생겨났다. 가장 먼저 고려해야 하는 것은 자신의 여행비용이다. 항공권을 예약하고 남은 여행경비가 2박 3일에 20만 원 정도라면 호스텔을 이용하라고 추천한다. 발트 3국의 수도와 각 도시에는 많은 호스텔이 있어서 호스텔도 시

BALTIC STATES Tip

알아두면 좋은 발트 3국 이용 팁

1. 미리 예약해야 싸다.

일정이 확정되고 호텔에서 머물겠다고 생각했다면 먼저 예약해야 한다. 임박해서 예약하면 같은 기간, 같은 객실이어도 비싼 가격으로 예약을 할 수 밖에 없다.

2. 후기를 참고하자.

호텔의 선택이 고민스러우면 숙박예약 사이트에 나온 후기를 잘 읽어본다. 특히 한국인은 까다로운 편이기에 후기도 우리에게 적용되는 면이 많으니 장, 단점을 파악해 예약할 수 있다.

3. 미리 예약해도 무료 취소기간을 확인해야 한다.

미리 호텔을 예약하고 있다가 나의 여행이 취소되든지, 다른 숙소로 바꾸고 싶을 때에 무료 취소가 아니면 환불 수수료를 내야 한다. 그러면 아무리 할인을 받고 저렴하게 호텔을 구해도 절대 저렴하지 않으니 미리 확인하는 습관을 가져야 한다.

4. 냉장고와 에어컨이 없는 호텔이 많다.

발트 3국은 여름에도 비가 오면 쌀쌀하기 때문에 에어컨이 없는 호텔이 많다. 또한 냉장고도 없는 기본 시설만 있는 호텔이 대부분이다. 하지만 발트 3국도 여름에 더운 날이 많아지고 있어 여름에는 에어컨과 냉장고가 있는지 확인하여야 여름에 고생하지 않는다.

설에 따라 가격이 조금 달라진다. 한국인이 많이 가는 호스텔로 선택하면 문제가 되지는 않을 것이다.

3. 호텔의 비용은 5~20만 원 정도로 저렴한 편이다. 호텔의 비용은 우리나라 호텔보다 저렴하지만 시설이 좋지는 않다. 오래된 건물에 들어선 호텔이 대부분이기 때문에 룸 내부의 사진을 확인하고 선택하는 것이 좋다.

4. 에어비앤비를 이용해 아파트를 이용하려면 시내에서 얼마나 떨어져 있는지를 확인하고 숙소에 도착해 어떻게 주인과 만날 수 있는지 전화번호와 아파트에 도착할 수 있는 방법을 정확히 알고 출발해야 한다. 주인과 만나지 못해 아파트에 들어가지 못하고 1~2시간만 기다리다 보면 화도 나고 기운이 빠져 처음부터 여행이 쉽지 않아진다.

5. 발트 3국 여행에서 민박을 이용한 여행자는 한국인이 운영하는 민박을 찾고 싶어 하는데 민박은 없다. 민박보다는 호스텔이나 게스트하우스에 숙박하는 것이 더 좋은 선택이다.

숙소 예약 사이트

부킹닷컴(Booking.com)

에어비앤비와 같이 전 세계에서 가장 많이 이용하는 숙박 예약 사이트이다. 발트 3국에도 많은 숙박이 올라와 있다.

에어비앤비(Airbnb)

전 세계 사람들이 집주인이 되어 숙소를 올리고 여행자는 손님이 되어 자신에게 맞는 집을 골라 숙박을 해결한다. 어디를 가나 비슷한 호텔이 아닌 현지인의 집에서 숙박을 하도록 하여 여행자들이 선호하는 숙박 공유 서비스가 되었다.

Booking.com
부킹닷컴
www.booking.com

airbnb
에어비앤비
www.airbnb.co.kr

발트 3국 여행 물가

발트 3국 여행의 가장 큰 장점은 매우 저렴한 물가이다. 발트 3국 여행에서 큰 비중을 차지하는 것은 항공권과 숙박비이다. 항공권은 핀란드의 헬싱키나 러시아의 상트페테르부르크, 폴란드의 바르샤바까지 가는 항공을 저렴하게 구할 수 있다면 핀란드에서 페리나 폴란드에서 버스, 러시아에서 기차로 8~17만원 사이에 있다.

숙박은 저렴한 호스텔이 원화로 1만 원대부터 있다. 항공권만 빨리 구입해 저렴하다면 숙박비는 큰 비용이 들지는 않는다. 하지만 좋은 호텔에서 머물고 싶다면 더 비싼 비용이 들겠지만 유럽보다 호텔의 비용은 저렴한 편이다.

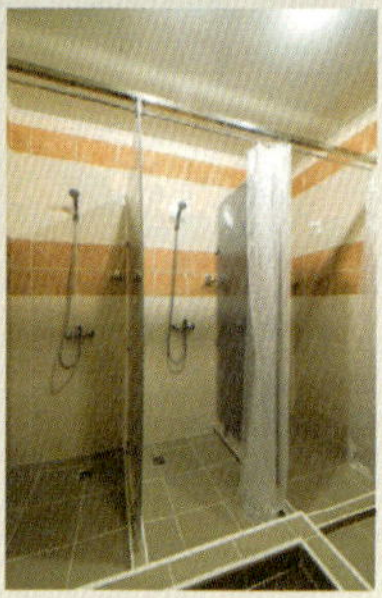

▶**왕복 항공료** | 83~188만원
▶**페리, 버스, 기차** | 3~17만원
▶**숙박비(1박)** | 1~10만원
▶**한 끼 식사** | 3천~4만원
▶**교통비** | 1,350~2,700원(1~2€)
▶**입장료** | 2,700~30,000원(2~8€)

구분	세부 품목	6박 7일	8박 10일
항공권	저가항공, 대한항공	830,000~1,880,000원	
공항버스, 공항기차	버스	약4~5,000원	
숙박비	호스텔, 호텔, 아파트	10,000~500,000원	80,000~800,000원
식사비	한 끼	3,000~100,000원	
시내교통	버스	1,350~2,700원(1~2€)	
입장료	박물관 등 각종 입장료	2,000~8,000원(1.5~8€)	
		약 1,270,000원~	약 1,590,000

발트 3국 여행 계획 짜기

1. 주중 or 주말

발트 3국 여행도 일반적인 여행처럼 비수기와 성수기가 있고 요금도 차이가 난다. 7~8월의 성수기를 제외하면 항공과 숙박요금도 차이가 있다. 비수기나 주중에는 할인 혜택이 있어 저렴한 비용으로 조용하고 쾌적한 여행을 할 수 있다. 주말과 국경일을 비롯해 여름 성수기에는 항상 관광객으로 붐빈다. 황금연휴나 여름 휴가철 성수기에는 항공권이 매진되는 경우가 많이 발생하고 있다.

2. 여행기간

발트 3국 여행을 안 했다면 "발트 3국이 어디야?"라는 말을 할 수 있다. 하지만 일반적인 여행기간인 9박 10일의 여행일정으로는 모자란 관광명소가 된 나라가 발트 3국이다. 발트 3국 여행은 대부분 6박 7일이 많지만 발트 3국의 깊숙한 면까지 보고 싶다면 2주일 여행은 가야 한다.

3. 숙박

성수기가 아니라면 발트 3국의 숙박은 저렴하다. 숙박비는 저렴하고 가격에 비해 시설은 좋다. 주말이나 숙소는 예약이 완료된다. 특히 여름 성수기에는 숙박은 미리 예약을 해야 문제가 발생하지 않는다.

4. 어떻게 여행 계획을 짤까?

먼저 여행일정을 정하고 항공권과 숙박을 예약해야 한다. 여행기간을 정할 때 얼마 남지 않은 일정으로 계획하면 항공권과 숙박비는 비쌀 수밖에 없다. 특히 발트 3국처럼 뜨는 여행지는 유럽 내에서의 항공료가 상승한다.

저가 항공이 취항하고 있으니 저가항공을 잘 활용해 보자. 숙박시설도 호스텔로 정하면 저렴하게 지낼 수 있다. 유심을 구입해 관광지를 모를 때 구글맵을 사용하면 쉽게 찾을 수 있다.

5. 식사

발트 3국 여행의 가장 큰 장점은 물가가 매우 저렴하다는 점이다. 그렇지만 고급 레스토랑은 발트 3국도 비싼 편이다. 한 끼 식사는 비싸더라도 제대로 식사를 하고 한번은 발트 3국 사람들처럼 저렴하게 한 끼 식사를 하면 적당하다. 시내의 관광지는 거의 걸어서 다닐 수 있기 때문에 투어비용은 도시를 벗어난 투어를 갈 때만 교통비가 추가된다.

발트 3국 여행 계획 짜는 방법

발트 3국 여행에 대한 정보가 부족한 상황에서 어떻게 여행계획을 세울까? 라는 걱정은 누구나 가지고 있다. 하지만 발트 3국도 역시 유럽의 나라를 여행하는 것과 동일하게 도시를 중심으로 여행을 한다고 생각하면 여행계획을 세우는 데에 큰 문제는 없을 것이다.

1. 먼저 지도를 보면서 입국하는 도시와 출국하는 도시를 항공권과 같이 연계하여 결정해야 한다. 패키지 상품은 탈린부터 여행을 시작하고 배낭 여행자는 동유럽 여행과 연계하기 위해 리투아니아의 빌뉴스에서 여행을 시작한다.

2. 곧바로 에스토니아의 수도 탈린Tallinn이나 리투아니아의 빌뉴스Villnius로 입국을 한다면 발트 3국의 어느 도시에서 돌아올 것인지를 판단해야 한다. 돌아오는 방법에는 항공과 버스가 있다. 대부분은 항공을 이용하지만 돌아올 때 버스로 이동하려고 한다면 시간이 상당히 오랫동안 소요되므로 돌아오는 것은 신중히 결정해야 한다.

3. 입국 도시가 결정되었다면 여행기간을 결정해야 한다. 세로로 긴 발트 3국은 의외로 볼거리가 많아 여행기간이 길어질 수 있다.

4. 발트 3국의 각 나라에서 3일 정도를 배정하고 IN/OUT을 결정하면 여행하는 코스는 쉽게 만들어진다. 각 나라의 추천여행코스를 활용하자.

5. 10~14일 정도의 기간이 발트 3국을 여행하는데 가장 기본적인 여행기간이다. 그래야 중요 도시들을 보며 여행할 수 있다. 물론 2주 이상의 기간이라면 동유럽의 폴란드와 핀란드의 헬싱키까지 볼 수 있지만 개인적인 여행기간이 있기 때문에 각자의 여행시간을 고려해 결정하면 된다.

대부분의 패키지 상품은 러시아항공을 주로 이용하므로 모스크바를 경유한다. 발트 3국은 세로로 긴 국토를 가진 나라들이기 때문에 발트 해에 접한 북쪽의 에스토니아를 통해 탈린Tallinn으로 입국을 한다면 북쪽에서 남쪽으로 내려가서 폴란드 바르샤바로 가는 방법과 다시 러시아의 상트페테르부르크나 모스크바로 항공을 타고 돌아오는 루트가 만들어진다.
동유럽 여행을 위해 폴란드를 경유하여 입국한다면 버스로 리투아니아의 수도 빌뉴스를 시작하는 도시로 결정해야 한다. 리투아니아에서 라트비아, 에스토니아 순서로 여행을 하게 된다.

7일 코스

탈린 → 합살루 → 리가 → 바우스카
→ 샤울레이 → 빌뉴스

10일 코스

탈린 → 합살루 → 리가 → 바우스카
→ 샤울레이 → 빌뉴스 → 트리카이
→ 카우나스 → 시굴다 → 타르투 → 나르바

2주 코스

러시아 상트페테르부르크 → **에스토니아** 탈린 → 타르투 → 패르누 → **라트비아** 시굴다 → 리가 → 바우스카 → 룬달레 → **리투아니아** 샤울레이 → 카우나스 → 트라카이 → 빌뉴스

3주 코스

러시아 상트페테르부르크 → **에스토니아** 탈린 → 라헤마 국립공원 → 라크베레 → 나르바 → 타르투 → 패르누 → **라트비아** 체시스 → 시굴다 → 리가 → 바우스카 → 룬달레 → 유르말라 → 쿨디가 → **리투아니아** 클라이페다 → 샤울레이 → 카우나스 → 케르나베 → 트라카이 → 빌뉴스

발트 3국 여행 추천 일정

에스토니아 추천 여행코스

3일 일정

❶ 탈린(2) – 패르누Pärnu
❷ 탈린(2) – 타르투Tartu
❸ 탈린(2) – 라헤마 국립공원
❹ 탈린(2) – 사아레마Saaremaa

5일 일정

❶ 탈린Tallinn (2) → 패르누Pärnu → 타르투Tartu
❷ 탈린Tallinn (2) → 라헤마 국립공원 → 라크베레Rakvere → 나르바Narva
❸ 탈린Tallinn (2) → 타르투Tartu → 브루Võru

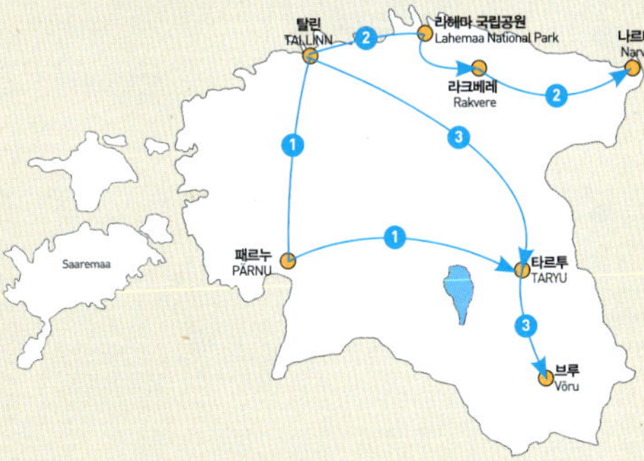

7일 일정

탈린Tallinn → 라헤마 국립공원 → 라크베레Rakvere → 나르바Narva → 타르투Tartu → 패르누Pärnu → 합살루Haappsalu

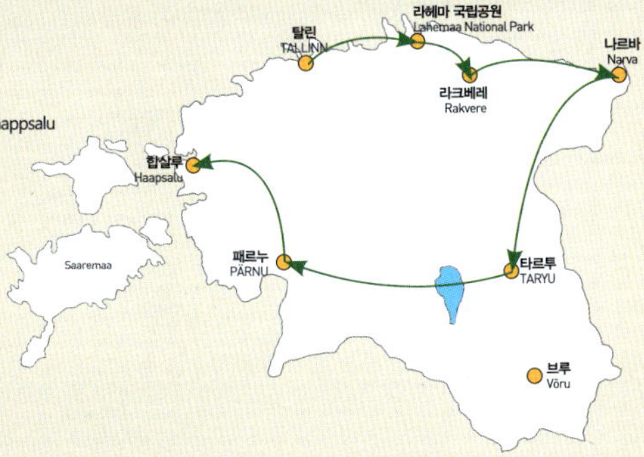

라트비아 추천 여행코스

3일 일정

❶ 리가Riga (2) → 시굴다Sigulda → 체시스Cêsis

❷ 리가Riga (2) → 유르말라Jûrmala

❸ 리가Riga (2) → 가우야

❹ 리가Riga (2) → 바우스카Bauska → 룬달레Rundales

5일 일정

❶ 리가Riga (2) → 시굴다Sigulda → 체시스Cêsis → 발카Valka

❷ 리가Riga (2) → 바우스카Bauska → 룬달레Rundales → 유르말라Jûrmala

❸ 리가Riga (2) → 유르말라Jûrmala → 벤츠필스Ventspils

7일 일정

❶ 리가Riga (2) → 바우스카Bauska → 룬달레Rundales → 유르말라Jûrmala → 쿨디가Kuldîga → 벤츠필스Ventspils

❷ 리가Riga (2) → 바우스카Bauska → 룬달레Rundales → 시굴다Sigulda → 체시스Cêsis → 발카Valka

리투아니아 추천 여행코스

3일 일정

❶ 빌뉴스Vilnius (2) → 트라카이Trakai → 케르나베Kernavė

❷ 빌뉴스Vilnius (2) → 카우나스Kaunas

❸ 빌뉴스Vilnius (2) → 샤울레이Šiauliai

❹ 빌뉴스Vilnius (2) → 클라이페다Klaipėda → 팔랑가Palanga

5일 일정

❶ 빌뉴스Vilnius (2) → 트라카이Trakai → 케르나베Kernavė → 카우나스Kaunas

❷ 빌뉴스Vilnius (2) → 샤울레이Šiauliai → 클라이페다Klaipėda → 팔랑가Palanga

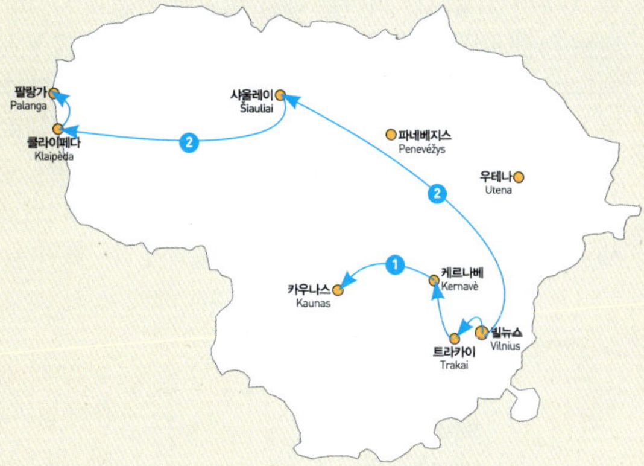

7일 일정

빌뉴스Vilnius (2) → 트라카이Trakai → 케르나베Kernavė → 카우나스Kaunas → 샤울레이Šiauliai → 클라이페다Klaipėda → 팔랑가Palanga

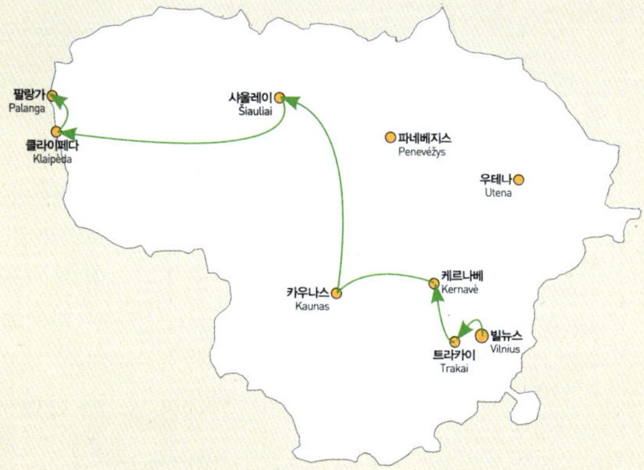

발트 3국 여행에서 알면 더 좋은 지식

발트 3국 여름은 하얀 밤의 백야

7월 9시 40분의 에스토니아의 탈린 풍경

백야는 밤에도 해가지지 않아 어두워지지 않는 현상이다. 주로 북극이나 남극 등 위도가 48° 이상으로 높은 지역에서 발생한다. 발트 3국의 수도중 가장 낮은 위도인 리투아니아의 빌뉴스가 54°이며 가장 높은 에스토니아는 러시아의 상트페테르부르크와 같은 59.5°에 위치해 있으므로 여름에는 백야가 일어난다. 겨울에는 반대로 극야가 나타나게 된다.

백야가 일어나는 원인은 지구가 자전축이 기울어진 채 공전하기 때문이다.
즉 지구가 기울어진 머리를 태양 쪽으로 기울고 자전하는 동안 발트 3국 땅에 태양 빛을 받는 시간이 많아지므로 여름에 많은 시간은 햇빛을 받는다.
백야는 위도가 높을수록 기간이 길어지므로 6~8월까지 백야가 일어난다. 이 기간에 어두운 밤은 길어야 6시간 정도밖에 지속되지 않는다. 반대로 겨울에는 밤이 길다. 그래서 추운 겨울이 더욱 오랜 시간 지속된다. 발트 3국은 봄, 여름, 가을, 겨울이 아니라 여름과 겨울만이 존재한다. 11~4월까지 겨울이 지속되어 봄은 건너뛰고, 여름에 백야는 해를 맞이하는 축제와 다름없다. 여름에 발트 3국에 관광객이 몰려들어 숙소를 찾기 힘든 것은 이 때문이다.

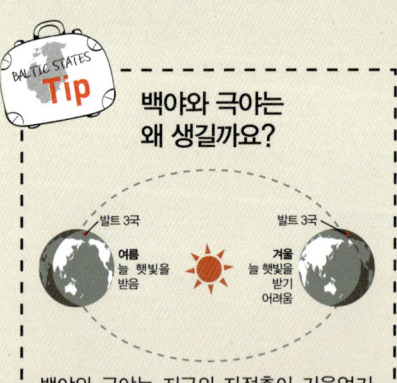

BALTIC STATES Tip

백야와 극야는 왜 생길까요?

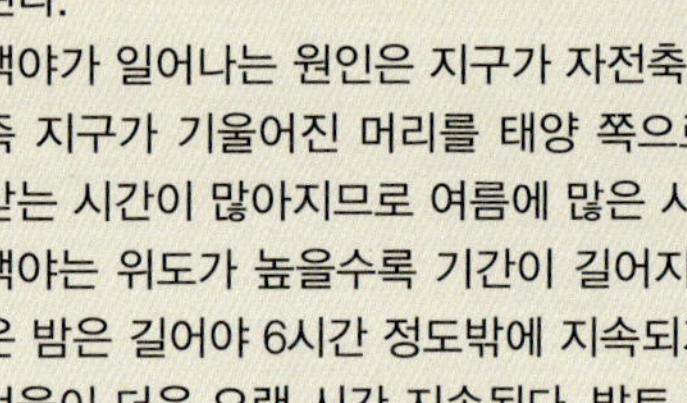

백야와 극야는 지구의 자전축이 기울었기 때문에 일어난다. 발트 3국은 북극에 가깝기 때문에 여름이면 태양쪽으로 기울고, 겨울이면 태양의 반대쪽으로 기울어진다. 그래서 낮이 이어지거나, 밤이 이어어지는 날이 생긴다.

겨울은 어두운 밤의 극야

6~8월까지 짧은 여름이 끝나고 나면 가을은 1달도 지속되지 않고 10월부터 추워져 11월이면 겨울이라고 생각된다. 극야에서 나타나는 오로라는 11월에서 다음해 4월까지 볼 수 있지만 발트 3국에서는 볼 수 없다.
오로라는 지구 밖에서 지구로 들어오는 태양의 방출된 입자가 지구대기의 공기 분자와 충돌하면서 빛을 내는 현상이다.
태양풍을 따라 지구 근처로 다가오면 지구의 자기장에 끌려 대기 안으로 들어온다. 지구 자극에 가까운 북반구와 남반구의 고위도 지방

에서 주로 볼 수 있다. 여름의 백야가 일어나는 지역에 극야에 오로라가 관측된다. 오로라 여행으로 핀란드의 라플란드 지역을 찾는 오로라 여행자들이 많다. 안타깝게 발트 3국에서 오로라는 볼 수 없다.

백만 송이 장미 노래의 유래

'백만 송이 장미' 노래는 TV 프로그램 '복면가왕'과 '나의 아저씨'라는 드라마에도 나왔다. 우리에게 심수봉의 '백만 송이 장미'로 사랑에 대한 노래로 알려져 있지만 라트비아의 독립에 대한 염원과 아픔 등을 담은 노래였다.
라트비아의 가요 '마라가 준 인생Davaja Marina'이란 곡을 러시아어로(Миллион алых роз, 밀리온 알리흐 로스)번안한 곡이다. 러시아의 가수 알라 푸가초바가 불러 대중에게 알려졌다. 이 곡은 핀란드와 스웨덴, 헝가리, 대한민국, 일본에서도 번안되어 널리 알려졌다.

초기 백만 송이 장미(라트비아)

'백만 송이 장미'의 원곡인 '마라가 딸에게 준 삶Dāvāja Māriņa meitiņai mūžiņu'은 1981년 라트비아의 방송국이 주최한 가요 경진대회에 출전한 아이야 쿠쿨레Aija Kukule, 리가 크레이츠베르가Līga Kreicberga가 불러 우승한 노래이다. 작곡은 라이몬즈 파울스Raimonds Pauls, 작사는 레온스 브리에디스Leons Briedis가 했다.

가사 내용

'백만 송이 장미'와 전혀 다른 내용으로 당시 소련 치하에 있던 라트비아의 역사적 아픔과 설움을 은유적으로 표현한 것이다. 운명의 여신 마라가 라트비아라는 딸을 낳고 정성껏 보살폈지만 가장 중요한 행복을 가르쳐주지 못하고 그냥 떠나버렸기 때문에 성장한 딸에게 기다리고 있는 것은 독일과 러시아의 침략과 지배라는 끔찍한 운명이었다는 이야기를 표현하고 있다. 2002년에 라트비아의 힙합 가수 오졸스Ozols가 자신의 앨범 'Augstāk, tālāk, stiprāk'에 랩을 가미해 불렀다.

마리냐는 딸에게 생명을 주었지만
딸에게 행복을 선물하는 걸 잊으셨다네.
순례자인 어머니가 순례자인 딸을 낳은 아프지만 아름다운 세상
늘 함께 살고 싶어도 함께 할 수 없는 엄마와 딸이
서로를 감싸주며 꿈에서도 하나 되는 미역빛 그리움이여

인기를 얻은 러시아 노래

알라 푸가쵸바가 불러 대중에 널리 알려진 곡 '백만송이 장미'의 가사는 안드레이 보즈네센스키가 작사한 것으로, 조지아의 화가 니코 피로스마니가 프랑스 출신 여배우와 사랑에 빠졌던 일화를 바탕으로 쓴 것이다. 1982년 싱글로 발매했다.

호박(Amber)

먹는 호박이 아닌 침엽수의 송진이 굳어 만들어진 호박을 말하는 것이다. 발트 해에 이전에는 바다였던 송진이 굳어 형성된 호박이 폭풍우가 몰아치면 바다 속을 뒤집어 버리면서 바닷가로 호박이 올라온다. 발트 3국을 여행하면 호박 박물관부터 호박 공예가 발달되어 있는 것을 발견할 수 있다.

샤슬릭

러시아어로 '샤슬릭'이라고도 불리는 조지아의 '므츠바디'는 고기를 잘라 소금, 후추, 와인 등으로 간을 알맞게 한 다음 쇠꼬챙이에 꽂아 굽는 요리다. 조지아에서는 포도나무 가지로 불을 피운 뒤 그 잔열에 익히는 것이 특징이다. 발트 3국에서 양고기, 소고기, 닭고기는 물론 다양한 돼지고기 샤슬릭도 맛볼 수 있다.

미소의 다른 개념

외국인이라고 하면 우리는 친절한 미소로 웃으며 대화를 나눈다. 그렇지만 러시아의 지배를 받은 발트 3국에서는 미소를 함부로 남발하면 안 된다. 미소를 자주 지으면 진실하지 못한 사람으로 생각하게 된다. 발트 3국 사람들은 아는 지인에게만 미소를 지으며 어떤 이야기를 해야 할 경우에만 미소로 대응한다. 발트 3국에서 불친절하다고 이야기하는 관광객이라면 한번쯤은 미소의 다른 개념을 알면 좋을 것이다.

러시아의 지배를 받은 발트 3국은 아직까지 러시아의 잔재가 많이 남아 있다. 상냥한 미소로 인사하는 카페의 직원을 기대했다면 불친절하다고 느낄 수 있다. 그래도 자본주의화하면서 관광객이 늘어나 자신들에게 직접적으로 도움이 된다고 판단한 에스토니아 탈린 시민이나 카페나 레스토랑의 직원들은 미소를 지어준다. 관광객이 늘어나면서 시민, 카페 직원들이 바뀐 것이다.
러시아는 진실로 기분이 좋았을 때만 미소로 표현하며 러시아에서 미소로 다른 사람을 기분 좋게 하거나 용기를 주는 미소는 없다. 어떤 사람이 미소를 지으면 러시아인은 미소에 대한 이유를 찾기 위해 생각한다. 그래서 공항의 세관검사나 상점의 직원, 음식점의 종업원들도 웃지 않는다.

아르누보(Art nouveau)

발트 3국을 여행하면 아르누보 양식의 건물을 쉽게 볼 수 있다. 특히 라트비아의 수도 리가에서는 곳곳에 아르누보 양식의 건물이 보인다. 19세기 말~20세기 초에 걸쳐 유럽과 미국에서 유행한 장식의 양식을 뜻하는 말로 '아르누보Art nouveau'는 영국 · 미국에서 부른 말이었다.

아르누보는 유럽의 전통적 예술에 반발하여 예술을 수립하려는 당시 미술계의 풍조로 특히 모리스의 미술공예운동, 클림트나 토로프, 블레이크 등의 회화의 영향이 컸다. 아르누보의 작가들은 전통으로부터의 이탈, 새 양식의 창조를 지향하여 자연주의 · 자발성 · 단순 및 기술적 완전을 이상으로 했다.

건축 · 공예가 그리스, 로마 또는 고딕에서 기인하는 데 대해 아르누보 양식은 모든 역사적인 양식을 부정하고 자연에서 모티프를 빌려 새로운 표현을 창조하려고 했다. 덩굴풀이나 담쟁이 등 식물에서 연상되는 유연하고 유동적인 선과, 곡선 또는 불의 무늬 형태 등 특이한 장식을 했고, 유기적이고 움직임이 있는 모티프를 즐겨 좌우대칭이나 직선은 고의로 피했다. 그리하여 디자인은 곡선 · 곡면의 모여 있는 유동적인 미를 낳아 견고한 구축기능에 기초를 둔 합리성을 소홀히 하여 기능을 무시한 형식주의적이고 탐미적인 장식으로 빠질 위험도 컸기 때문에 아르누보가 단명한 양식이 되었다.

맥머드의 교회의 팸플릿 표지는 아르누보의 선구라고 한다. 아르누보의 전성기는 1895년부터 약 10년간이다. 그보다 이전인 1880년대에는 영국의 맥머드, 미국의 설리번, 스페인의 가우디 등이 그래픽디자인이나 건축에서의 곡선적인 형태의 작품을 발표하였다. 영국의 매킨토시, 벨기에의 반 디 벨데와 오르타, 프랑스의 기마르와 가이야르, 이탈리아의 다론코 등의 작가가 활발하게 작품을 발표하게 되면서 아르누보는 널리 그리고 급속도로 보급되었다.

그런데 1910년부터 건축과 공예는 기능과 사회성을 중요시하는 풍조가 강해지면서 R.랄리크의 보석 디자인, E.가레의 유리공예, 미국 티파니의 유리그릇과 스페인에서 계속된 가우디의 건축 활동 등 예외를 제외하고 아르누보는 소멸해 갔다. 역사와 전통에 반항하여 현대미술의 확립에 선구적이고 근대운동에 끼친 영향력에 대해서는 높이 평가해야 한다.

Salme
Suur katel
Abruka
Kihnu
Sõrve ps
Sääre
Liivi laht
Kura kurk
Irbes šaurums
35
Ruhnu
Mazirbe/Ire
Sliteres NP
Kolka/Kuolka
Ovišrags
Rīgas jūras
17

TROIKA
Tudengimaja

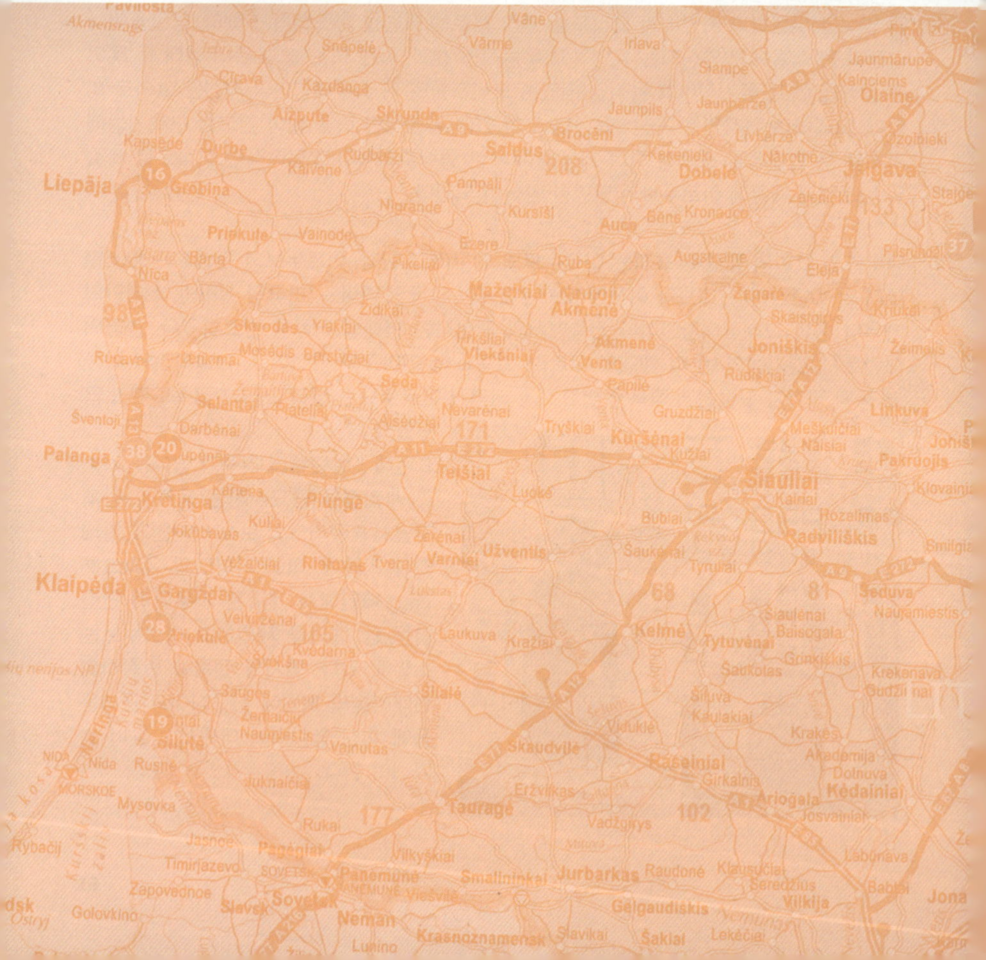
Pāvilosta
Akmensrags
Vāne
Snēpele
Vārme
Irlava
Slampe
Jaunmārupe
Cīrava
Kazdanga
Kalnciems
Olaine
Jaunpils
Jaunbērze
Aizpute
Skrunda
Brocēni
Ozolnieki
Kapsēde
Durbe
Rudbārži
Saldus
Ķerbenieki
Līvbērze
Nākotne
Liepāja
16
Grobiņa
Kalvene
208
Dobele
Jelgava
Pampāļi
Nīgrande
Kursīši
Auce
Bēne
Kronauce
Zaļenieki
133
Priekule
Vaiņode
Ezere
Bārta
Ruba
Augstkalne
Pēternieki
Nīca
Pikeliai
Eleja
37
Mažeikiai
Naujoji Akmenė
Žagarė
98
Židikai
Skaistgirys
Kriukai
Skuodas
Ylakiai
Tirkšliai
Viekšniai
Akmenė
Joniškis
Rucava
Lenkimai
Mosėdis
Barstyčiai
Venta
Žeimelis
Seda
Papilė
Rudiškiai
Šventoji
Salantai
Plateliai
Alsėdžiai
Nevarėnai
Gruzdžiai
Linkuva
Darbėnai
171
Tryškiai
Meškuičiai
Kuršėnai
Naisiai
Palanga
38
20
Kužiai
Pakruojis
Telšiai
Šiauliai
Kretinga
Kartena
Plungė
Luokė
Kairiai
Kulai
Bubiai
Rozalimas
Jokūbavas
Žarėnai
Radviliškis
Vėžaičiai
Rietavas
Tverai
Varniai
Užventis
Šaukėnai
Tytuvėnai
Klaipėda
Gargždai
68
81
Šeduva
Veiviržėnai
Šiaulėnai
Naujamiestis
185
Kelmė
Baisogala
Priekulė
28
Kvėdarna
Laukuva
Kražiai
Tytuvėnai
Švėkšna
Grinkiškis
Šaukotas
Krekenava
Saugos
Šilalė
Šiluva
Žemaičių Naumiestis
Kaulakiai
19
Šilutė
Skaudvilė
Viduklė
Krakės
Vainutas
Raseiniai
Akademija
NIDA
Nida
Rusnė
Dotnuva
Girkalnis
MORSKOE
Juknaičiai
Eržvilkas
Ariogala
Kėdainiai
Mysovka
Tauragė
102
Josvainiai
177
Rukai
Vadžgirys
Rybačij
Jasnoe
Pagėgiai
Labūnava
Timirjazevo
SOVETSK
Vilkyškiai
Panemunė
Smalininkai
Jurbarkas
Raudonė
Klausučiai
Seredžius
Babtai
PANEMUNĖ
Zapovednoe
Slavsk
Sovetsk
Vilkija
Jonava
Golovkino
Neman
Gelgaudiškis
Krasnoznamensk
Slavikai
Šakiai
Lekėčiai
Lunino

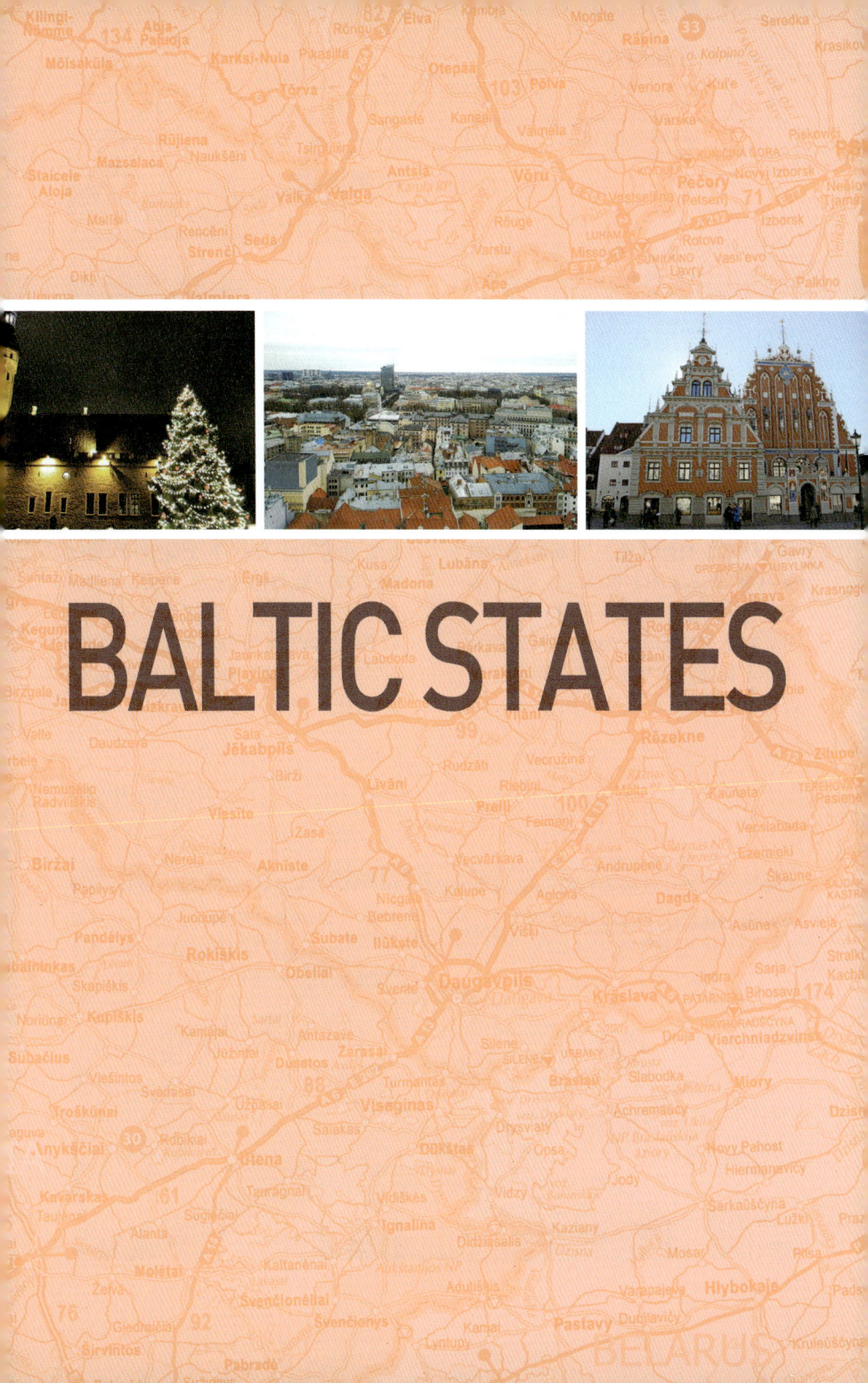

BALTIC STATES

발트 3국 IN

항공

인천공항에서 발트3국으로 들어가는 직항노선은 없다. 에스토니아는 에스토니아 항공Estonian Air, 라트비아는 에어 발틱Air Baltic이라는 국적항공기를 가지고 있지만 노선이 많지 않아 여행자에게 도움이 많이 되지는 않는다.

발트 3국은 대체로 폴란드나 핀란드의 헬싱키를 통해 입국하기 때문에 발트3국 직항노선을 가지고 있는 항공사는 유럽의 항공사를 제외하고 거의 없다. 폴란드 바르샤바까지 직항이 있기 때문에 폴란드를 통해 입국하거나 핀란드의 헬싱키를 통해 항공노선을 찾을 수 있다.

러시아의 상트페테르부르크까지 이동해 기차나 비행기로 탈린으로 이동하는 방법도 있는데 주로 패키지 여행상품에서 러시아와 발트 3국을 동시에 여행하는 방법으로 홍보를 하고 있다.

동유럽의 프라하, 바르샤바, 프랑크푸르트, 암스테르담, 러시아의 모스트바 등을 통해 항공기를 찾을 수 있다. 가장 빨리 발트 3국으로 가는 방법은 핀란드의 헬싱키까지 핀에어Finnair로 9시간에 도착해 바로 에스토니아의 탈린이나 리투아니아의 빌뉴스까지 한번만 갈아타면 비행시간만 10시 30분 정도에 도착할 수 있다.

BALTIC STATES Tip

저가항공인 영국의 이지젯EasyJet, 아일랜드의 라이언에어RyanAir 등을 이용해 입국하는 방법도 있지만 다른 항공사와 이어지는 노선을 찾기가 힘들다.

▶이지젯 | www.easyjet.com
▶라이언에어 | www.ryanair.com
▶에어 발틱 | www.airbaltic.com

기차

유레일 패스를 이용해 발트 3국을 여행하기는 힘들다. 그래서 발트 3국의 여행이 대중화되기가 힘들었을 수도 있다. 다른 유럽의 나라들은 유레일패스로 기차가 연결이 잘 되어 있어서 여행을 하기에 좋지만 발트 3국은 기차노선이 대중화되지 않았다.

유레일패스가 폴란드, 체코 등의 동유럽 기차는 발트 3국으로 갈 수 없다.
반대로 러시아의 상트페테르부르크에서 에스토니아의 탈린까지는 이용이 가능하여 러시아인들이 상트페테르부르크에서 탈린으로 여행을 많이 한다.

페리

핀란드 헬싱키에서 에스토니아의 탈린으로 가는 방법 중에 유람선을 타고 다녀오는 방법이 있다.

핀란드의 헬싱키에서 주말에 페리를 타고 에스토니아 탈린으로 이동하면 많은 핀란드 인들을 만날 수 있다.

이들은 물가가 저렴한 탈린에서 관광을 하고 마트에서 원하는 물품과 면세품인 술과 초콜릿 등을 구입해 헬싱키로 당일치기로 이동한다.

저렴한 페리를 타고 탈린으로 이동이 가능하여 헬싱키와 발트 3국을 연계하여 여행하는 경우도 많다. 헬싱키뿐만 아니라 스톡홀름과도 페리로 자주 연결되므로 북유럽 여행과 발트 3국 여행을 연결하면 편하다.

BALTIC STATES Tip

저렴한 페리

당일로 이용할 때 저렴한 에크로 라인(ECKERO LINE)이 가장 저렴하고 탈링크(TALLINK)가 가장 비싸지만 때에 따라 다르기 때문에 사전에 확인하고 이용해야 한다.

시설

유람선은 7층 이상으로 가족실을 비롯해 다양한 선실을 갖추고 있고 선내에는 뷔페식 레스토랑을 비롯하여 디스코텍, 바, 사우나와 면세점도 갖추고 있어 다양한 부대시설을 갖추고 있다. 바다에 떠 있는 호텔이라고 할 만큼 모든 면에서 부족함이 없다. 저녁에 바다 저편으로 노을이 지는 것을 바라보면서 여행의 또 다른 재미를 느끼게 된다.

페리회사

헬싱키, 스톡홀름
→ 에스토니아 탈린, 라트비아 리가

- ▶TALLINK | www.tallink.com
- ▶ECKERO LINE | www.eckeroline.ee
- ▶SUPERSEACAT | www.superseacat.com
- ▶NORDIC JET LINE | www.njl.ee
- ▶VIKING LINE | www.vikingline.ee

스웨덴, 독일 → 라트비아 벤츠필스, 리투아니아 클라이페다
| www.scandlines.lt

버스

발트 3국 간의 이동은 기차의 레일이 부족하기 때문에 버스로 주로 여행을 한다. 유로라인이나 에코라인(라트비아 소유) 같은 버스회사들이 운행하고 있다. 발트 3국은 국토가 작은 나라이기 때문에 버스로 이동해도 7시간 소요되지 않는다.

버스(Lux Express) 내에서 식사를 할 수 있는 서비스를 제공해주기도 한다. 7~8월의 성수기가 아니라면 발트 3국 여행을 시작하기 전에 발트 3국 여행 중에 충분히 버스티켓 구매가 가능하다. 발트 3국

여행자가 늘어나기 때문에 성수기에는 사전에 예약을 하고 여행하는 것이 좋다.

▶**에코라인** | www.ecolines.net

자동차

고속도로가 거의 없고 대부분은 국도이기 때문에 톨게이트비용은 없다. 도로 위 휴게실 시설도 많지 않아서 도로 옆에 있는 큰 마트를 주로 이용한다. 아니라면 여행 중 필요한 식사준비를 철저히 하는 것이 좋다.

ESTONIA
LATVIA
LITHUANIA
RUSSIA
BELARUS
TALLINN
RIGA
VILNIUS
Tartu
Pärnu
Valga
Kaunas
Panevėžys
Šiauliai
Marijampolė
Daugavpils
Jūrmala
Hiiumaa
Saaremaa
Liivi laht
Rīgas jūras līcis
E67
E77
E263
E272
A2
A10
0 17 34 51 km
발트 3국 도로지도

발트 3국 도로

에스토니아 탈린과 라트비아 리가는 309㎞로 자동차 4~5시간 정도면 이동이 가능하며, 이외에 비행기 버스, 기차도 가능하다. 라트비아 리가와 리투아니아 빌뉴스는 자동차로 이동시, 294㎞ 3~4시간 정도 소요되며 매일 20회의 버스 운행을 하고 있다. 발트 3국을 여행하면 렌트카로 여행하는 것이 편리하다는 것을 알게 된다.

렌트카로 여행을 하다보면 각국의 도로 사정을 파악하는 것이 중요하다는 사실을 알게 된다. 먼저 발트 3국을 여행하면서 고속도로를 이용하지 않는다.

1. 'E'로 시작하는 국도를 이용한다.

E 67번은 탈린Tallinn에서 시작해 라트비아의 리가Riga를 거쳐 리투아니아의 카우나스Kaunas까지 이어져 있다. 빌뉴스까지는 E 272번 국도를 타면 된다. 각국의 도로는 'E'로 상징이 되는 국도 몇 번이 연결되어 있는지 파악하고 이동하면서 도로 표지판을 보고 이동하면 힘들이지 않고 목적지에 도착할 수 있다.

2. 'Via Baltic'

리투아니아에서 남쪽의 폴란드로 이동하기 위해서는 'Via Baltic'이라는 도로로 이어져 있다. 북쪽의 에스토니아 탈린은 발틱해를 다니는 크루즈가 매일 운항하여 북유럽의 헬싱키와 스톡홀롬의 여행자들에게도 큰 인기가 있는 여행 코스이다.

3. 각국의 국경을 통과할 때 입국수속이나 검문은 없다.

국경을 넘을 때 입국 수속이나 검문이 있을 것으로 예상했는데 싱겁게도 버스가 그냥 지나쳤다. 검문소가 있긴 했지만, 우리나라처럼 국경선 개념이 엄격히 통제되고 있지 않았다.

발트 3국 렌트카 예약하기

글로벌 업체 식스트(SixT)

1. 식스트 홈페이지(www.sixt.co.kr)로 들어간다.

2. 좌측에 보면 해외예약이 있다. 해외예약을 클릭한다.

3. Car Reservation에서 여행 날짜별, 장소별로 정해서 선택하고 밑의 Calculate price를 클릭한다.

4. 차량을 선택하라고 나온다. 이때 세 번째 알파벳이 "M"이면 수동이고 "A"이면 오토(자동)이다. 우리나라 사람들은 대부분 오토를 선택한다. 차량에 마우스를 대면 Select Vehicle가 나오는데 클릭을 한다.

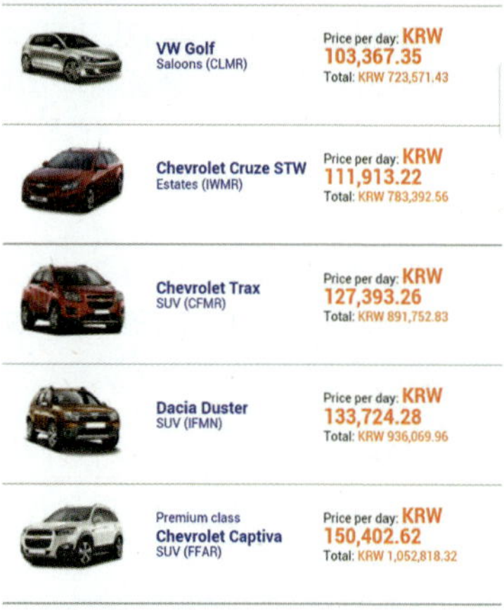

5. 차량에 대한 보험을 선택하라고 나오면 보험금액을 보고 선택한다.

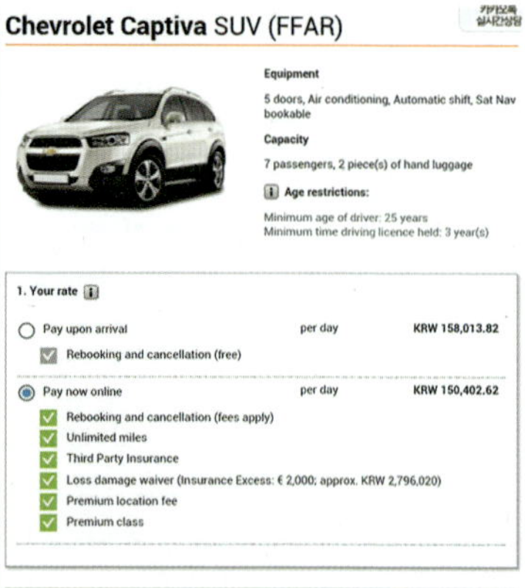

6. Pay upon arrival은 현지에서 차량을 받을 때 결재한다는 말이고, Pay now online은 바로 결재한다는 말이니 본인

이 원하는 대로 선택하면 된다. 이때 온라인으로 결재하면 5%정도 싸지지만 취소할때는 3일치의 렌트비를 떼고 환불을 받을 수 있다는 것도 알고 선택하자. 다 선택하면 Accept rate and extras를 클릭하고 넘어간다.

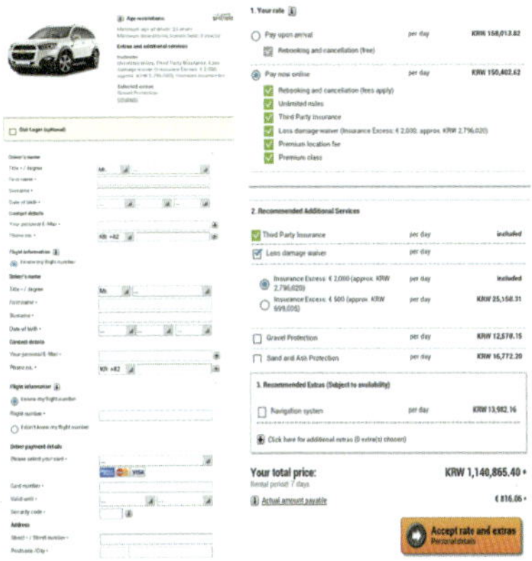

7. 세부적인 결재정보를 입력하는데 *가 나와있는 부분만 입력하고 밑의 Book now를 클릭하면 예약번호가 나온다.
8. 예약번호와 가격을 확인하고 인쇄해 가거나 예약번호를 적어가면 된다.
9.이제 다 끝났다. 현지에서 잘 확인하고 차량을 인수하면 된다.

Dear Mr. CHO,

Many thanks for your Reservation. We wish you a good trip.

Your Sixt Team

Reservation number: 9810507752

Location of Sixt pick-up branch: Please check in advance the details of your vehicle's pickup.

Your reservation:

FFAR - Samp
- Pickup: Kef
- Return: Kef
- Rental leng
- miles: unlir

Please finc

가민내비게이션 사용방법

1. 전원을 켜면 Where To? 와 View Map 의 시작화면이 보인다.

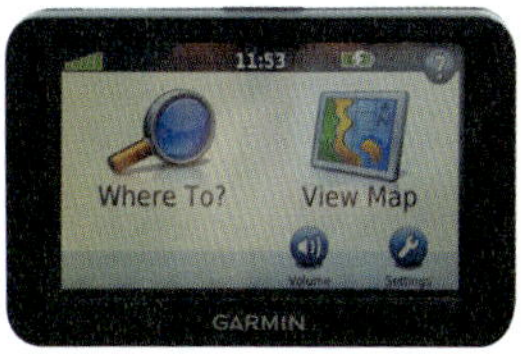

2. Where To? 를 선택하면, 위치를 찾는 여러 방법이 뜬다.

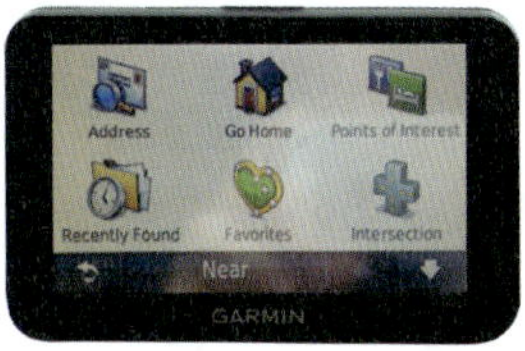

– Address : street 이름과 번지수로 찾기 때문에, 주소를 정확히 알 때 사용
– Points of interest: 관광지, 숙소, 레스토랑 등 현 위치에서 가까운 곳 위주로 검색할 때 좋다.
– Cities : 도시를 찾을 때
– Coordinates : 위도와 경도를 알 때 사용하며, 가장 정확할 수 있다.

3. 위치를 찾으면 바로 갈지(go) Favoites에 저장(save)해놓을지를 정하면 된다. 바로 간다면, 그냥 go를 누를 수도 있지만, 위치를 한번 클릭해준 후(이때 위치 다시 확인) GO! 를 누르면 안내가 시작된다.

Save를 선택하면 그 위치가 다시 한 번 뜨고 이름을 입력할 수 있다. 이 내용이 두 번째 화면의 Favorites에 저장되고, 즐겨찾기처럼, 시작화면의 Favorites를 클릭하면 언제든지 확인할 수 있다.

우리나라의 내비게이션과
조금 다른 점은,

- 전체 노선을 보기가 어렵다. 일단 길찾기를 시작하면, 화면을 옆으로 미끄러지듯 터치하면 대략의 노선을 보여주지만, 바로 근처의 노선만 확인할 수 있다.
- 우리나라 내비게이션처럼 1km, 500m, 200m앞 좌회전. 이런 식으로 반복해서 안내하지 않으므로, 대략적 노선과 길 번호 정도는 알아두면 좋다.
- Favorites를 활용하여, 이미 정해진 숙소나 갈 곳은 입력해놓고(address나 coordinates를 이용), 그때마다 cities, points of interest를 사용하여 검색하면 거의 못 찾는 것이 없다. 또 발트 3국의 지도은 테마별로 잘 만들어져 있어서, 인포메이션이나 호스텔, 렌터카회사 등에서 지도를 구하면 지도만 보고도 운전할 수 있을 정도로 도로정비와 표지판이 정확하다. 걱정하지 말자.

교통표지판

각 나라의 글자는 달라도 부호는 같다. 도로 표지판에 쓰인 교통표지판은 전 세계를 통일시켜놓아서 큰 문제가 생기지 않는다. 그래서 표지판을 잘 보고 운전해야 한다. 다만 발트 3국에서만 볼 수 있는 교통 표지판이 있어 미리 알고 떠나는 것이 좋다.

해외 렌트보험

■ 자차보험 | CDW(Collision Damage Waiver)
운전자로부터 발생한 렌트 차량의 손상에 대한 책임을 공제해 주는 보험이다.(단, 액세서리 및 플렛 타이어, 네이게이션, 차량 키 등에 대한 분실 손상은 차량 대여자 부담)
CDW에 가입되어 있더라도 사고시 차량에 손상이 발생할 경우 임차인에게 '일정 한도 내의 고객책임 금액CDW NON-WAIVABLE EXCESS이 적용된다.

■ 대인/대물보험 | LI(LIABILITY)
유럽렌트카에서는 임차요금에 대인대물 책임보험이 포함되어 있다. 최대 손상한도는 무제한이다. 해당 보험은 렌터카 이용 규정에 따라 적용되어 계약사항 위반 시 보상 받을 수 없습니다.

■ 도난보험 | TP(THEFT PROTECTION)
차량/부품/악세서리 절도, 절도미수, 고의적 파손으로 인한 차량의 손실 및 손상에 대한 재정적 책임을 경감해주는 보험이다. 사전 예약 없이 현지에서 임차하는 경우, TP가입 비용이 추가 되는 경우가 많다. TP에 가입되어 있더라도 사고시 차량에 손상이 발생할 경우 임차인에게 '일정 한도 내의 고객책임 금액TP NON-WAIVABLE EXCESS'이 적용된다.

■ 슈퍼 임차차량 손실면책 보험 | SCDW(SUPER COVER)
일정 한도 내의 고객책임 금액(CDW NON-WAIVABLE EXCESS)'와 'TP NON-WAIVABLE EXCESS'를 면책해주는 보험이다.
슈퍼커버SUPER COVER보험은 절도 및 고의적 파손으로 인한 임차차량 손실 등 모든 손실에 대해 적용된다. 슈퍼거버보험이 적용되지 않는 경우는 차량 열쇠 분실 및 파손, 혼유사고, 네이베이션 및 인테리어이다. 현지에서 임차계약서 작성 시 슈퍼커버보험을 선택, 가입할 수 있다.

■ 자손보험 | PAI(Personal Accident Insurance)
사고 발생시, 운전자(임차인) 및 대여 차량에 탑승하고 있던 동승자의 상해로 발생한 사고 의료비, 사망금, 구급차 이용비용 등의 항목으로 보상받을 수 있는 보험이다.
유럽의 경우 최대 40,000유로까지 보상이 가능하며, 도난품은 약 3,000유로까지 보상이 가능하다.
보험 청구의 경우 사고 경위서와 함께 메디칼 영수증을 지참하여 지점에 준비된 보험 청구서를 작성하여 주면 된다. 해당 보험은 렌터카 이용 규정에 따라 적용되며, 계약사항 위반 시 보상받을 수 없다.

유료 주차장 이용하기

발트 3국에서는 대부분은 무료 주차장이지만 발트 3국의 수도에는 유료주차장도 있다. 유료주차장도 2시간은 무료이므로 2시간이 지나면 주차비를 내면 된다. 또한 차량에 사진의 시계그림처럼 차량에 부착을 하여 자신이 주차한 시간을 볼 수 있도록 해 놓아야 한다.

1. 라인에 주차를 한다.
2. 주차증이 차량의 앞 유리에 보이도록 차량 내부에 놓는다.
3. 나올 때 주차요금 미터기에 돈을 넣고 원하는 시간을 누른다. 이 주차 표시증은 경찰서에 가서 받을 수 있다.

운전 사고

발트 3국에서 운전할 때 도로에서 빠르게 가는 차들로 위험하지는 않지만 비가 오거나 바람이 많이 불어 도로가 위험해질 경우도 있다. 그럴 때는 갓길에 주차하고 잠시 쉬었다 가는 편이 좋다.
"비가 오거든 30분만 기다리라"라는 속담처럼 하루에도 몇 번씩 기상상황이 바뀔 수 있기 때문에, 잠시 쉬었다가 날씨의 상태를 보고 운전을 계속 하는 편이 낫다. 렌트카를 운전할 때 도로가 나빠서 차량이 도로에 빠지는 경우는 많지만 차량끼리의 충돌사고는 거의 일어나지 않는다.
우리나라 사람들이 렌트카 여행할 때, 자동차 사고는 대부분이 여행의 기쁜 기분에 '방심'하여 사고가 난다. 안전벨트를 꼭 매고, 렌트카 차량보험도 필요한 만큼 가입하고 렌트해야 한다. 다른 나라에 가서 남의 차 빌려서 운전하면서 우리나라처럼 편안한 마음으로 운전할 수는 없다. 그러다 오히려 사고가 나니 적당한 긴장은 필수적이다.

그러나 혹시라도 사고가 난다면

사고가 나도 처리는 렌트카에 들어있는 보험이 있으니 크게 걱정할 필요는 없다. 차를 빌릴 때 의무적으로, 나라마다 선택해야 하는 보험을 들으면 거의 모든 것을 해결해 준다.
렌트카는 차량인수 시에 받는 보험서류에 유사시 연락처가 크고 굵직한 글씨로 나와있다. 회사마다 내용은 조금씩 다르지만 발트 3국의 어느 지역에서든지 연락하면 30분 정도면 누군가 나타난다. 그래서 혹시 걱정이 된다면 식스트나 허츠같은 한국에 지사를 둔 글로벌 렌트카업체를 선택하면 한국으로 전화를 하여 도움을 받을 수도 있다.

렌트카는 보험만 제대로 들어있다면 차를 본인의 잘못으로 망가뜨렸다고 해도, 본인이 물어내는 돈은 없고 오히려 새 차를 주어 여행을 계속하게 해 준다. 시간이 지체되어 하루 이상의 시간이 걸리면 호텔비도 내주는 경우가 있다. 그래서 렌트카는 차량을 반납할 때 미리 낸 차량보험료가 아깝지만 사고가 난다면 보험만큼 고마운 것도 없다.

도로사정

발트 3국 도로는 일부 비포장도로를 제외하면 운전하기가 편하다. 운전에서도 우리나라와 차이가 거의 없다. 발트 3국은 고속도로가 없고 발트 3국을 이어주는 E67번 국도만 있다. 왕복 2차선 도로로 시속 90㎞정도의 속도를 낼 수 있다.
발트 3국의 아름다운 자연을 보면서 가기 때문에 속도를 높여서 이동할 일은 별로 없다. 일부 오프로드가 있고 그 오프로드는 운전을 피하라고 권하고 있다. 또한 렌트카를 오프로드에서 운전하다가 고장이 나면 많은 추가비용이 나오기 때문에 오프로드를 운전할 거라면 보험을 풀full보험으로 해 놓고 렌트하는 것이 좋다.

도로 운전 주의사항

발트 3국을 렌트카로 여행할 때 걱정이 되는 것은 도로에서 "사고가 나면 어떡하지?"하는 것이 가장 많다. 지금, 그 생각을 하고 있다면 걱정일 뿐이다.
도로는 수도를 제외하면 차량의 이동이 많지 않고 제한속도가 90㎞로 우리나라

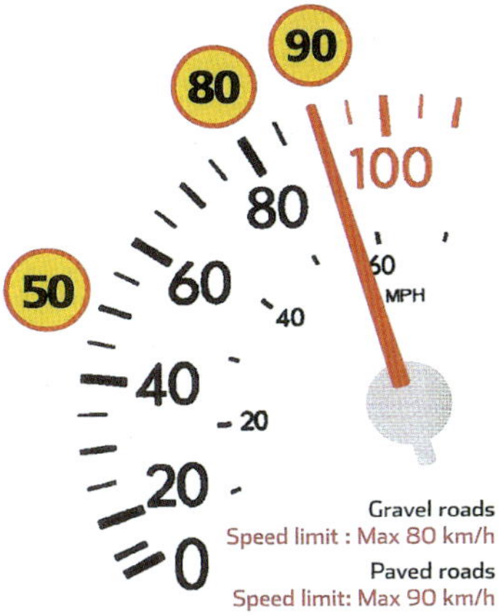

의 100㎞보다도 느리기 때문에 운전 걱정은 하지 않아도 된다.
수도를 제외하면 도로에 차가 많지 않아 운전을 할 때 오히려 차량을 보면 반가울 때도 있다. 렌트카로 운전할 생각을 하다 보면 단속 카메라도 신경써야 할 것 같고, 막히면 다른 길로 가거나 내 차를 추월하여 가는 차들이 많아서 차선을 변경할 때도 신경을 써야 할거 같지만 발트 3국은 중간 중간 아름다운 장소가 너무 많아 제한속도인 90㎞로 그 이상의 속도도

잘 내지 않게 되고, 수도를 제외하면 단속 카메라도 거의 없다.

시내도로

1. 안전벨트 착용

우리나라도 안전벨트를 매는 것이 당연해지기는 했지만 아직도 안전벨트를 하지 않고 운전하는 운전자들이 있다. 안전벨트는 차사고에서 생명을 지켜주는 생명벨트이기 때문에 반드시 착용하고 뒷좌석도 착용해야 한다.

운전자는 안전벨트를 해도 뒷좌석은 안전벨트를 하지 않는 경우가 많은데 뒷좌석에 탓다고 사고가 나지않는 것은 아니다. 혹시 어린아이를 태우고 렌트카를 운전한다면 아이들은 모두 카시트에 앉혀야 한다. 카시트는 운전자가 뒷좌석의 카시트를 볼 수 있는 위치에 놓는것이 좋다.

2. 도로의 신호등은 대부분 오른쪽 길가에 서 있고 도로 위에는 신호등이 없다.

신호등이 도로 위에 있지 않고 사람이 다니는 인도 위에 세워져 있다. 신호등이 도로 위에 있어도 횡단보도 앞쪽에 있다. 그렇기 때문에 횡단보도위의 정지선을 넘어가서 차가 정지하면 신호등의 빨간불인지 출발하라는 파란불인지를 알 수 없다.

자연스럽게 정지선을 조금 남기고 멈출 수밖에 없다. 횡단보도에는 신호등이 없는 경우도 있으니 횡단보도에서는 반드시 지정 속도를 지키도록 하자.

3. 비보호 좌회전이 대부분이다.

우리나라는 좌회전 표시가 있는 곳에서만 좌회전이 된다. 이것도 아직 모르는 운전자가 많다는 것을 상담을 통해 알게 되었다. 발트 3국은 좌회전 표시가 없어도 다 좌회전이 된다. 그래서 더 조심해야 한다. 반드시 차가 오지 않음을 확인하고 좌회전해야 한다.

4. 신호등 없는 횡단보도에서도 잠시 멈추었다가 지나가자.

횡단보도에서는 항상 사람이 먼저다. 하지만 우리는 횡단보도를 건널 때 신호등이 없다면 양쪽의 차가 진입하는지 다 보고 건너야 하지만, 발트 3국은 건널목에서 항상 사람이 우선이기 때문에 차가 양보해야 한다. 그래서 차가 와도 횡단보도를 지나가는 사람들이 많다. 근처에 경찰이 있다면 걸려서 벌금을 물어야 할 것이다.

5. 시골 국도라고 과속하지 말자.

마을진입 표지판

마을 나왔다는 표지판

차량의 통행량이 많지 않아 과속하는 경우가 있다. 혹시 과속을 하더라도 마을로 들어서면 30㎞까지 속도를 줄이라는 표시를 보게 된다. 절대 과속으로 사고를 내지 말아야 한다. 렌트카의 사고 통계를 보면 주택가나 시골로 이동하면서 긴장이 풀려서 사고가 나는 경우가 대부분이라고 한다.

사람이 없다고 방심하지 말고 신호를 지키고 과속하지 말고 운전해야 사고가 나지 않는다. 우리나라의 운전자들이 발트 3국에서 운전할 때 과속카메라가 거의 없다는 것을 확인하고 경찰차도 거의 없는 것을 알고 과속을 하는 경우가 많다. 재미있는 여행을 하려면 과속하지 않고 운전하는 것이 중요하다. 마을로 들어가서 제한속도는 대부분 30~40㎞인데 마을입구에 제한속도 표지를 볼 수 있다.

6. 교차로의 라운드 어바웃이 있으니 운행방법을 알아두자.

우리나라에도 교차로의 교통체증을 줄이기 위해 라운드 어바웃을 도입하겠다고 밝히고 시범운영을 거쳐 점차 늘려가고 있다. 하지만 아직까지 우리에게는 어색한 교차로방식이다. 발트 3국에는 교차로에서 라운드 어바웃Round About을 이용하는 교차로가 대부분이다.

라운드 어바웃방식은 원으로 되어있어서 서로 서로가 기다리지 않고 교차해가도록 되어있다. 교차로의 라운드 어바웃은 꼭 알아두어야 할 것이 우선순위이다.

통과할 때 우선순위는 원안으로 먼저 진입한 차가 우선이다. 예를 들어 정면에서 내 차와 같은 시간에 라운드 어바웃 원으로 진입하는 차가 있다면 같이 진입해도

그림[1]

그림[2]

원으로 막혀 있어서 부딪칠 일이 없다.(그림1) 하지만 왼쪽에서 벌써 라운드 어바웃으로 진입해 돌아오는 차가 있으면 '반드시' 먼저 라운드 어바웃 원으로 들어가서는 안 된다. 안에서 돌면서 오는 차를 보았다면 정지했다가 차가 지나가면 진입하고 계속 온다면 어쩔 수 없이 다 지나간 후 라운드 어바웃 원으로 진입해야 한다.(그림2)

발트 3국은 우리나라와 같은 좌측통행시스템이기 때문에 왼쪽에서 오는 차가 거리가 있다면 내 차로 왼쪽 차가 부딪칠 일이 없다고 판단되면 원으로 진입하면 된다. 라운드 어바웃이 크면 방금 진입한 차가 있다고 해도 충분한 거리가 되므로 들어가기가 어렵지 않다.

라운드 어바웃 방식에서 차가 많아 진입하기가 힘들다면 원안에 진입한 차의 뒤를 따라 가다가 내가 원하는 출구방향 도로에서 나가면 되고 나가지 못했다면 다시 한 바퀴를 돌고 나가면 되기 때문에 못 나갔다고 당황할 필요가 없다.

7. 교통규칙을 잘 지켜야 한다.

예를 들어 큰 도로로 진입할때는 위험하게 끼어들지 말고 큰 도로의 차가 지나간 다음에 진입하자.

매우 당연한 말이지만 우리나라는 큰 도로에 차가 있음에도 끼어드는 차들이 많아 위험할 때가 있지만 차가 많지가 않아서 큰 도로의 차가 지나간 후 진입하면 사고도 나지 않고 위험한 순간이 발생하지 않는다.

8. 교통규칙중에서도 정지선을 잘 지켜야 한다.

교차로에서 꼬리물기를 하면 우리나라도 이제는 딱지를 끊는다. 아직도 우리에게

는 정지선을 지키지 않는 운전자들이 많지만 발트 3국에서는 정지선을 정말 잘 지킨다. 정지선을 지키지 않고 가다가 사고가 나면 불법으로 위험한 상황이 발생할 수 있다. 정지선을 지키지 않아 사고가 나면 사고의 책임은 본인에게 있다.

E67/E77 국도

1. 도로는 대부분 왕복 2차선인데 앞차를 추월하려고 하면 반대편에서 오는 차와 충돌사고 위험이 있어 반대편에서 차량이 오는지 확인해야 한다.

수도를 제외하면 대부분의 도로가 한산하다. 가끔 앞의 차량이 서행을 하고 있어 앞차를 추월하려고 할 때 반대편에서 오는 차량이 있는지 확인을 하고 앞차를 추월해야 한다. 반대편에서 오는 차량과 정면 충돌의 위험이 있으니 조심하자. 관광지에서나 차량이 많지 대부분은 한산한 도로이기 때문에 마음의 여유를 가지고 운전하기 바란다.

2. 한산한 도로라서 졸음운전의 위험이 있다.

7~8월 때의 관광객이 많은 때를 제외하면 차량이 많지 않다. 어떤 때는 1시간 동안 한 대도 보지 못하는 경우가 있어 오히려 심심하다. 심심한 도로와 아름다운 자연을 보고 이동하고 있노라면 졸음이 몰려와 반대편 도로로 진입하는 경우가 생길 수 있다.

졸음이 몰려오면 차량을 중간중간에 위치한 갓길에 세워두고 쉬었다가 이동하자. 쉬었다가 이동해도 결코 늦지 않다.

주유소에서 셀프 주유

셀프 주유소가 대부분이다. 기름값은 우리나라보다 조금 저렴하다. 비싼 기름가격을 생각했다면 우리나라보다 저렴한 기름값에 놀라워할 것이다.

큰 도시를 제외하고는 주유소의 거리가 멀어 운전을 하다가 기름이 중간 이하로 된다면 주유를 하는 것이 좋다. 기름을 넣는 방법은 쉽다.

1. 렌트한 차량에 맞는 기름의 종류를 선택하자. 렌트할 때 정확히 물어보고 적어 놓아야 착각하지 않는다.

2. 주유기 앞에 차를 위치시키고 시동을 끈다.
3. 자동차의 주유구를 열고 내린다.
4. 신용카드를 넣고 화면에 나오는 대로 비밀번호와 원하는 양의 기름값을 선택한다. (잘 모르더라도 주유한 만큼만 계산되니 직접하지 않아도 된다.)

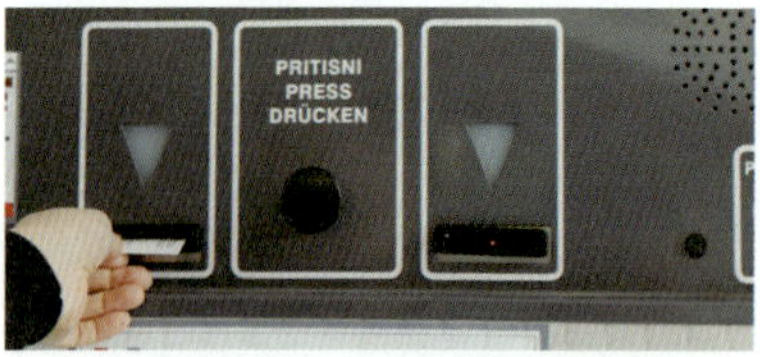

5. 차량에 맞는 유종을 선택한다. (렌트할 때 휘발유인지 경유인지 확인한다.)

6. 주유기의 손잡이를 들어 올린다. (혹시 주유기의 기름이 나오지 않을때는 당황하지 말고 눈금이 '0'으로 돌아간 것을 확인한다. 0으로 안 되어있으면 기름이 나오지 않기 때문이다. 잘 모르면 카운터에 있는 직원에게 문의한다.)

7. 주유구에 넣고 주유기 손잡이를 쥐면 주유를 할 수 있다.
8. 주유를 끝내면 주유구 마개를 닫고 잠근다.
9. 현금으로 기름값을 계산하려면 카운터로 들어가서 주유기의 번호를 이야기하면 요금이 나와 있다.

이 모든 것을 처음에 잘 모르겠다면 카운터로 가서 설명해 달라고 하면 친절하게 설명하고 시범을 보여주기도 한다.
옆에 기름을 주유하는 사람에게 설명을 요청하면 역시 친절하게 설명해 주기 때문에 걱정하지 않아도 된다. 경유와 휘발유를 구분하지 못해서 걱정을 하는 여행자들도 있지만 주로 디젤의 주유기는 디젤이라고 적혀 있고 다른 하나의 손잡이는 휘발유다. 하지만 처음에 기름을 넣을 때는 디젤인지 휘발유인지 확인하고 주유해야 잘못 넣는 경우를 방지할 수 있다.

BALTIC STATES Tip

솅겐 조약

발트 3국은 솅겐 조약 가입국이다. 발트 3국을 장기로 여행하려는 관광객들이 갑자기 듣는 단어가 '솅겐 조약'이라는 것이다.
솅겐 조약은 무엇일까? 유럽 26개 국가가 출입국 관리 정책을 공동으로 관리하여 국경 검문을 최소화하고 통행을 편리하게 만든 조약이다. 솅겐 조약에 동의한 국가 사이에는 검문소가 없어서 표지판으로 국경을 통과했는지 알 수 있다. EU와는 다른 공동체로 국경을 개방하여 물자와 사람간의 이동을 높여 무역을 활성화시키고자 처음에 시작되었다.
솅겐 조약 가입국에 비자 없이 방문할 때는 180일 내(유럽국가중에서 솅겐 조약 가입하지 않은 나라들에 머무를 수 있는 기간) 90일(유럽국가중에서 솅겐 조약 가입한 나라들에 머무를 수 있는 기간) 까지만 체류할 수 있다.
유럽을 여행하는 장기 여행자들은 이 조항 때문에 혼동이 된다. 발트 3국은 1년에 90일 이상은 체류할 수 없다.

솅겐 조약 가입국

그리스, 네덜란드, 노르웨이, 덴마크, 독일, 라트비아, 룩셈부르크, 리투아니아, 리히텐슈타인, 몰타, 벨기에, 스위스, 스웨덴, 스페인, 슬로바키아, 슬로베니아, , 에스토니아, 오스트리아, 이탈리아, 체코, 포르투갈, 폴란드, 프랑스, 핀란드, 헝가리

발트 3국의 사우나

겨울이 길고 추운 발트3국도 사우나를 단독주택의 절반은 가지고 있다. 사우나 중간에 온몸이 뜨거워지면 바람에 몸을 식히거나 강물에 뛰어들어 몸을 식힌다. 사우나는 평평하면 모든 공기가 위로 몰리고 계란형으로 둥글면 공기가 다시 밑으로 내려온다.

핀란드의 사우나Sauna는 핀란드만의 문화가 아니고 겨울이 길고 추운 북유럽의 전체적인 문화이다. 북유럽과 발트지방은 예부터 같은 사우나를 즐겨왔고 겨울에는 추운 날씨가 몸에 영향을 많이 주는 특성상 사우나가 발전되어 왔다. 사우나의 핵심은 사우나만 즐기는 것이 아니라 자작나무로 몸을 두드리면 관절도 좋아지고 몸의 독소가 빠져나가며 내 몸의 나쁜 운도 빠져나간다고 생각한다. 특히 발트3국 겨울여행에서 스키장에서 오후부터 즐기고 저녁에 사우나, 사우나를 즐기는 것이 겨울여행의 핵심이다.

사우나 즐기는 순서

[그림 1]

▶

[그림 2]

▶

[그림 3]

세면도구와 음료 준비 → 가운을 입고 사우나 IN [그림1] → 사우나에 습도를 높이기 위해 돌에 물을 부음[그림2] → 자작나무로 몸을 아래에서 위로 두두림[그림3] → 15~25분 정도 몸을 데움 → 찬물에 들어가거나 공기로 몸을 식힘 → 2~3회 반복(어지럽지 않도록 조심

BALTIC STATES Tip

사우나 문화

'사우나(Sauna)'는 핀란드 말로 핀란드는 사우나를 전 세계에 전파한 선구자다. 집집마다 사우나가 있는 건 기본이고 여름 코티지에도 사우나 실이 달려 있다. 핀란드만큼 사우나를 많이 즐기는 나라 중에 하나가 발트 3국이다. 사우나를 즐기는 것이야말로 발트 3국 여행의 새로운 즐거움이다. 귀한 손님이 오면 사우나에 초대한다니 중요 손님이 된 마음으로 사우나를 즐겨보자. '카우하(Kauha, 국자)'로 '키우아스Kiuas(사우나 난로)'에 물을 끼얹어 '로욜리Löyly(사우나 증기)'가 올라오는 증기 사우나 '사부사우나(Savusauna)'다.

겨울여행의 특징

여름의 발트 3국이 더운 것을 보고 "겨울 여행도 괜찮겠지"하는 생각을 할 수도 있지만 겨울에는 발트 해에서 불어오는 바다 바람으로 발트3국의 겨울여행은 추위를 대비해야 한다. 발트3국의 찬바람에 체감온도가 낮아진다. 겨울 평균기온이 영하 9~13도로 낮다. 또한 바람이 심하게 불어서 체감온도가 떨어지기 때문에 대비를 해야 한다.

1. 낮의 길이 약 6~7시간

12월~1월은 오전 9시정도에 해가 떠서 오후 4시 정도면 지기 때문에 활동이 가능한 밝은 시간은 6~7시간 정도밖에 안 된다. 따라서 여름 여행의 정보만 알고 이동하면 여행 중에 문제가 많이 발생한다.

2. 먹거리

발트 3국은 겨울에 마트들이 일찍 문을 닫기 때문에 식사시간을 놓치는 경우도 많다. 굶지 않으려면 사전에 미리 먹거리를 준비해야 한다. 우리나라에서 떠나기 전에 마트에서 필요한 식품들을 사두면 편리하다. 라면, 햇반 ,고추장, 밑반찬 등이다.

3. 방한대책

여름의 날씨도 무척 변덕스럽기 때문에 체감온도가 낮지만 겨울에는 해안에서 불어오는 바람이 심하게 불어서 체감온도가 더욱 낮아진다. 털모자, 털장갑, 마스크, 귀마개, 두터운 보온양말, 목도리 등을 준비하고 핫(Hot)팩은 미리 한국에서 챙겨 가면 유용하게 사용하게 된다.

Estonia
에스토니아

ESTONIA
에 스 토 니 아

에스토니아가 제2차 세계대전의 희생양이었다는 사실을 아는 사람은 그리 많지 않다. 강대국들끼리의 연합 전쟁으로 인식하지만, 에스토니아는 당시 40만 명 이상의 희생자가 있었고, 게다가 주권을 상실한 아픈 경험이 있다. 현재, 에스토니아는 EU의 일원이며, 발틱 3국 중에 유일하게 유로를 쓰는 나라이다. 에스토니아는 IT강국으로도 유명하다. 그 유명한 '스카이프skype' 화상채팅 프로그램을 개발한 곳이다.

북유럽에 위치해 있지만 상대적으로 물가가 저렴해 핀란드나 스웨덴 주민들이 쇼핑하러 오기도 하며 북유럽, 러시아, 발트 연안 국가와의 교통도 편해, 관광객이라면 어떻게든 에스토니아를 지나갈 수밖에 없는 교통의 중심지이고 미적 감각이 탁월한 나라이기도 하다. 거리 곳곳은 향기로운 꽃냄새가 가득하고, 수도 탈린의 구시가지는 마치 수백 년 전 동화 속 마을을 그대로 옮겨놓은 듯 각종 장식으로 예쁘게 수놓아져 있다.

수 세기 동안 전쟁과 정복의 역사에도 불구하고 에스토니아의 전통 문화는 끈질긴 생명력으로 잘 보존되어 있고, 특히 시와 음악에 관한 뜨거운 열정은 에스토니아 민중 문화를 이끌어 온 견인차 역할을 하고 있다.

에스토니아 수도 탈린은 단출한 도시가 특색이지만 러시아 정교회부터 들어오는 소박한 아름다움은 탈린의 매력을 한껏 드러내고 있다. 탈린의 구시가지는 세계문화유산으로 지정되었는데, 이 풍경을 한 눈에 보기 위해서는 건너편 산에 올라야 한다.

에스토니아는 헬싱키에서 핀란드만을 건너 80㎞ 떨어져 있으며 양국 모두 사회적으로나 경제적으로 가까워지고 있다. 1991년 8월 완전한 독립을 이룩한 에스토니아가 소련식 사회주의 공화국에서 서유럽의 경제 체제로 전환하여 동유럽의 호랑이로 탈바꿈한 과정은 거의 기적에 가깝다고 할 수 있다. 서유럽에서는 당연한 것들이 에스토니아에서는 문제가 된 것도 이제는 개선되었다. 탈린에는 미국의 실리콘밸리처럼 탈린 밸리Tallinn Valley에서 많은 스타트업 회사들이 성장하고 있다.

에스토니아는 라트비아나 리투아니아에 비해 훨씬 스칸디나비아 반도의 모습과 비슷하다. 그러나 독일의 영향도 에스토니아에 남아있으며 동유럽에서 가장 잘 보존된 옛 도시인 탈린Tallinn의 중세 구시가에서 확인할 수 있다. 에스토니아 생활의 중심은 수도인 탈린이지만 제2의 도시인 타르투Tartu나 해안도시 패르누Pärnu, 사아레마Saaremaa 등도 매력적이다.

공휴일

1월 1일 | 신년
2월 24일 | 독립기념일(1918년 러시아제국)
5월 1일 | 노동절
6월 23일 | 전승기념일
6월 24일 | 하지축제
8월 20일 | 독립회복의 날
12월 25일 | 크리스마스
12월 26일 | 박싱데이
변동 국경일 부활절, 성령강림제 등

지형

에스토니아는 발트 해에서 가장 작은 나라로 덴마크보다 조금 크다. 남동부의 318m의 수르 무나매기Suur Munamagi는 에스토니아에서 가장 높은 곳이다. 국토의 거의 50%는 숲으로 덮여 있다. 연안에는 1500여개가 넘는 섬이 있으며 가장 큰 섬은 남쪽의 사아레마Saaremaa섬이다.

기후

5~9월까지는 낮 최고기온이 평균 14~22도 사이이다. 7~8월은 가장 따뜻한 달이며 가장 강우량이 많은 달이다. 5, 6, 9월은 보다 쾌적한 기후이다. 6월 중순은 백야현상이 시작되어 8월까지 이어진다. 4, 10월은 춥고 매서운 겨울 날씨와 봄, 가을 날씨가 섞인다. 12~3월까지는 추운 겨울 날씨가 계속된다.

인구

약 144만 명으로 이중 65%정도가 에스토니아 인이고 러시아인이 28%, 벨라루스, 우크라이나 인 등이 차지하고 있다.

언어

핀란드 언어처럼 에스토니아어도 핀 우그릭 어족으로 우알 알타이어의 일족이다. 친 서방정책으로 젊은이들은 대부분 영어를 사용할 수 있다. 러시아어는 50대 이상에서 주로 사용할 수 있다.

라헤마 국립공원
탈린
TALLINN
Keila-joa
Paldiski
2
3
4
1
1
Kardla
Hiiuman
합살루
Haapsalu
Märjamaa
Turl
Vändra
Virtsu
패르누
PÄRNU
Viljandi
Kilhelkonna
사아레마
Saaremaa
Kuressaare
Kilingi
Hömme
Sääre
리투아니아

3일

1. 탈린Tallinn (2) → 패르누Pärnu
2. 탈린Tallinn (2) → 타르투Tartu
3. 탈린Tallinn (2) → 라헤마 국립공원
4. 탈린Tallinn (2) → 사아레마Saaremaa

5일

1. 탈린Tallinn (2) → 패르누Pärnu → 타르투Tartu
2. 탈린Tallinn (2) → 라헤마 국립공원 → 라크베레Rakvere → 나르바Narva
3. 탈린Tallinn (2) → 타르투Tartu → 브루Võru

7일

탈린Tallinn → 라헤마 국립공원 → 라크베레Rakvere → 나르바Narva → 타르투Tartu → 패르누Pärnu → 합살루Haappsalu

역사

8~12세기

스칸디나비아와 슬라브에서 들어와 살기 시작했다. 독일 무역업자들이나 선교사들이 찾아오고 뒤이어 교황 셀레스티누스 3세가 1193년 북부 이방인을 정복하기 위해 십자군을 소집하면서 기사단이 들어오게 되는 12세기까지 외부의 영향을 크게 받지 않았다. 약 25년 간 현재의 라트비아와 에스토니아 남부가 정복되었으며 북부 에스토니아는 덴마크에 넘어갔다.

14~17세기

1346년 덴마크가 북부 에스토니아를 독일 기사단에 넘김으로써 에스토니아는 20세기 초까지 독일 귀족의 농노 지역으로 남게 되었다. 스웨덴이 부상하면서 1559~1564년 사이에는 북부 에스토니아, 1620년대에는 남부 에스토니아를 차지하였고 에스토니아 개신교를 강화하였다. 러시아의 표트르 대제가 북방 전쟁에서 스웨덴을 이김으로써 에스토니아는 러시아 제국의 일부가 되었다.

1차 세계대전~1939년

소련은 1차 세계대전에 휩쓸리지 않기 위해 1918년 브레스트-리토프스크 조약을 통해 발트해 지역을 독일에 양도하였다. 소련의 볼셰비키파는 나중에 에스토니아, 라트비아, 리투아니아를 돌려받으려 하였으나 현지 주민의 반대와 외국의 군사 개입으로 무산되었다. 전쟁의 상처와 러시아와의 교역 중단, 세계 공황 등으로 인해 신생 에스토니아는 심각한 경제난을 겪게 되었다.

1939~2차 세계대전

1939년 8월 23일 몰로토프-리벤트로프 조약으로 나치 독일과 소련은 상호 불가침 조약을 맺고 비밀리에 동유럽을 독일과 소련의 영향권으로 나누었다. 발트해 국가들은 소련의 영향권에 들어갔으며 1940년 8월에는 점령지역이 되었다.
공산주의자들은 선거에서 승리하였으며 에스토니아는 소련의 일부로 합병되었다. 히틀러가 1941년 소련을 침공하자 많은 발트해 국가들은 독일을 해방군으로 여겼지만 독일 점령 기간 중 5,500명으로 추산되는 주민이 수용소에서 죽고 말았다.

1980년대

1980년대 초반에는 공산화에 대해 많은 학생시위가 일어났다. 1988년에는 개혁 인민전선이 형성되어 각지에서 민주주의를 요구하기 시작했다. 라트비아나 리투아니아처럼 에스토니아도 개혁, 개방정책으로 소련이 붕괴되면서 독립을 준비하기 시작했다.

1989년

1989년 8월 23일 몰로토프-리벤트로프 조약 기념일에 3국의 200만 국민들은 소련으로부터 탈퇴를 요구하는 인간 사슬을 만들었다. 같은 해 11월에는 모스크바로부터 경제 자치를 인정받았다.

1990~1994년

1990년 봄, 에스토니아 최고인민회의는 2차 세계대전 이전의 국가 체제로 돌아갈 것을 결의했지만 독립을 위한 이전 기간은 협상의 여지로 남겨 두었다. 에스토니아가 온전한 독립을 선포한 것은 1991년 8월 20일이다.
독립에 이어 민족 갈등이 에스토니아인과 러시아인 사이에서 일어났다. 소련의 붕괴이후에도 수천 명의 러시아 군이 에스토니아 영토에 남아 사태를 더 악화시켰다. 국제적인 압력에 굴복하여 마지막 러시아 군대가 에스토니아 땅을 떠난 것은 1994년 8월 31일이었다.

1995~현재

에스토니아는 2003년부터 계속 EU가입을 요청했으나 2005년에 가입하였고 그 이후 지속적인 경제 성장으로 동유럽의 호랑이로 군림하며 발전을 이루고 있다.

TALLINN
탈린

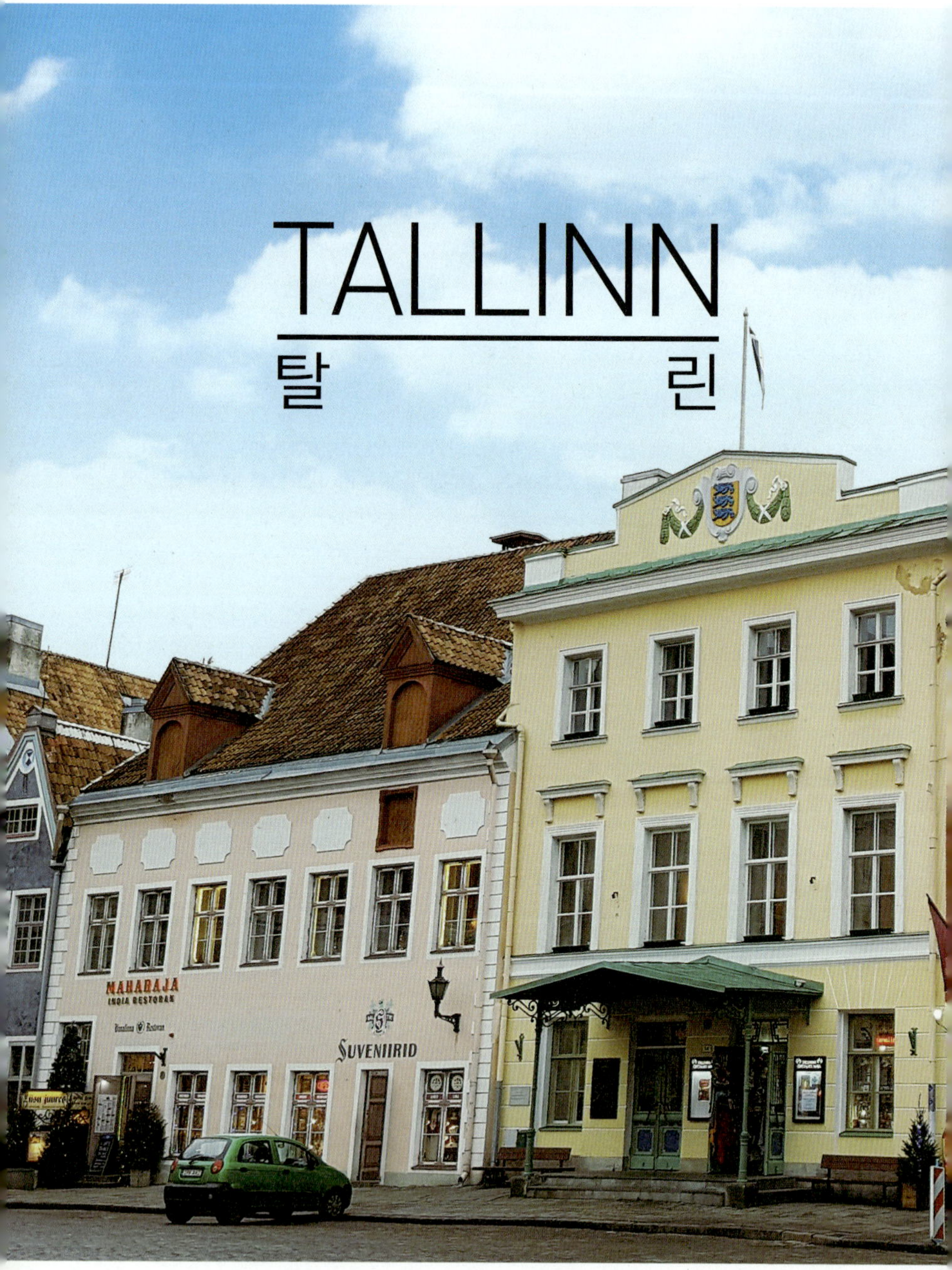

Tudengimaja

탈린은 핀란드만에 접해 있으며 톰페아Toompea 언덕이 그 안에 우뚝 솟아 있다. 14~15세기의 중세 분위기는 탈린의 시내 중세 성벽들과 작은 탑, 첨탑, 구불구불한 자갈길을 따라 그대로 살아 있으며 주위를 둘러보기에 아주 좋다. 에스토니아의 수도에는 대학과 훌륭한 바, 카페도 있으며 볼만한 것들이 아주 많다. 탈린은 러시아의 상트페테르부르크와 비슷한 위도에 있어 한여름의 백야나 짧고 어두운 겨울날이 비슷하다.

탈린 IN

탈린 공항에서 시내 IN

공항에서 시내의 버스터미널까지 시내버스 2번이 운행하고 있다. 약 20분마다 버스가 운행되고 있으며 20분 정도 소요된다. (07~23시까지 운행)

페리

핀란드의 헬싱키와 탈린에는 매일 25척의 쾌속선이 운행된다. 모든 선박 회사들은 학생할인을 해주고 주말에는 가격이 상승한다. 탈링크Tallink, 실자라인Silja Line이 오래된 선박회사이지만 최근에 에크로라인Eckero Line의 페리를 저렴한 가격에 많이 탑승하고 있다.

페리의 비용이 저렴해 헬싱키에서 주말에 많이 탑승해 저렴한 탈린의 도시를 여행하고 식료품을 쇼핑하는 헬싱키 시민들이 많다.

페리회사
TALLINK | www.tallink.com
ECKERO LINE | www.eckeroline.ee
SUPERSEACAT | www.superseacat.com
NORDIC JET LINE | www.njl.ee
VIKING LINE | www.vikingline.ee

버스

기차역의 버스 정류장에서 대부분 출발한다. 발트 3국의 다른 나라인 라트비아나 리투아니아에서 오는 여행자는 버스를 타고 대부분 여행을 한다.
버스이동시간은 최대 7시간 정도이다. 유로라인은 우리나라의 '일반 고속'버스이고 럭스 익스프레스Lux Express는 '우등고속'버스라고 판단하면 된다. 7~8월의 성수기가 아니라면 전날이나 도시를 이동하는 날에 충분히 버스티켓 구매가 가능하다.

럭스 익스프레스 | luxexpress.eu
에코라인 | www.ecolines.net

기차

탈린의 기차역은 올드 타운의 북서쪽 가장자리에 있으며 라에코야 광장에서 걸어갈 만한 거리에 있다. 타르투와 페르누는 3~4시간이 소요되며 나르바는 3시간 15분 정도 소요된다.

러시아의 상트페테르부르크에서 에스토니아의 탈린까지 이용이 가능하여 러시아인들의 상트페테르부르크에서 탈린으로 여행이 많다. 여행사의 패키지 상품이 상트페테르부르크에서 발트3국 여행상품이 시작되었는데 버스를 이용해 이동한다.

시내교통

올드 타운에서 여행을 할 때는 도보로만 여행할 수 있지만 신시가지로 이동하거나 시 외곽으로 이동하려면 버스와 트램이 필요하다. 버스표나 트램 티켓은 기사에게 직접 구입하면 된다. 트램 탑승을 하려면 펀칭기에 티켓을 넣고 찍으면 되기 때문에 어느 문으로도 탑승이 가능하다.
탈린에서 2일 이상 머무는 여행자에게 추천한다. 탈린카드는 저렴하지 않기 때문에 단지 시내교통만 사용한다면 추천하지 않는다. 박물관이 무료이며 가이드투어와 공연이나 식당이 할인이 된다. 평범하게 2일 정도를 머물면서 여행하고 싶다면 탈린카드는 비싸기 때문에 잘 따져보고 구입을 하는 것이 좋을 것이다.

시티투어버스(City Tour Bus)

탈린을 쉽고 빠르게 돌아보고 싶을 때 좋다. 시내의 18개 정류장에서 내려 둘러보고 내린 동일한 정류장에서 다음 차를 타면 된다. 버스 티켓은 직접 버스운전사 에게 구입하는 것이 가장 편하고 온라인, 각 숙소나 여행사에서 구입할 수 있지만 한국에서 미리 구입해 갈 필요는 없다.

버스 티켓은 구입시간부터 24시간 동안 탈 수 있기 때문에 도시 풍경도 보고, 다음날 오전에 시내를 돌아다닐 수 있다. 버스를 탑승하면 운전기사분이 이어폰을 하나씩 준다. 그 이어폰을 좌석마다 꽂는 위치가 있어 꽂으면 관광 가이드 설명을

탈린카드▶

들을 수 있는데 한국어도 지원되고 있다. 8개 국어로 음성지원을 하고 있다.

시티투어버스는 2층의 맨 앞자리에서 둘러보는 것이 시내의 전경을 가장 잘 볼 수 있다. 다만 추운 겨울에 시티투어버스의 2층은 상당히 춥다. 그러므로 겨울에는 추천하지 않는다. 시티투어버스를 타면 나눠주는 팸플릿에 번호 순으로 이동하는 목적지가 그림으로 나열되어 쉽게 위치를 파악 할 수 있고 시내에서 보고 싶은 곳을 선택하며 이동할 수 있다.

중세의 향기, 탈린(Tallinn)

동쪽으로는 러시아, 서쪽으로는 발트해Baltic Sea를 사이에 두고 핀란드, 스웨덴과 마주보고 있는 나라가 에스토니아Estonia이다. 나는 에스토니아의 수도 탈린Tallinn에 도착했다. 잘 알지 못하는 나라, 이름만 알고 있는 나라 그래서 첫 만남은 모두 떨림이었다.

유서 깊은 탈린의 구시가지로 들어가기 위해서는 비루문Viru Gate을 지나가야 한다. 구시가로 들어가는 6개의 대문 중 하나인 비루문은 지금부터 시작될 고풍스런 시간여행을 예고라도 하는 듯하다. 하지만 발밑으로 전해오는 돌길의 투박한 느낌과 낯선 듯 아기자기한 건물들의 모습은 어느새 나를 편안하게 이끌어준다.

시가지에 들어서니 누군가 나를 반갑게 불러대는 듯하다. “안녕하세요! 이곳으로 와서 달콤한 아몬드 맛 좀 보세요?”라는 소리에 고개를 왼쪽으로 돌리니 얼굴이 하얀 아가씨가 나를 향해 아몬드를 사라고 손짓한다. 중세에 튀어나온 듯한 복장의 그녀에게 다가갔다.

중세에도 이렇게 장사를 했을까? 이 아가씨의 애교섞인 이끌림에 못 이긴 척 넘어가준다. 몇 개를 집어 먹어보니 생각보다 맛있다. 어떻게 만드는 것일까? 물어보니 비밀이라고 안 가르쳐주며 직접 맞춰보라고 한다. 비밀이 아닌 것은 아몬드를 넣는 거라며 웃는 그녀는 아몬드를 넣고 계피와 설탕을 넣으며 만드는 과정을 다보여주면서 맞춰보라고 계속 웃는다. 아몬드가 굳을 수 있어 낮은 불에 계속 볶는다. 굳지 않도록 주걱으로 계속 15~20분을 저어주면 알맞게 굳어지면서 중세부터 이어졌다는 달콤한 아몬드가 된다. 탈린에서 재미있는 여행을 하라고 손을 흔드는 그녀와의 첫 만남이 탈린의 여행을 기대하게 해준다.

흥겨웠던 그녀와의 첫 만남을 뒤로 한 채 몇 걸음을 건네자 이내 구시청사의 광장이 모습을 드러낸다. 광장 한가운데에 선 나는 동화나라로의 초대장을 받은 듯하다. 어두운 하늘 아래 붉은 지붕을 머리에 진 건물들은 그림이 되어 서 있고 그 아래에 펼쳐진 사람들의 모습은 어두워도 평화로운 인간의 모습을 다 담은 듯하다.

가운데에 커다란 크리스마스트리가 있는데 1월 10일이 지나 아름답다는 탈린의 크리스마스마켓은 볼 수 없어 아쉬웠다. 그 옆으로는 고딕양식의 구시청사가 우뚝 서 있다. 1416년에 완공된 탈린의 구시청사는 현존하는 북유럽 최고의 고딕양식의 건물로 중세시대부터 1970년대까지 탈린시의 청사로 사용되었다. 지금의 박물관으로 사용되는 내부는 중세시대 상업의 거점도시로 번영했던 탈린의 모습을 보여주는 듯 화려하다.

중세시대 세금을 거두던 함에는 동전들이 수북하게 쌓여있고 창고로 썼던 시청의 가장 위로 올라가면 광장이 보이는 한쪽 문에 도르래가 달려 있다. 항구로 들어온 물건들을 맨 위층의 창고로 쉽게 올리기 위한 도르래였다.

14세기부터 상업적 번영을 위한 중세 동맹인 한자동맹으로 번성했던 이곳 탈린에는 큰 건물마다 물건을 올리기 위한 도르래가 달려있다고 한다. 옮기기 쉬운 밑층인 1층으로 물건을 넣어두면 좋지 않을까 생각했는데 비싼 물품들이 도둑맞기가 쉬워 힘들더라도 위층으로 옮겨야했다는 사실도 나중에 알게 되었다.

탈린을 걷다보면 어디에서든 볼 수 있는 높은 첨탑이 있다. 16세기에 완공된 올레비스테 교회의 첨탑 높이는 무려 159m이다. 중세시대 탈린으로 들어오는 모든 배들에게 이정표가 되었다고 한다. 이 교회의 첨탑에 올라가면 시가지를 한눈에 볼 수 있다는 사실에 나는 빨

리 발걸음을 옮겼다. 끝도 없이 이어진 나선형의 돌계단, 수백 년의 세월을 머금어 반들반들한 돌계단을 오르는 일은 생각만큼 쉬운 것은 아니었다. 지칠 대로 지친 나를 손짓으로 이끌어주는 앞 선 이들의 응원을 받아 나는 마침내 첨탑 위에 섰다. 그리고 그 아래로 펼쳐진 풍경 속으로 빨려 들어갔다.

1991년 러시아로부터 독립한 에스토니아는 대한민국 절반 크기의 국토를 가진 작은 나라이다. '덴마크인의 도시'라는 뜻으로 청록 빛 숲과 붉은 지붕, 회색 성벽이 조화롭게 이루어진 탈린은 동화 속에서나 꿈꿔온 그 모습 그대로였다. 하지만 에스토니아가 걸어온 역사는 늘 숨 가쁘고도 가팔렀다. 13세기부터 덴마크, 스웨덴, 독일, 러시아 등 주변 4대 강대국의 이권 다툼에 방어를 위한 성벽들이 도시 전체를 둘러싸고 있다. 세월의 두께만큼이나 회색빛으로 변해간 성벽에는 고단했던 세월의 흔적이 덧칠해진 듯하다.

탈린에 남아있는 19개의 성탑 중 하나인 '부엌을 들여다 보아라 성탑'은 남의 집 부엌을 훤히 들여다 보일 정도로 높다하여 붙여진 이름으로 에스토니아를 둘러싼 강대국들의 다툼이 얼마나 치열했는지 보여주는 상징물이다.

16세기경 에스토니아를 차지하기 위해 이반대제가 탈린으로 진격해왔다. 당시 탈린을 점령하고 있던 독일 기사단은 끝내 러시아를 격퇴시켰다. 이 전쟁과 이어진 기근에 살아남은 에스토니아인은 불과 10여만 명, 이 도시는 처절했던 역사의 아픔을 견뎌내고서도 아무렇지 않은 듯 아름답기만 하다.

탈린의 고지대로 향하는 길에는 중세시대부터 귀족과 성직자가 살았던 주요성당과 공공기관이 몰려있다. 13세기 덴마크 점령기부터 관저와 대주교 관저로 사용된 톰성당이 우뚝 서 있고 고지대 가장 위에는 제정 러시아 황제 '짜르'의 위세를 풍기는 알렉산드르 넵스키 성당이 우아한 자태를 내세우고 있다. 화려하게 장식된 내부는 러시아 미사가 지금이라도 거행될 것처럼 화려한 그림의 등장인물들이 나올 듯하다. 러시아 정교의 전통인 수건을 머리에 두르고 미사를 드리는 모습을 담아낸 그림들은 엄숙하다.

성당 건너편에 있는 톰페아 성은 덴마크, 스웨덴, 독일의 점령자들이 사용했다. 꾸준히 증축하여 사용한 톰페아 성은 이제 어엿한 에스토니아의 국회의사당이 되어 21세기 민주주의를 이끄는 에스토니아를 대변해주는 건축물이 되고 있다. 1차 세계대전 후 잠시 독립을 얻기까지 한 번도 자신들의 나라를 가져본 적이 없는 에스토니아, 그리고 다시 수십 년을 소련의 점령으로 숨죽여 살아온 에스토니아는 마침내 독립해 활발한 활동을 보여주고 있는데 앞으로도 지켜갈 수 있을까?

다시 나선 거리는 이제 어둠으로 조용하다. 간간히 상점에서 들려오는 음악과 불빛에 중세 곳곳의 향기는 여행자의 발길을 절로 붙들고 있다. 어느새 관광객들은 너나할 것 없이 중세로의 여행에 기꺼이 동참할 수밖에 없다. 여행자는 어두워도 향기가 배어나오는 도시의

냄새에 취해 천천히 걸어간다. 그리고 그들의 웃음은 또 다른 향기에 되어 도시를 가득 채운다.

한참 밝을 시간인데 벌써 어두워진 탈린의 어둠은 이곳이 위도가 높아 겨울이면 해가 일찍 져버리는 북유럽이라는 사실을 알려준다. 내 배꼽시계는 벌써 밥 먹을 시간을 요란스레 나의 배에게 통보해주었다. 걷기에 지친 나는 분위기 좋은 레스토랑으로 들어섰다. 그런데 한명의 손님도 보이지 않고 어두운 불빛의 레스토랑 내부는 순간 내 걸음을 멈춰 세웠다.

이 순간 직원들이 모두 서툴게 웃으며 나를 안내했다. 앞의 테이블도 있는데 굳이 뒤로 안내하는 직원이 나를 어둠으로 이끄는 저승사자처럼 순간 무서웠다. 주문을 하고 기다리는 순간에도 아무도 없는 커다란 레스토랑에서 준 메뉴판은 가격이 저렴해 더욱 의심이 되었다. 드디어 내가 주문한 스테이크가 나왔다. 나이프로 잘라서 입에 넣은 스테이크를 맛보고서야 안심이 되었다. 그리고 계속 잘라서 먹으면서 감탄했다. 무표정에서 환희의 얼굴로 바뀌던 순간 다른 손님이 들어왔다. 이제 다른 이까지 있으니 안심하면서 스테이크가 입안에서 녹는 황홀한 향연에 빠져들었다.

탈린의 향기에 빠져 중세로의 시간여행을 마지막으로 온 몸에 느끼고 나는 잠자리에 들기 위해 돌아왔다.

기차역
뚱뚱이 마가렛
Fat Margaret
성 올라프 교회
St. Olaf's Church
버스터미널
탈린 시립 박
Tallinn City Mu
인형박물관
Doll Museum
역사박물관
History Museum
성령교회
Holy Spirit Church
전망대
Lookout
라에코야광장
세인트 메리 성당
St. Mary's Church
에스토니아 미술관
Estonia Gallery
Ra taskaevn
Dunkri
시청
Town Hall
니콜라스 교회
St. Nicholas Church
톰페아
Toompea Castle
부엌을 들여다 보아라 성탑
Kiek-in-de-Kok Tower
Falgi tee
자유광장
Freedom Square

길드 앞 거리

라에코야 광장

카드리오르그 궁전

카페 거리

알렉산드르 네프스키 대성당

Lower Town
저지대

탈린 저지대는 12세기 이후 중세시절 탈린을 중심으로 무역하던 상인들의 주거건물이나 길드건물들이 주로 위치해 있는 곳으로 탈린 볼거리의 대부분이 이곳에 몰려있다.

비루문
Viru Gate

탈린의 올드 타운을 들어가는 입구가 비루 문Viru Gate이다. 중세 시절 시가지로 들어가는 6개의 대문 중 하나였다. 비루 문을 지나면 베네 거리Vene St. 거리로 이어진다. 15~17세기까지 지어진 중세 건물들이 보인다.

BALTIC STATES Tip

올드 타운 Old Town

올드 타운은 핀란드 만 바로 남쪽에 있으며 2지역으로 구분되어 있다. 톰페아는 도시 위에 있으며 아래 지역은 톰페아의 동쪽 기슭 근처에 퍼져 있다.

라에코야 광장

Raekoja plats

탈린 시민들이 만나는 대표적인 장소이다. 1422년부터 지금까지 영업하고 있는 북유럽에서 가장 오래된 약국이 있고 그 옆에 올레비스테 교회Oleviste Kogodus를 찾을 수 있다. 여름에는 버스킹이 이어지고 노천카페가 광장의 운치를 뽐낸다. 겨울에는 유럽에서도 유명한 크리스마스 마켓이 열려 1년 내내 붐비는 광장이다.

구 시청사

Town Hall Square

북유럽에서 가장 오래 된 고딕양식으로 지어진 건물이다. 1320년경부터 1402년에 완공되어 지금까지 600여년이나 후기 고딕양식의 건물로 남아있게 되었다.
건물 내부는 2층의 홀과 공간으로 여름철에 한해 활용되고 있지만, 시내가 한눈에 들어오는 뾰족한 64m의 성탑은 언제나 입장이 가능하다. 115계단을 올라가면 구시청사 탑 앞에는 시청 광장이 펼쳐져 있다.

홈페이지_ http://www.tourism.tallinn.ee/
주소_ Raekoja plats 1
요금_ 탑(4€) 11~18시 (5월 1일~9월 15일
6월 23~24, 9월 16~4월 30일은 닫는다)
홀(5€) 10~16시(월~토요일 / 8월20일,
12월 24~26일, 1월 1일 부활절, 5월 1일,
5월 15일은 닫는다)
전화_ 645-7900

시청 약국

Raeapteek

1415년에 당시의 화학자들이 모여 문을 연 약국인데, 지금까지도 약국으로 운영되고 있는 놀라운 약국으로 유럽에서 가장 오래되었다고 한다. 헝가리 출신의 부르크하르트 가문이 인수하여 20세기 초까지 약 4백년 간 운영하였고 지금은 현대 의약품을 판매하고 있다.
예부터 약재로 사용하고 말의 음경 등을 전시해 놓았다. 개똥도 약이 된다는 속담이 있는데 여기서는 개똥도 전시하고 있다. 교육적 목적상 박물관으로도 활용되고 있다.

BALTIC STATES Tip

토마스 할아버지

높이가 64m에 이르는 첨탑꼭대기에 매달린 탈린의 상징을 '토마스 할아버지'라고 부른다. 토마스 할아버지는 어린 시절 석궁 경연대회에서 우승한 명사수였는데 미천한 출생신분 때문에 우승자가 되지 못하는 상황이 발생했다. 불쌍히 여긴 시장이 탈린 경비대원에 그를 임명하여 임무를 잘 수행하였다는 이야기가 있다. 풍향계의 토마스는 15301~1944년까지 풍향계를 부여잡고 탈린 시를 경비하다가 2차 세계대전 중에 폭격으로 파괴되었다가 1980년대에 수리되면서 토마스 할아버지 풍향계를 다시 부착했다.

올라프 교회(올레비스테 교회)

St. Olaf's Church (Oleviste Kirik)

노르웨이가 탈린을 정복한 시기인 12세기에 노르웨이의 올라프 국왕에게 헌정된 교회이다.

13~16세기 고딕양식으로 지어질 때에 159m로 가장 높았던 올라프 교회St. Olaf's Church는 당시, 탈린으로 들어오는 배들의 이정표 역할을 했다고 한다.

오랜 기간 보수를 거쳐 지금 첨탑까지의 높이가 124m로 좁은 계단 258개를 올라가야 탑의 꼭대기에 오를 수 있다.

높은 첨탑 때문에 소련 점령기에는 라디오 방송 송신탑으로 활용되기도 했다고 한다. 지금은 다시 교회로 사용되고 있다.

첩탑에서 올라가는 통로

홈페이지_ www.oleviste.ee

주소_ Lai 50

미사시간_ 10, 12시

관람시간_ 10~18시(전망대 시간 동일하나 7~8월은 20시까지 운영 / 3€)

BALTIC STATES Tip

첨탑을 구분하자.

탈린에 있는 높은 첨탑을 가진 건물을 구분하는 여행자는 많지 않다. 다 비슷하게 생겨 혼동되기만 하기 때문에 지나치기 쉽다. 탈린에는 교회가 3개가 있다. 높은 첨탑이 있는 건물은 구시청사까지 총 4개가 있다. 이것을 구분할 필요가 있다. 올라프 교회(St. Olaf's Church)는 고딕양식으로 첨탑이 직선이고 성 니콜라스 교회(St. Nicholas Church)은 올라프 교회(St. Olaf's Church)와 비슷하지만 첨탑이 곡선이다. 성령교회(Holy Spirit Church)는 벽에 시계가 있는 교회이다. 라에코야 광장(Raekoja plats)에 있는 건물은 시청사 건물이지 교회가 아니다.

성 니콜라스 교회 & 박물관

St. Nicholas Church(니굴리스테/Niguliste Kirik)

13세기에 어부들과 선원들의 수호성인인 성 니콜라스를 기리기 위해 지어진 중세 고딕 양식의 교회이다.
처음에는 요새로서의 기능도 있었지만 탈린 시 전체에 성벽이 설치된 14세기 이후에는 교회로만 사용되었다. 폭격으로 파괴된 것을 1980년대에 복원하였다. 다행히 폭격 전 교회 안에 있던 역사적 유물들은 다른 곳으로 옮겨 놓아 13~16세기에 지어진 교회 제단들, 바로크와 르네상스식의 샹들리에들이 원형 그대로 보존되어 지금은 박물관으로 사용하고 있다.

홈페이지_ www.nigulistemuseum.ee
주소_ Niguliste 3
시간_ 10~17시(월요일 휴관) **요금_** 16€

성령교회

Holy Spirit Church

13세기 초에 세워진 루터 교회이다. 교회 담벼락에는 조각가이자 시계공인 크리스틴안 아커만이 1684년에 제작한 아름다운 파란색과 금빛 시계가 지금도 잘 가고 있다.
내부에는 1483년에 만든 제단화와 바로크 양식의 목각과 성단이 있다. 1483년에 제작한 성단은 에스토니아에서 가장 중요한 중세 예술 작품으로 알려져 있다.

홈페이지_ www.puhavaimu.ee
주소_ Pûhavaimu 2
시간_ 1~2월 12~14시
(월~금요일, 토요일은 15시까지)
3~4월 & 10~12월 10~15시
5~9월 10~17시
요금_ 1.5€

BALTIC STATES Tip

달콤한 입술 카페

성령 교회 맞은 편에 노란 색의 아름다운 3층 건물이 있다. 1층에 1806년 문을 연 카페 '달콤한 입술'이 들어서 있다. 탈린에서 가장 오래된 카페이며, 지금도 카페로 운영된다. 소련 점령 시절에는 국유화된 상태에서도 카페가 운영되었다. 에스토니아 독립 이후에는 사유화되었다.

대길드 건물(역사박물관) & 소길드

Great Guild & Great Guild

라트비아의 리가가 무역의 중심이라 길드 건물이 리가에만 있다고 생각하는 관광객이 의외로 많다.

하지만 탈린도 중세 길드 상인들이 무역을 하던 중심 도시였다. 그래서 아름다운 중세 건물들을 감상하는 것이 탈린 구시가 관광의 포인트이다.
성령교회 근처에 길 좌우로 있는 건물들이 다 유서가 깊지만 역사박물관Histry Museum이 된 대길드 건물은 찾아봐야 하는 곳이다.

홈페이지_ www.meremuseum.ee
주소_ Pikk 70
시간_ 5~9월 10~19시
(휴관 없음 / 그 외 기간에는 18시까지, 월요일 휴관)

역사박물관(History Museum)

소련 점령기에 저항하며 투쟁을 벌인 전설적인 무장 게릴라조직인 '숲속의 형제들'의 거점이기도 하였다. 지금은 유서깊은 건물이 에스토니아 역사박물관으로 자리 잡았다.

올레비스테 길드

Oleviste Guild

1410년에 완공된 건물로 20세기 초까지 상인과 기술자들의 길드 건물로 사용되었다. 탈린의 중세 고딕 양식 건축을 대표하는 건물로 건물 정면에 유리창없는 창문형태의 아치 문양이 인상적이다.

홈페이지_ www.meremuseum.ee
주소_ Pikk 70
시간_ 5~9월 10~19시
(휴관 없음 / 그 외 기간에는 18시까지, 월요일 휴관)

탈린 시립 박물관
Tallinn City Museum

탈린에는 시립박물관으로 10개 정도의 장소를 사용하고 있다. 그래서 어느 시립박물관인지 혼동된다. 그중에서 14세기에 지은 상인의 집에 자리한 곳이 본관으로 탈린의 발전상을 역사적으로 전시해 놓고 있다. 영어로 상세히 설명되어 있고 한국어 설명자료는 없다.

홈페이지_ www.linnamuuseum.ee
주소_ Vene 17
요금_ 3.2€(어린이 2€)

카타리나 도미니칸 수도원

St. Catherine's Monastery

베네 거리Vene St.에 있는 1246년에 지어진 수도원으로 탈린에 남아있는 가장 오래된 수도원이다. 종교개혁 이후 파괴되었지만 수도원 터에 중세 시대의 조각품으로 전시된 박물관이 있다.

주소_ Vene St. 16번지

카타리나 골목

Katarina

카타리나 수도원을 나와 왼쪽의 좁은 골목 안으로 들어가면 중세 분위기를 느낄 수 있는 골목이 나온다. 수도원으로 안내하던 거리여서 카타리나 골목이라는 이름이 붙여졌다. 탈린에서 골목의 정취를 느끼기에 좋다.

자유 광장

Freedom Square

시민들이 여유롭게 앉아 햇살을 즐기고 어린 아이들이 뛰어노는 장면은 광장이 주는 큰 즐거움이다. 자유 광장도 다르지 않은 모습이다.
붐비지 않고 트인 넓은 광장에서 가만히 앉아 쉬었다 가는 것만으로 행복을 느낄 수 있다. 근처 지하로 가는 계단 안에 무료 화장실이 있다.

키에크 인 데 쾨크 시립 박물관

Kiek in de Kok

자유 광장 뒤로 올라가는 길에 1475년에 지은 높은 요새가 견고한 포탑이다. 독일어로 키에크 인 데 쾨크는 **'부엌 엿보기'**라는 뜻으로 부엌을 볼 수 있을 정도로 높았다고 한다. 지금은 시립 박물관으로 도시 방어의 역사를 소개하고 있다.

뚱뚱이 마가렛 포탑

Fat Margarets Tower, Paks Margaareeta

뚱뚱이 마가렛 포탑Fat Margarets Tower은 핀란드 만에서 탈린 성으로 들어오는 관문 역할로 뚱뚱한 마가렛 포탑에서 꼭대기의 톰페아 언덕까지 경사면을 타고 형성되어 있다. 전쟁에서 탈린시를 보호하는 역할로 건설되었다.

13세기 초에 덴마크의 마가레트 왕비의 지시로 탈린 구시가 주위에 성벽이 건설되었다. 16세기 초에 이 성벽에 건설된 지름 25m, 높이 20m 크기의 커다란 포탑을 설치하였는데, 이를 지금 사람들은 '뚱뚱한 마거릿 포탑'이라고 부른다. '뚱뚱한fat'이라는 수식어가 붙은 이유는 두께가 1.5m나 되는 크기 때문이다.

이 포탑에서 포가 발사된 적은 거의 없다고 한다. 성벽이 상당히 두꺼워 내부 공간이 크기 때문에 현재는 에스토니아 해양 박물관으로 사용하고 있다.

홈페이지_ www.linnamuuseum.ee
주소_ Vene 17
요금_ 3.2€(어린이 2€)

BALTIC STATES Tip

탈린의 중세 성벽

에스토니아의 수도 탈린은 북유럽의 러시아, 덴마크, 스웨덴, 폴란드의 발트해 진출에 중요한 위치였기 때문에 13세기부터 성벽으로 방어했다. 지금의 성벽은 16세기에 건설해 27개의 탑이 있었지만 지금은 19개만이 남아있다. 대부분의 성벽은 박물관으로 사용하고 있지만 꼭대기에 전망대를 조성해 올드 타운의 풍경을 조망할 수 있다.

타운 월(Town Wall / 6€)

탈린의 올드 타운은 발트 3국 중에 가장 보존이 잘된 중세도시일 것이다. 특히 올드 타운의 외벽인 타운 월(Town Wall)에 올라가면 구시가지를 내려다 볼 수 있다. 비루 문(Viru Gate) 바로 옆에 위치하여 찾기는 어렵지 않다.

성벽 위로 올라서 나무로 된 통로를 걸으면 중세로 타임머신을 타고 이동한 듯하다. 성벽 위에 쭉 연결된 나무로 만들어진 통로가 생각보다 높아 색다른 느낌을 가지게 한다. 흐린 날씨에 중세 복장의 사람을 보면 미국 드리마 '왕좌의 게임'의 한 장면을 보는 듯하다. 귀여운 그림들과 아트작품들이 있어 전 계절의 모습을 한눈에 볼 수 있다.

호텔 비루 KGB박물관

Hotel Viru KGB Museum

에스토니아에서 유일한 고층 건물로 탈린의 유일한 호텔이었을 때가 소련의 점령 시기였다. KGB는 23층에 감시 기지를 두고 탈린에 들어오는 외국인과 내국인까지 관리했다.

홈페이지_ www.viru.ee **주소_** Viru valjak 4
요금_ 투어 9€ (5~9월 매일 / 11~다음해 4월 화~일요일) **전화_** +372-680-9300

떠오르는 여행지, 에스토니아의 블루라군 Estonia Blue Lagoon

에스토니아(Estonia)의 수도인 탈린(Tallin)에서 서쪽으로 45km 떨어진 이곳은 맑은 물과 주변의 울창한 숲 등이 아름답다. 현재 이곳은 에스토니아의 유명 관광지로 떠올라 여름에 주말을 이용해 수많은 피서객들과 다이버들이 방문하고 있다.

세상에서 하나뿐인 특별한 이유는 수중에 남겨진 구소련 시절의 감옥 (Murru Soviet Prison)과 석회석 채석장 때문이다. 70여 년 전 수감자들의 강제노역 장소였던 석회석 채석장은 1991년 구소련의 붕괴 이후 에스토니아가 독립을 선언하면서 폐쇄되어 수몰되었다. 수중에는 감옥으로 사용되었던 건물들 뿐 아니라 당시 사용하던 수많은 채석장비들이 그대로 남겨져 있다.

에스토니아에는 수중에 잠든 구소련 감옥이 있다. 버려진 구소련 시절의 감옥이자 과거 수감자들의 강제노역 장소였던 석회석 채석장이 지금, 세계에서 가장 이국적이고 독특한 피서지로 탈바꿈했다. 무루 프리즌 Murru Prison은 다이버들에게 강력한 인상을 남겨주는 다이빙 지점으로 알려지고 있다.

Upper Town
고지대

톰페아 언덕
Toompea

탈린의 구시가를 한눈에 조망할 수 있는 곳이 바로 툼페아 언덕이다. 탈린의 아름다운 사진이 나오는 엽서나 책자의 사진은 다 톰페아 언덕의 전망대에서 찍은 사진이다. 비가 온 후 뭉게구름이 약간 있는 파란 하늘 아래 중세 건물의 붉은 지붕들, 뾰족한 첨탑과 그 옆의 중세 성벽, 멀리 보이는 발트 해가 일품인 광경이다.
탈린의 한가운데 위치해 적으로부터 방어를 하기 좋아서 탈린 지배층들이 거주하던 지역이다. 언덕에 세워진 알렉산더 네프스키 대성당은 지배층의 권력을 상징하고 있다.
1219년 덴마크가 최초로 요새를 건설하면서 탈린의 도시화가 이뤄졌던 시작 지점이다. 상인들이 거주하면서 무역을 했던 저지대의 길드와 상인들의 건물과는 구분된다.

신화 속에 나오는 에스토니아 최초의 지도자인 칼레브Kalev의 무덤이 톰페아Toompea가 되었다고 한다.

알렉산데르 네프스키 대성당

Aleksander Nevsky Katedral

러시아제국의 지배를 받던 1900년에 완공된 러시아정교회 성당이 알렉산드르 네프스키 성당이다. 크기도 큰데다 지붕도 흑색이어서인지 위압적인 느낌에 화려한 모자이크와 이콘icon 그림이 제정러시아 차르의 권력을 보여준다. 러시아에 있는 많은 러시아정교회 성당들에 비해서는 내부 이콘화 등은 좋지 못하다.

1924년에 성당 철거를 시도했지만 자금부족으로 못했기 때문에 가끔씩 철거여부를 국민투표에 부치자는 여론이 일기도 한다.

홈페이지_ www.orthodox.ee

주소_ Lossi plats 10

관람시간_ 08~19시 **전화_** +372-641-1301

톰페아 성
Toompea Loss

알렉산데르 네프스키 교회 입구 앞으로는 톰페아Toompea Loss 성이 자리잡고 있다. 톰페아 성은 지배층이 안전을 보장하기 위해 성 안에 새로운 건물을 지은 것이다.

1227~1229년까지 덴마크 인이 건설한 탑이 있었지만 18세기에 러시아의 지배에 들어가면서 기존의 건물을 허물고 성의 주 건물은 18세기 바로크양식으로 지었다.

홈페이지_ www.riigikogu.ee(에스토니아 국회)
주소_ Lossi plats 1a
관람시간_ 10~16시(가이드 투어)
전화_ 631-6331(631-6357 가이드 투어)

독립 후에 분홍색 건물을 새로 지었고, '키다리 헤르만'이라고 불리는 탈린에서 가장 인상적인 건물로 꼭대기에 에스토니아의 3색의 깃발이 펄럭이고 있다.

지금은 에스토니아 국회의사당Riigkogu 으로 사용되고 있으며 국회가 열리면 40분간 무료 영어 투어(여권 지참)도 진행하고 있다.

전망대에서 바라본 탈린 전경

국회의사당

Parliment

톰페아 언덕에 지은 톰페아 성 안에 자리하고 있다. 1922년에 지은 건물은 구시가의 중세건물과 다른 양식이다.
소련 점령기에 에스토니아 의회는 해산되었지만 에스토니아가 독립한 1년 후인 1992년부터 다시 의회가 들어왔고 지금은 전자 투표를 비롯해 다양한 정치 실험을 하는 등 정치의 새바람을 보여주고 있다.

톰 성당

St.Mary's Cathedral

톰 성당St.Mary's Cathedral가 톨릭 교회로 지어졌지만 루터 교회로 바뀌어 사용되고 있다. 작은 교회라서 실망하기 쉽다. 1233년에 짓기 시작해 15세기에 완공했지만 18세기가 되어서야 탑이 완공되어 지금에 이르렀다. 하얀 벽에 귀족 가문의 문장이 걸려 있고 귀족의 묘지가 같이 있다.

홈페이지_ www.eeik.ee
주소_ Toom-kooli 6 Kaart
관람시간_ 6~8월 : 09~18시 / 5, 9월 : 17시까지
4, 10월 : 16시 / 11~3월 : 09~15시
(월요일 휴관(4, 10월도 동일))
요금_ 탑 6€(어린이는 안전문제로 입장 불가)

Tallinn Town
탈린 도심

카드리오르그 지역은 구시가지에서 동쪽으로 약 2㎞ 정도 떨어져 있다. '카드리오르그Kadriorg' 라는 말의 뜻은 '예카테리나의 계곡'이라는 뜻이다.

러시아 점령시기에 표트르 대제Peter the Great가 에스토니아를 점령한 후 아내 예카테리나 1세Catherine I를 위해 바로크 양식의 궁전과 공원을 만들었다. 후에는 러시아 귀족들이 살던 곳으로 지금도 탈린 시민들의 휴식처로 이용되고 있다.

카드리오르그 지도

카드리오르그 공원과 궁전

Kadriorg & Kadriorg Palace

카드리오르그Kadriorg 공원은 탈린 시가지에서 2km로 걸어갈 수 있는 거리의 여름 휴양지로 러시아가 에스토니아를 점령한 후 러시아 황제였던 표트르 대제Peter the Great가 그의 아내 예카테리나를 위해 만들었다.

'예카테리나의 계곡'이었던 명칭이 에스토니아 어로 '카드리오르그Kadriorg'라고 하여 지금도 그대로 사용하고 있다. 각종 나무와 꽃들이 가꾸어진 연못과 정원은 로맨틱한 장소로 연인들의 데이트코스로 유명하다.

카드리오르그Kadriorg 공원 안에 있는 궁전은 1718년 이탈리아의 건축가인 니콜로 미체티가 설계한 성으로, 카드리오르그 미술관Kadriorg Art Museum으로 쓰이고 있다.

카드리오르그 미술관

Kadriorg Art Museum

1718~1736년까지 표트르 1세가 건설한 궁전은 에스토니아 미술관의 분관으로 사용하고 있다. 미술관은 16~18세기 중에 네덜란드, 독일, 이탈리아 화가의 바로크 작품과 18~20세기까지의 러시아 작품을 소장중이다.

홈페이지_ www.kadriorgmuseum.ee
주소_ Weizenbergi 37
관람시간_ 5~9월 10~17시(수요일은 20시까지 / 10~다음해 4월 19시까지, 월, 화 휴관)
요금_ 5€(어린이 3€)

쿠무 현대미술박물관

Kumu Art Museum

2006년 핀란드의 건축가는 7층의 현대식 건물을 완공했다. 유리, 구리, 석회암으로 된 화려한 건물은 주변을 압도한다. 쿠무Kumu는 '쿤스트뮤지엄Kunstimuuseum'의 줄

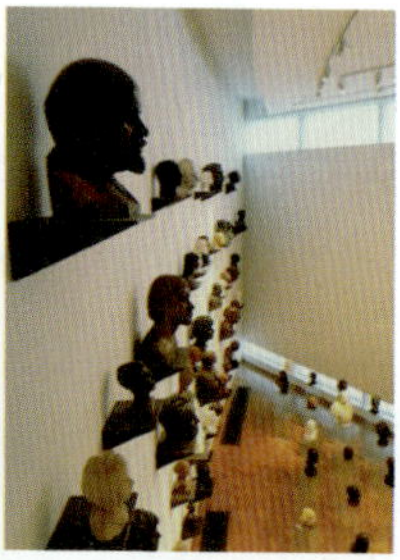

임말로 다양한 에스토니아 예술작품을 전시하고 있고 지속적인 기획 전시로 하고 있다.

홈페이지_ www.kumu.ekm.ee
주소_ Weizenbergi 34, Valge 1
관람시간_ 10~18시(목요일은 20시까지 / 4~9월 월요일 휴관, 그 외에는 월, 화 휴관)

BALTIC STATES Tip

탈린의 새로운 인기 관광지

크리에이티브 허브(Creative City)

기차역의 버려진 산업단지를 변화시킨 곳으로 그래피티가 화려하게 사람들을 맞는다. 점차 사람들이 몰리면서 스튜디오, NGO단체, 등의 회사와 다양한 재미를 찾으려는 관광객도 점차 찾고 있다. 레스토랑도 들어오면서 맛집도 생겨나고 있다. 주말마다 벼룩시장도 열리기 때문에 새로운 에스토니아를 볼 수 있는 기회가 될 것이다.

▶Telliskivi Loomelinnak

키비 바페르 까리드(Kivi Paber Kaarid)

전채, 메인, 디저트로 나온 레스토랑으로 신선한 재료로 만든 스테이크가 인상적이다. 또한 에끌레르도 디저트로 충분히 맛이 있다. 다만 좀 달다는 단점이 있으니 참고하자.

BALTIC STATES Tip

TV 타워(에스토니아 VS 리투아니아)

발트 3국에서 에스토니아의 탈린과 리투아니아의 빌뉴스에 TV 타워가 있다. 소련의 통치기간에 만들어진 것인데 아직까지 유지되고 있다.

에스토니아의 탈린

1980년 소련 올림픽에 맞추어 만들어진 314m높이의 현대적인 탑이다. 22층(175m)에는 전망대가 있어 아름다운 경치를 조망할 수 있다. 원형태의 투명한 유리가 보이는 장면은 아찔하게 느껴진다. 최근에 야외에 엣지 워크(Edge walk)를 만들어 담력을 시험하고 로프를 타고 탑에서 내려가는 투어도 운영하고 있다.

▶**주소_** Kloostrimetsa tee 58a
▶**시간_** 10~19시
▶**홈페이지_** www.teletorn.ee
▶**요금_** 8€(어린이 5€)

리투아니아 빌뉴스

326m높이의 탑으로 TV 신호를 보내는 단순한 탑이지만 1991년 1월 13일에 소련의 특수부대가 14명의 리투아니아 인을 죽이는 사건이 발생하고 TV 방송국은 방송을 내보내 탄압에 굴복하지 않는 강인한 정신을 상징하는 타워가 되었다. 190m의 전망대에서 빌뉴스 시내를 조망할 수 있다.

▶**주소_** Sausio13-osios gatve 10
▶**시간_** 11~22시
▶**홈페이지_** www.telecentras.lt
▶**요금_** 6€(어린이 3€)

에스토니아 전통 음식

에스토니아 요리는 전통적으로 감자와 육류위주의 식사이지만 유럽연합에 가입한 이후 북유럽과 프랑스 요리가 많이 들어오고 있다. 유제품을 많이 소비하며 호밀로 만든 흑빵이 가장 유명하고 흔하다. 에스토니아 음식은 오랫동안 계절에 따라 차이가 있다. 훈제를 차게 식혀서 먹거나 감자 샐러드인 로솔제와 청어류를 주로 먹는다.

흑빵

기본적인 빵으로만 주는 것이 아니라 간이 된 흑빵을 레스토랑에서 주기에 싫어하는 한국인 관광객도 많다. 에스토니아의 흑빵은 모든 식사에 등장하는 없어서는 안 될 우리나라의 김치와 같은 음식이다. 옛 에스토니아는 먹을 것이 귀했는데 가장 기본적인 음식인 빵으로만 끼니를 채우는 경우도 다반사였다. 그래서 빵은 귀중하고 신성시하여 에스토니아에서 빵을 바닥에 떨어뜨리면 주운 다음에 그 빵에 꼭 입맞춤을 해야 한다. 에스토니아 사람들이 해외에 가면 가장 그리워하는 맛이 바로 이 빵이라고 할 정도이다.

수프

전통적으로 주 요리 전에 먹으며 닭고기와 야채를 섞어서 끓여 먹는 것이 일반적이다. 크림으로 우유와 요구르트를 같이 넣어 요리해 부드럽게 만든다.

래임(räim)

청어나 가자미를 먹는데 바다 가재요리나 수입산 게, 새우 소비가 많아서 발트해의 작은 청어인 래임räim을 모든 국민들이 좋아한다.

육류와 소시지

육류와 감자는 으깨서 함께 먹으며 코스 요리에 꼭 나온다. 돼지고기는 구이로 먹으며 베이컨, 햄으로 먹는다. 파이나 소시지로도 많이 소비된다. 에스토니아에서는 영국에서처럼 블러드 소시지를 만들어 먹는데 베리보르스트verivorst라고 부른다. 크리스마스에는 꼭 먹는 음식이다.

훈제생선

민물송어suitsukala는 에스토니아의 특별음식이고, 소시지가 나올 때 흡혈귀를 위한 음식이라는 생각을 하게 될지도 모를 정도로 신선한 돼지의 피와 내장으로 싼 소시지를 만든다. 선지소시지verevorst와 선지팬케이크vere pannkoogid는 대부분의 에스토니아 전통식당에서 먹어 볼 수 있다.

술

시럽 같은 바나 탈린 술Vana Tallinn liqueur을 무엇으로 만들었는지는 아무도 모른다. 역할 정도로 달고, 매우 강하지만, 에스토니아식단에 자주 나온다.

커피와 아주 잘 어울리며, 만일 견딜 수 있으면 우유나 샴페인에 띄운 얼음 위에 얹어 먹을 수 있다.

맥주

사쿠Saku맥주와 사아레마아섬에서 만든 약간 강한 사아레Saare맥주가 있고, 향신료를 가미해서 따뜻하게 마시는 와인hõõgvein을 카페나 바에서 마실 수 있다.

겨울 저장음식 잼(Jam)

겨울에는 잼(Jam)류를 꺼내다가 빵에 찍어 먹고 피클을 보관해두었다가 먹는다. 과일이나 야채, 버섯류가 겨울에는 귀했기 때문에 저장하는 기술이 반드시 필요했다. 현재는 대부분 상점에서 구입하면 되기 때문에 흔하지 않지만 겨울을 대비해서 김장을 하는 관습은 시골에서 행사로 생각한다.

EATING

에스토니아 경제는 지속적으로 상승하고 있어서 경제사정이 좋다. 젊은이들의 성공에 활기찬 분위기여서 레스토랑도 유기농과 해산물, 프랑스요리가 점점 메뉴로 올라오고 있다. 따라서 레스토랑 음식비용도 상승하고 있지만 아직은 다른 유럽에 비해 상당히 저렴한 편이다.

라타스카에부 16

Rataskaevu 16

문을 열고 들어가면 직원들이 친절히 손님을 맞이하고 활기찬 분위기에 기분도 좋아진다. 아늑하고 캐주얼한 현대적인 분위기의 레스토랑으로 탈린에서 누구에게 소개를 받아서 처음 맛집으로 추천해주는 레스토랑이다.

세계 각지에서 온 관광객으로 가득차서 예약을 하지 않으면 먹기 힘든 곳으로 음식마다 플레이팅도 깔끔하게 나온다.

식전에 나오는 빵과 버터도 맛있고 양고기와 순록고기 스테이크에 함께 나오는 매쉬 포테이토 맛도 좋다.

시청 앞 광장의 레스토랑보다 저렴하지만 전체적인 탈린의 음식비용보다 비싼 편이다. 양보다 음식 맛으로 알려져 있어서 조금 배고프다고 느낄 수도 있다. 현지의 젊은 비즈니스 인들이 주로 찾는다고 한다.

주소_ Rataskaevu 16
요금_ 스테이크 12~25€, 생선스테이크 15~20€, 와인10~20€ 정도에서 선택하면 무난함
시간_ 12~24시
전화_ +372-642-4025

배이케 라타스카에부 16
Väike Rataskaevu 16

위의 라타스카에부 레스토랑과 같은 레스토랑으로 2호점 같은 곳이다. 맛도 거의 비슷하고 분위기도 비슷하지만 내부 인테리어는 같지 않다.

주소_ Niguliste 6
시간_ 12~23시 45분
전화_ +372-601-1311

베간 레스토란 V
Vegan Restoran V

씨푸드Seafood를 주 메뉴로 유기농 재료를 사용해 에스토니아의 젊은 성공 비즈니스 인들을 대상으로 알려진 레스토랑이다. 연어, 디저트 모두 적당한 간으로 맛있다. 와인도 20~30유로에 적당한 가격이다. 직원은 과잉 친절일 정도로 주문을 받아 기분이 좋아진다. 오랜만에 씨푸드를 고급스럽게 먹고 싶다면 추천한다.

주소_ Rataskaevu 12
요금_ 스테이크 12~22€, 생선스테이크 13~20€, 와인10~20€ 정도에서 선택하면 무난함
시간_ 12~24시
전화_ +372-626-9087

본 크라흘리 아에드
Von Krahli Aed

작은 레스토랑으로 양이 많은 장점이 있다. 유기농 채소를 듬뿍 주기 때문에 배가 부르고 유기농 식자재로 만든 요리를 제공한다. 양고기가 부드럽고 잡내가 나지 않아 양고기를 주문하는 비율이 높다. 수프처럼 나오는 비프 칙스Beef Cheeks도 느끼함이 적어 먹을 만하다.

홈페이지_ www.vonkrahl.ee
주소_ Rataskaevu 8
요금_ 주 메뉴 6~15€
시간_ 12~24시
전화_ +372-626-9088

올리버 레스토랑
Oliver Restoran

할아버지의 모습이 인상적이어서 한번은 쳐다보고 지나가는 레스토랑으로 편안하고 스테이크가 주 메뉴라서 다른 것을 먹는 사람들은 거의 보지 못한다.
스테이크는 미디엄으로 주문을 하면 겉만 익혀서 먹기에 나쁘니 웰던Well done으로 주문하는 것이 좋다. 유명세만큼 가격이 비싸다는 단점이 있다.
12시 전에 입장하면 런치세트를 할인하여 10€이하로 먹을 수 있는 기회도 있으니 활용하자.

홈페이지_ www.oliverrestoran.ee
주소_ Rataskaevu 22
요금_ 주 메뉴 12~30€
시간_ 11~23시(여름에 한시적으로 10~12시 할인함)
전화_ +372-630-7898

그렌카 카페
Grenka Cafe

유기농 웰빙 메뉴를 기반으로 스테이크도 판매를 하지만 후식의 디저트를 추천한다. 맛깔스럽게 플레이팅이 되어 나오는 음식은 보기에도 먹음직스러워 맛집으로 소문난 집이다.
케이크와 커피가 소문나서 거의 스테이크세트와 커피를 마시고 간다. 창문으로 보이는 탈린의 모습이 여유를 즐기게 해준다.

주소_ Paernu mnt 76
시간_ 11~22시
전화_ +372-655-5514

도미닉
Dominic

직접 구운 빵과 정성들여 조리한 스테이크와 생선구이가 비린 맛을 잡아 부드럽게 목을 넘긴다. 맛있는 고기지만 양이 적어 아쉬움이 많이 남아 빵으로 배고픔을 달랜다. 채식요리는 양이 많지만 우리의 입맛에는 그저그런 맛이다.

주소_ Vene 10
시간_ 12~24시
전화_ +372-641-0400

트차이고브스키
Tchaikovsky

꽤 큰 내부에 화려한 샹들리에와 금테 액자와 식물로 인테리어도 고급스러운 레스토랑으로 관광객보다 현지인이 주로 찾는 식당이다.
동유럽의 메뉴가 주였지만 점차 현지인의 기호에 맞추어 프랑스식의 요리스타일로 바꾸었다고 이야기를 해주었다. 주말에는 빈자리가 없을 정도로 사람들이 많다. 라이브 연주가 인상적인 레스토랑에 한국인은 거의 없다.
호박스프와 해산물요리가 개인적으로 가장 좋았지만 양이 적어서 메인과 후식까지 주문해야 아쉽지 않을 것이다.

홈페이지_ www.telegraahhotel.com
주소_ Vene 9
시간_ 07~23시 **요금_** 주 메뉴 20~30€
전화_ +372-600-0610

올데 한사
Olde Hansa

발트 3국에는 중세 분위기로 레스토랑을 꾸민 곳이 몇 곳이 있다. 그래서 이런 레스토랑은 방송에 소개가 많이 되지만 정작 맛은 별로 없는데 올데 한사는 맛도 보증해주는 맛집이다.
중세 시대를 테마로 내부는 촛불로만 빛을 내기 때문에 약간 어둡다. 야생고기를 메뉴로 내기 때문에 천천히 먹어야 한다는 생각으로 음식을 대하자.

홈페이지_ www.oldehansa.ee
주소_ Vana turg 1
시간_ 10~24시 **요금_** 주 메뉴 15~30€
전화_ +372-627-9020

굿 윈 스테이크 하우스
Goodwin Steak House

마치 아웃백 스테이크하우스 같은 느낌의 대중적인 패밀리 레스토랑이다. 입구에는 돼지가 벤치의 한쪽에서 들어오라고 손짓하는 것 같다. 스테이크도 우리나라에서 먹는 스테이크 느낌의 바짝 구운 스테이크이고 가격도 12~30€ 사이이다.

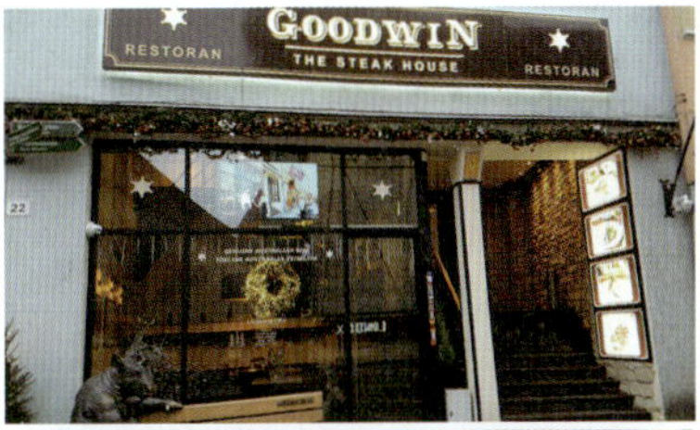

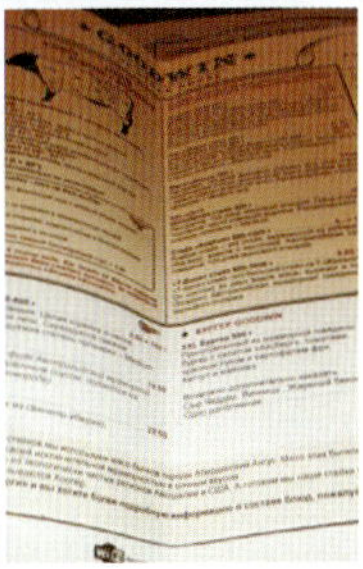

홈페이지_ www.googwinsteakhouse.ee
주소_ Viru 22
시간_ 10~23시 **요금_** 주 메뉴 15~30€
전화_ +372-661-5518

페가수스
Pegasus

자유광장에서 가까워 찾기가 쉬운데 관광객을 대상으로 하는 레스토랑은 아니다. 직원들은 친절하고 내부도 커서 안정적인 느낌이 든다. 주 메뉴의 가격은 10€부터 먹을 수 있어 무난하다 메뉴를 주문하면 나오는 빵은 현지인들이 먹는 약간 짠 빵이고 스테이크도 약간은 질기다고 느낄 수 있지만 현지인의 기호에 맞추어서 호불호가 갈린다.

홈페이지_ www.pegasus.ee
주소_ Harju 1
시간_ 12~24시 **요금_** 주 메뉴 15~30€
전화_ +372-662-3013

릭스웰 올드타운 호텔

Rixwell Old Hotel

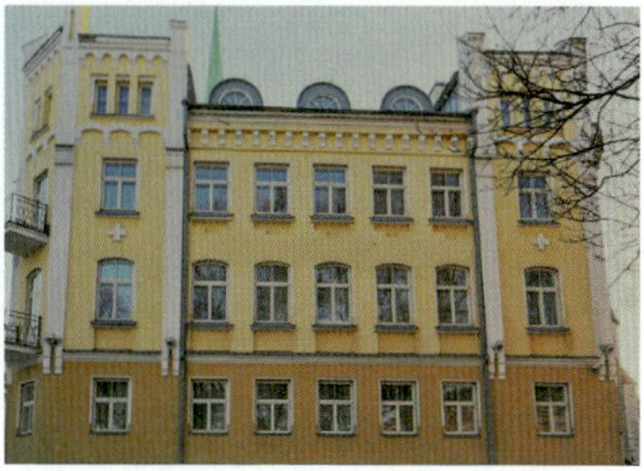

호텔이 많지 않은 탈린에서 대한민국의 여행자가 많이 선택하는 호텔이다. 직원은 친절하고 청결하여 지내기 좋은 호텔이다. 구시가지 내에는 공간이 한정되어 여름이면 관광객이 많이 늘어나기 때문에 숙소가 부족한 경우도 발생하고 있다. 구시가지에서 이동하기가 편하고 1층의 레스토랑은 음식의 맛도 상당히 좋다. 룸 내부는 큰 편은 아니어서 불편할 수도 있다.

홈페이지_ www.azimuthotels.com
주소_ Lai 49,탈린 시민센터, 10133
요금_ 트윈룸 64€ **전화_** +372-614-1300

탈린 Sleeping의 특징

탈린 여행에서 관광객에게 가장 좋은 숙소의 위치는 구시가지와 부근이다. 구시가지 내에는 많은 호텔과 호스텔이 있다. 어디에 숙소를 잡아야할지 고민이 된다면 구시가지 내에서는 어디든 상관없다는 사실이다. 구시가지는 가까워 어디든 도보로 이동이 가능하고 밤에도 위험하지 않다.
여름에도 덥지 않은 탈린의 숙소에는 에어컨이 없고 선풍기만 있는 곳이 많다. 북유럽의 여러 호텔도 에어컨이 없는 숙소가 많은 것처럼 같은 북방의 에스토니아 탈린도 마찬가지 이유이다. 그렇지만 지구온난화로 최근에는 탈린도 더울 때가 점점 많아지고 있다.
호스텔은 오전에 체크아웃을 하면 청소를 하고 14시부터 체크인을 하기 때문에 오전에는 체크인을 안 해 주는 숙소가 많다. 오전에는 짐만 맡기고 관광을 하고 돌아와 체크인을 해야 한다. 호텔은 다소 체크인 시간이 아니어도 유동적이지만 호텔마다 직원마다 다르다.

센터 호텔
Center Hotel

가격도 저렴하고 직원들이 친절하여 자유여행자들에게 인기가 있는 호텔이다. 기차역에서 가깝고 크지만 오래된 호텔이라 오래된 내부 인테리어는 감안하고 지내야 한다. 조식이 뷔페로 든든하게 먹을 수 있는 장점이 있다.

주소_ Narva mnt 24 / Fr.R.Kreutzwaldi 2, 탈린 시티센터, 10120
요금_ 트윈룸 36€~
전화_ +372-5194-5202

메트로폴 호텔
Mrtropol Hotel

탈린 밸리의 중심에 있는 호텔로 구시가지에서 300m정도 떨어져 있고 도보로 5분정도 소요된다. 건물이 새로 지어져 구시가지의 호텔과는 다른 현대적인 느낌의 호텔로 저렴하고 청결한 호텔을 원하는 여행자에게 추천한다.
5층 건물에 많은 객실까지 갖추어 예약에 여유가 있지만 최근 여름에 늘어난 관광객으로 빨리 예약해야 한다.

주소_ Roseni 13, 탈린 시티센터, 10111
요금_ 트윈룸 37€~
전화_ +372-667-4500

세인트 올라프 호텔
St. Olaf Hotel

오래된 고택을 숙소로 만들어 중세 분위기에서 지내고 싶은 여행자에게 상당히 만족을 주는 호텔이다. 앤틱 소파에 벽난로와 갈색의 입구가 인상적이다. 세인트 올라프 교회가 보이는 호텔로 교회가 보이면 숙소가격이 조금 더 상승한다. 작은 호텔이지만 조식이 잘 나와 여행자들이 좋아한다.

주소_ Lai 5, 탈린 시티센터, 10133
요금_ 트윈룸 89€~
전화_ +372-667-4500

오루 호텔
Oru Hotel

카드리오르그에 위치한 호텔로 구시가지에서 버스로 5분 정도 소요되는 호텔이다. 발트 해에서 가깝고 주택가에 위치하여 조용한 것이 장점이다.
가까운 발트 해에서 5분정도의 거리에 있는 저렴한 호텔이다. 냉장고와 에어컨, 드라이기까지 비치되어 여성들이 좋아한다. 구시가지와 거리가 있지만 여행하기에 불편하지는 않다.

주소_ Narva maantee 120, 탈린 시티센터, 10614
요금_ 트윈룸 70€~
전화_ +372-614-1300

메리톤 올드 타운 호텔
Meriton Old Town Hotel

자유여행자에게 인기가 높은 호텔로 5분 정도의 거리에 있어 시내 중심으로 이동이 쉬우며 가격이 적당하고 시설이 좋다.
구시가지 호텔에서 공간이 넓고 직원이 친절하여 더 오래있고 싶다는 생각이 든다. 작은 호텔이지만 조식이 잘 나와 여행자들이 좋아한다.

주소_ Lai 24/Pikk, 29, 탈린 시티센터, 10133
요금_ 트윈룸 89€~
전화_ +372-667-4500

크로이츠발트 호텔 탈린
Kretzwald Hotel Tallinn

위치가 구시가지내에서 청결하게 유지하여 깨끗하며 룸 내부가 넓어 편안하게 만들어준다. 조식도 좋고 영어로 의사소통이 가능한 친절한 직원까지 단점을 찾기 힘들다. 에어컨도 잘 나와 가족단위의 여행자가 특히 좋아한다.

주소_ Endla 23, 탈린 시티센터, 10122
요금_ 트윈룸 85€~
전화_ +372-666-4800

탈린 시티 아파트 시청광장
Tallinn City Apartment City Hall Squarel

탈린 구시가지에 있는 최신 시설을 갖춘 아파트로 호텔보다 위치도 좋고 시설도 좋다. 가격은 호텔정도지만 더 넓은 공간에 음식을 할 수 있는 식탁과 요리시설도 갖추고 있다. 다만 처음에 출국하기 전에 메일로 예상 도착시간을 알려주고 공항에서 미리 전화를 하는 것이 아파트에 도착해서도 헤매지 않는 방법이다.

탈린 시티 아파트 시청광장
주소_ Kullasepa Street 11, 탈린 시티센터, 10132
요금_ 트윈룸 82€~
전화_ +372-525-5321

탈린 시티 아파트먼트 올드타운
주소_ Vana-Posti 7, 탈린 시티센터, 10146
요금_ 트윈룸 82€~
전화_ +372-525-5321

올드 하우스 호스텔
Old House Hostel

구시가지 내에 있는 호스텔로 시청사에서 약 450m, 성 올라프 교회St. Olaf Cathedral에서 240m 정도 떨어져 있다. 직원이 무뚝뚝하지만 친절하다.
다른 호스텔은 저녁 늦게 도착하면 체크인에 문제가 발생하는 데 24시간 프런트가 운영 중 이어서 체크인에 문제가 발생하지 않고 찾아가는 길도 쉽다.
가격은 조금 높은 편이지만 2층 침대가 아니어서 도미토리도 편하게 지낼 수 있다.

주소_ Uus 26, 탈린 시티센터, 10111
요금_ 도미토리 12€~
전화_ +372-240-2233

탈린 백패커스

Tallinn Backpackers

탈린에서 호스텔로는 가장 시설이 좋다고 하는 호스텔로 구시가지에서 가장 추천한다. 구시청사 광장에서 5분 거리에 있는 인기 있는 호스텔이다. 많은 여행자들이 찾는 호스텔로 어디를 가도 안전하게 여행이 가능하다. 깨끗한 시설이지만 침상이 오래된 단점이 있다.

홈페이지_ www.tallinnbackpackers.com
주소_ Olevimagi 11, 탈린 시티센터, 10111
요금_ 도미토리 13€~
전화_ +372-642-0470

나이트 호스텔

Night Hostel

관광 안내소에서 가까운 위치이지만 찾기는 쉽지 않다. 올드 타운에 있는 만큼 시설이 좋지는 않지만 인기가 있는 호스텔이다. 한국인도 가지만 추천하지는 않는다. 직원이 친절하지 않고 아침식사는 매우 부실하다. 직원은 유럽인에게만 친절하다는 이야기도 많다.

주소_ Rüütli. 16, 10130
요금_ 도미토리 13€~
전화_ +372-5300-6807

당일치기 탈린 투어

라헤마 국립공원(Lahemaa National Park)

에스토니아는 국토의 38%가 녹지로 이루어져 있다. 특히 늪지대가 잘 보존되어 1971년에 에스토니아에서 최초의 국립공원으로 지정되었다. 라헤마Lahemaa는 탈린에서 동쪽으로 70km지점에 있는 당일치기 여행코스이다. 자연적인 길들이 구불구불 공원 안을 지나고 있어 해안 마을인 버수Vosu, 케스무Kasmu, 록사Loksa 등의 인기 있는 장소를 지나면서 힐링 할 수 있는 공원이다.
하이킹, 자전거, 배 등을 타면서 주말에 탈린 시민의 휴식역할을 한다. 라헤마 국립공원은 대단히 큰 지역이라서 국립공원 안에 궁전, 골프장, 숙박업소, 레스토랑들이 자연을 해치지 않는 범위 내에 있다.

주소_ Roosikrantsi 8b
요금_ 투어 상품 가격 92~122€(라헤마 & 팔름세), 팔디스키(52~78€)

BALTIC STATES Tip

이탄이끼(Peatland) 늪지대

이끼는 5억 년 전에 육지식물로 최초로 출연한 식물이다. 지구 표면적의 약3%에 해당하며 180개국에 걸처 자라고 있다. 습지나 수생식물 등이 오랜 기간에 걸쳐 퇴적된 습지로 다른 식생과 비교해 많은 탄소를 함유하여 기후변화의 원인인 이산화탄소의 저장고 역할을 한다. 이탄 습지에는 전 세계 탄소량의 1/3에 해당하는 탄소량이 저장되어 있다고 알려져 있다. 평소에 많은 물을 가지고 있기 때문에 홍수를 예방하는 효과를 가진다.

팔름세 궁전(Palmse Manor)

비트나Viitina에서 북쪽으로 8㎞ 정도 떨어져 있는데, 현재 남은 주택은 18세기에 바로크 양식으로 보수된 것으로 발트 해에 살았던 독일인 팔렌Von der Pahien 가문에 속해 있었다.

홈페이지_ www.palmse.ee
관람시간_ 10~18시
입장료_ 입장료 9€

사가디 궁전

팔름세 궁전과 비슷한 시기에 지어진 사가디 궁전은 궁전 앞에 작은 연못이 있어 고급호텔로 개조하여 사용되고 있다. 하루 묶어 가기에 좋은 곳으로 팔름세 궁전보다 저렴하다.

홈페이지_ www.sagadi.ee
관람시간_ 10~18시
입장료_ 입장료 4€

팔디스키 폭포(Paldiski)

에스토니아 북동부의 해안 지역을 따라 있는 자연의 아름다움을 발견할 수 있는 폭포로 에스토니아에서 2번째로 큰 폭포이다. 겨울에는 폭포가 마치 커피색으로 흘러내려 추운 날씨의 몸을 데워줄 커피를 마시고 싶은 생각이 들기도 한다.

비루 라바(Viru Raba)

늪지대 위에 전망대를 세워 놓아 늪지대의 숲과 호수의 아름다운 자연 경관을 볼 수 있다. 나무판자로 이동로를 만들어서 늪을 보호하고 있다. 여름에는 늪지대이므로 모기에 주의해야 한다.

비훌라 궁전(Vihula Manor)

풍차가 인상적인 궁전으로 18세기에 완성되었다. 고급 호텔이 골프장과 같이 들어서 있다. 안개 낀 아름다운 풍경 속에서 산책을 하면 평생 잊을 수 없는 경험을 하게 될 것이다.

홈페이지_ www.vihulamanor.ee

소마 국립공원 (Somma National Park)

에스토니아는 숲이 30%가 넘는 자연이 잘 보존된 나라이다. 라헤마 국립공원과 같이 소마 국립공원도 강과 숲이 어우러진 습지대를 가지고 있다. 많은 동식물이 살고 있어 사진작가에게도 인기가 많다.

트라마Tpramaa의 관광안내소

트라마Tpramaa의 관광안내소에 가서 지도를 받아 엑티비티나 산책을 정하는 것이 좋다. 가장 많이 하는 엑티비티는 하이킹이지만 카누도 인기 스포츠이다.

투어상품
비버 사파리나 카누, 하이킹, 버섯 따리, 크로스컨트리 스키 등

엑티비티(Activity)

카누

4~9월에 1~2시간 대여가 일반적이다. 소마국립공원에서 조수 간만의 차이 때문에 수면이 높아지는 시기에 카누를 하는 것이 짜릿한 모험을 즐길 수 있다. (3월 말~ 4월 초)

하이킹

습지를 따라 있는 나뭇데크를 따라 가면 된다. 겨울에도 설피를 신고 하이킹을 즐길 수 있다.

케일라 요아

탈린의 서쪽 30㎞지점에 있는 작은 마을로 에스토니아의 '나이아가라 폭포'라고 부르는 작은 폭포를 보러간다. 폭포 옆에는 가벼운 식사와 음료를 판매하고 있으며 1박을 하고 싶다면 게스트하우스에서 머물 수 있다.
6.1m의 작은 폭포와 옆에는 19세기에 지어진 저택이 있으며 공원과 숲이 둘러싸고 있어 주말 여행지로 탈린 시민에게 사랑받는 장소이다. 바다까지 약 1.7㎞를 다녀오는 하이킹이 인기가 많다.

BALTIC STATES Tip

에스토니아 현대문학

에스토니아는 발트 3국이라고 부르지만 핀란드와 더 가깝기 때문에 자신들의 문학도 다르게 접근하고 싶어했다. 그래서 19세기부터 문학을 통해 정체성을 확립하는 시와 소설이 등장했다. 지금은 활발한 출판을 통해 에스토니아만의 문학을 만들어냈다.

19세기
시인 크리스티얀 야아크 페터르손(Kristjan Jaak Peterson)과 함께 시작한다. 민족서사시 '칼레프의 아들'이라는 뜻의 칼레비포에그(Kalevipoeg)는 19세기 중반에 프레드리히 레인홀드 크레우츠발드(Freidrich Reinhold Kreutzwald)를 쓴다.

20세기
에스토니아 문학의 거장, 소설가 안톤 한센 탐마사아레(Anton Hansen Tammsaare)가 있다. 최근 국제적으로 인정을 받고 있는 소설가 얀 쿠로스(Jan Kross)와 시인 야안 카플린스키(Jaan Kaplinski)가 있다.

에스토니아 탈린의 크리스마스 마켓

에스토니아는 라트비아나 리투아니아와 민족이 다르다. 그들은 핀란드와 민족이 동일하여 다른 발트 2개국과 크리스마스 풍습이 다르다. 다른 북유럽의 국가들처럼 루터교의 영향을 받은 에스토니아는 고대 북유럽은 12월 말~1월 초까지 이어진 "유울레Jõuled"라는 이름의 명절과 전통을 함께 하고 있다가 기독교가 전파되면서 예수의 탄생과 결합해 현재의 모습으로 발전했다.

지금은 고대의 크리스마스 풍습은 남아있지 않지만 에스토니아 탈린의 크리스마스 마켓은 아름답다고 유럽에서도 소문나 있어 연말에 탈린을 많이 방문한다. 울창한 나무에 장식을 하고 기념하는 데서 유래했던 크리스마스트리 같은 풍습에 많이 남겨져 있다.
탈린은 12월 중순부터 1월 초까지 상당히 화려한 크리스마스 마켓을 열고 있는데, 밤이 길고 추운 겨울 관광객을 끌어 모으는 효자이다.

에스토니아 소도시

동남부 | **타르투**

서남부 | **합살루**

서남부 | **패르누**

서남부 섬 | **사아레마**

북부 | **라크베레**

GRILL

Tartu

동남부 | 타르투

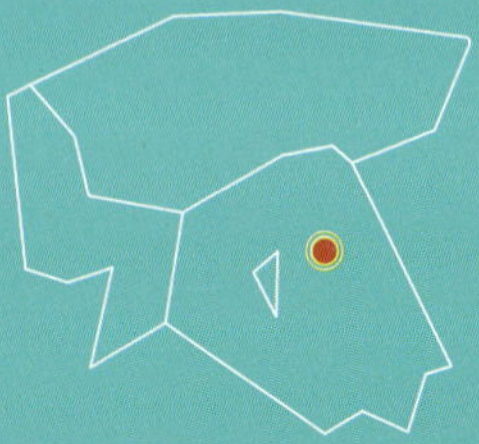

Tartu

타르투Tartu는 발트지역에서 가장 역사가 오래된 도시이다. 탈린이 에스토니아의 정치, 경제의 중심지라면 타르투Tartu는 문화와 사상의 중심지이다. 탈린만큼 화려하지는 않지만 소박한 구시가지 곳곳에는 소소한 즐거움이 있다.

유래와 역사

'도르판Dorpat'이라는 이름에서 유래된 타르투는 탈린에서 페이프시Peipsi 호수로 흘러 들어가는 에마요기Emajogi 강을 따라 남동쪽으로 190㎞ 떨어져 있다.
이곳은 19세기 에스토니아 민족운동의 발상지이며 이 나라의 정신적인 수도임을 자부하게 되었다.

타르투 IN

탈린에서 매일 30편이 넘는 버스가 오가고 있다. 약 2시간 30분 정도가 소요되지만 교통이 혼잡하면 3시간 30분까지 소요될 수 있다. 매일 운행하는 기차(3시간 소요)도 4편이 있다.

한눈에 보는 타르투

타르투는 작은 도시이기 때문에 구분을 할 필요는 없지만 탈린처럼 저지대와 고지대로 나누어져 있다. 이 역시 침입에 대비하기 위한 방법이었다. 가장 먼저 시청광장에서 여행을 시작하면 된다. 시청 광장에서 이어진 퀴니Küüni와 뤼틀리Rüütli거리를 중심으로 이루어져 있다.

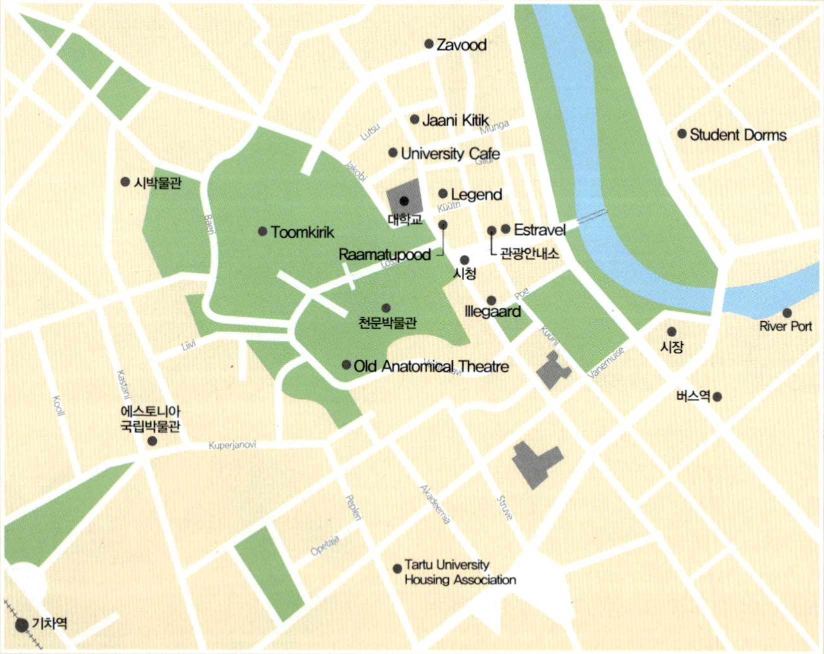

Lower Town
저지대

시청광장
City hall square

시청 광장 중앙에는 탑과 바람개비가 위에 얹어져 있는 아름답고 균형 잡힌 시청(1782~1789)이 있다. 에스토니아의 낭만이 깃든 동상들을 보는 것도 타르투Tartu를 보는 즐거움 중에 하나이다.
누구나 한번쯤 꿈꿔봤을 우산 속의 키스, 재미있는 것은 동상의 이름이 키스하는 연인이 아니고 키스하는 학생이라는 것이다.

주소_ Pahni Kula **전화_** +372-744-2111

타르투 대학교
Tartu University

탈린이 에스토니아의 정치, 경제의 중심지라면 타르투Tartu는 문화와 사상의 중심지라고 부르는 데 이는 타르투 대학이 있기 때문이다. 1632년 스웨덴 국왕 구스타프 2세가 설립한 타르투 대학교는 에스토니아의 명문대학이며 북유럽 전체에서도 손꼽히는 대학이다.
대학 본부에는 1803~1809년 사이에 지어진 6개의 코린트 기둥이 있다. 그 안에는 타르투 대학 미술관과 19세기에 학생들의 불량한 행동을 벌주기 위해 세워진 대학 감옥이 있다. 더 북쪽에는 고딕 양식의 벽돌 건물인 성 요한 교회가 있다. 이곳은 1330년에 지어졌지만 1944년 파괴되었다가 박물관으로 보수되었다. 정문 현관 근처에는 독특한 테라코타 조각이 있다.

홈페이지_ www.ut.ee
주소_ Uelikooli 18
전화_ +372-737-5100

대학 감옥

중세의 대학답게 건물의 가장 꼭대기 층에는 대학 감옥이 자리하고 있다. 당시 대학생은 타르투Tartu 시민이 아니라 대학의 학생으로 되어 있었기 때문에 잘못을 저지르면 대학의 법에 따라 따로 처벌되었다. 실제로 처벌에 대한 기준이 세세하고 명확하게 되어 있었다고 한다.

예를 들어 대학 내에서 흡연을 했을 경우 이틀, 도서관에 책을 빌린 기간 안에 반납하지 않을 경우에도 이틀, 여자를 희롱했을 경우 4~5일, 심한 욕설을 하거나 싸움을 했을 경우 3주 동안 대학 감옥에 갇히게 된다고 한다.

감옥 내에는 당시 학생들이 그려놓은 낙서가 그대로 남아 있다. 나중에는 대학 감옥에 갔다 오지 않으면 남자가 아니라고 하여 일부러 잘못을 저지르고 다녀오기도 했다고 한다.

BALTIC STATES Tip

대학의 분위기

녹음이 둘러진 대학캠퍼스를 둘러보다가 잔디밭에서 수업을 하는 학생들도 있는 것을 보니 그들과 함께 공부하고 싶은 열정이 불타올랐다. 열심히 발표하고 내용을 들으며 토론하는 모습이 신선했다. 스스로 생각하고 조리 있게 말하고 다른 사람의 생각을 들어주는 것을 수업에서 오랜 시간 배우는 그들이 부러웠다.

에스토니아의 피사의 사탑이라고 불리우는 현대미술관

타르투 현대미술관

Tartu Art Museum

피사의 사탑처럼 비스듬히 기울어진 건물로 1793년에 지어진 이 건물은 지반의 영향으로 계속 왼편으로 기울고 있다고 한다. 독특하게 기울어진 건물은 예전 바클레이 드 톨리Barclay de Tolly(1761~1818) 대령의 집이었으며 현재는 키비시라Kivisilla 현대 미술관이 들어서 있다.

주소_ Raekoja plats 18
관람시간_ 수~일 11~18시 / 목 11~21시(월, 화 휴관)
요금_ 4€
전화_ +372-5881-7811

BALTIC STATES Tip

다양한 조각상

작가 자신과 한살배기 아들을 조각한 벌거벗은 부자상(Father and Son' Sculture), 어린 아들을 자신과 똑같은 크기로 형상화한 것이 해학적이기까지 하다.
아일랜드 출신의 오스카와일드(Oskar Wilde)와 타르투 출신의 작가 에두아르두 빌데(Eduard Wilde)의 동상은 더 해학적이다. 생전에 한 번도 만난 적 없었던 두 작가는 이름의 철자가 똑같다는 이유만으로 이렇게 얼굴을 맞대고 앉아 있다.

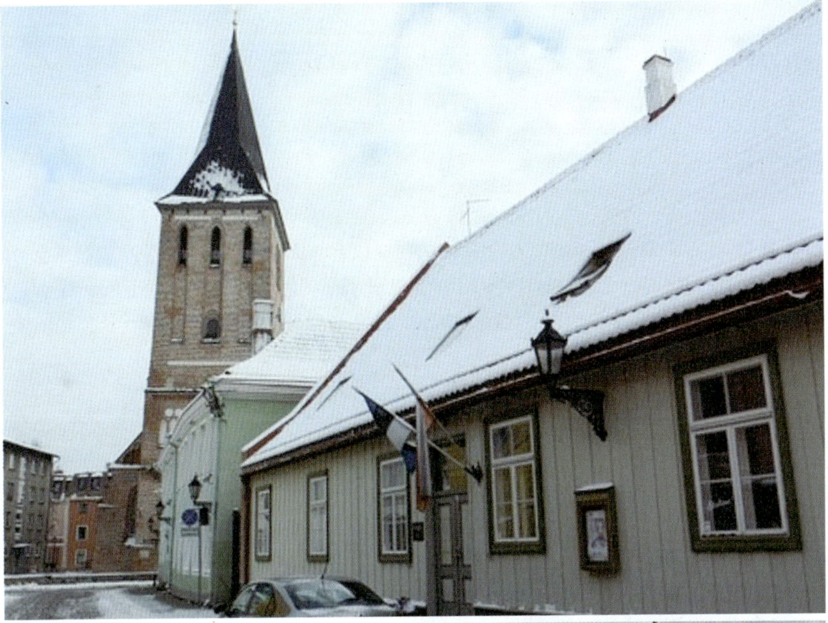

세인트 존스 교회
St. John's Church

에스토니아 인들은 야니 성당Jaani Kirik이라고 부르는 교회로 요한의 에스토니아식의 이름이다.
2005년에 복구를 한 부분이 어디였는지 건물에 명확하게 표시가 되어 있는 것이 복원기술이 부족하다는 생각이 든다. 하지만 옛 분위기는 여전하다.

홈페이지_ www.jaanikirik.ee
주소_ Jaani Street 5
관람시간_ 화~토 10~18시(7~9월 전망대 월~토 10~19시이고 다른 기간은 동일)
요금_ 전망대 2€(성당 무료)
전화_ +372-744-2229

Upper Town
고지대

시청 광장 서쪽에 서있는 투메메기 언덕Toomemagi Hill은 19세기 영국식 정원의 양식으로 이루어져 있다. 꼭대기에 있는 13세기에 지어진 고딕 성당에는 대학 역사박물관(월, 화 휴관)이 있다. 언덕에는 시내의 멋진 전경이 보이는 천사의 다리Inglisild, 악마의 다리Kuradisild, 천문학 박물관 등이 있다.

천사의 다리(Inglisild)
타르투 총장이었던 파로토(Parrot)를 기념하기 위해 만든 다리

악마의 다리(Kuradisild)
천사의 다리 정면에 보이는 검회색의 다리로 악마와는 연관이 없다.

타르투 성당
Tartu Cathedral

19세기 영국식 정원의 양식을 하고 있는 투메메기 언덕 꼭대기에는 13세기에 지어진 고딕 성당이 있다. 전쟁과 화재로 소실되었지만 일부를 복원해 타르투 대학에서 역사박물관으로 사용하고 있다.

홈페이지_ www.museum.ut.ee
주소_ Lossi 25
요금_ 5€
시간_ 10~17시(5~9월은 18시 종료 / 월요일 휴무)

타르투 천문대
Tartu Observatory

1824년에 세계적인 천문학자인 스트루베가 만든 이 천문대는 천문학의 역사를 새로 쓴 기념비적인 천문대라고 한다. 19세기 당시 세계에서 가장 큰 천문 망원경이었던 이 망원경으로 스트루베는 수많은 별을 관측하고 찾아냈다.

관측대로 올라가면 스트루베가 사용하던 망원경을 그대로 볼 수 있다. 100년 이상 된 망원경이 지금도 화성 등의 태양계는 충분히 볼 수 있는 정도라고 한다.

홈페이지_ www.tahetorn.ut.ee
주소_ Lossi 40
요금_ 3€
시간_ 수~일 11~17시
전화_ +372-737-5677

타르투에서 다녀올 수 있는 당일치기 투어

브루(Võru)

타르투Tartu에서 남쪽으로 64km 떨어진 브루Võru는 수도 탈린Tallinn에서 가장 먼 도시이다. 브루Võru는 에스토니아에 살고 있는 소수 민족인 세토Seto인들의 거점지이기도 하다. 매년 7월 셋째 주말에 민속 음악축제인 브루 민속축제Võru Folkloorifestival를 연다.

가는 방법

버스터미널은 시내에서 약간 떨어져 있으며 교회를 따라 시내로 들어갈 수 있다.

타물라 호수 Tamula

타물라Tamula호수는 브루Võru 서쪽에 있다. 바다가 먼 타르투Tartu 시민들의 여름 휴양지로 호수를 찾는 많은 관광객으로 붐빈다.

주소_ Vee 4

로시사레 Roosisaare

로시사레를 이어주는 다리로 크로이츠발드 거리와 연결된 타물라 거리를 따라가면 볼 수 있다. 보행자 전용 현수교로 사람들이 많으면 흔들려서 무서울 때도 있다.

크로이츠발드 박물관

인생의 대부분을 브루Võru에서 보낸 크로이츠발드를 기리기 위해 생가에 직접 사용한 필기구, 책과 관련한 자료를 모아놓았다.

크로이츠발드Fr. R. Kreutzwald

에스토니아 민족이 자랑하는 대서사시 〈칼렙의 아들〉을 쓴 시인이다.

홈페이지_ www.hot.ee/muuseumvoru
주소_ Kreutzwaldi 31
전화_ +372-782-1798

브루 역사박물관Võrumaa Muuseum

브루 지역 역사에 관해 전시하고 있다. 크로이츠발드 박물관에서 멀지 않은 카타리나 거리 Katariina Allee에 있다.

홈페이지_ www.hot.ee/muuseumvoru
주소_ Katariina 11
전화_ +372-782-1939

수르무나매기Suur Munamägi

브루Võru 근교에 있는 커다란 달걀 언덕이라는 뜻의 수르 무나매기Suur Munamägi는 318m로 브루에서 남쪽으로 17㎞지점에 있다. 이름 때문인지 도로에는 달걀 모양의 기념품이 많다. 위에는 29m 높이의 전망대가 있어 주위 50㎞의 전망을 한 번에 볼 수 있다. 발트 3국에서 가장 높은 산인 수르무나매기Suur Munamägi는 314m로 산을 즐기러 오는 관광객이 많다.

세토 마을

세토인들은 에스토니아 인과 다른 민족으로 러시아와 에스토니아 국경지대에 모여 살고 있다. 세토인이 사는 곳은 브루Võru에서 동쪽으로 약 30㎞ 떨어져 있는 오비니짜 Obinitsa 마을이다. 공동체가 형성되어 세토인의 정체성을 지켜가고 있다.

세토 왕국의 날 Seto Kuningriik

매년 8월 첫째 토요일에 세토 인들이 모이는 세토 왕국의 날이다. 세토 인의 전통 옷을 입고 지도자를 투표로 뽑는다.

바트셀리나 성 Vahtseliina

아름다운 마을 루게Rouge와 바트셀리나Vahtseliina의 성으로 가는 중간 지점에 있다. 바트셀리나 성에 남은 것은 2~3개의 탑밖에 없지만 성벽의 길이나 도랑, 약간의 흉벽, 놀라운 위치나 외딴 분위기는 과거의 모습을 상상할 수 있도록 만든다.
주위의 시골에는 사암 절벽과 강 계곡이 아름답게 펼쳐져 있다. 바트셀리나 성은 바트셀리나 마을의 동쪽 가장자리에 있으며 다소 혼동되는 이름인 작은 바스트셀리나 마을에서 동쪽으로 5㎞ 정도 떨어져 있다.

오테파(Otepaa)

작은 언덕과 호수 때문에 에스토니아 인에게 사랑받는 에스토니아의 알프스이다. 겨울에 오테파에Otepaa는 인기 있는 스키장이 개장한다. 3.5m길이의 성스러운 호수라고 하는 퓌하예르브Puhajarv 호숫가에 1992년 달라이 라마가 방문하여 방문을 기념하는 비가 서 있다.
마을의 중심은 삼각형의 주 광장인 리푸발작크로 동쪽에 버스터미널이 있다.

주소_ Kolga tee 28
전화_ +372-766-9290

산가스테 성 Sangaste Castle

벽돌로 쌓은 동화의 성은 튜더 양식과 고딕 양식을 혼합해 1874~1881년에 지어졌으며 영국의 윈저 성을 본 따 지었다고 한다. 산가스테Sangaste는 강 근처의 공원 지역에 위치하며 보트나 자전거를 빌려 돌아볼 수 있다.

주소_ Nupli kula

BALTIC STATES Tip

루터파

마르틴 루터는 새로운 교파를 세우려고 한 인물은 아니다. 독일의 비텐베르크 만인성자교회 게시판에 내건 95개 논제(Martin Luther's Ninety-five Theses)는 이탈리아의 바티칸에 있는 교황을 향한 가톨릭교회 개혁을 위한 것이었다. 교회 안에 들어온, 성경적 근거가 없는 미신과 풍습을 정화시켜 기독교의 순수한 신앙을 지키려고 했다.

루터교회의 확산

그 이후 루터교회는 북유럽을 중심으로 전 세계로 퍼지게 된다. 루터교회는 사람의 이름을 사용하고 있으나 처음부터 그런 것은 아니었다. 루터 자신도 그를 따르는 사람들에게 자기 이름 '루터'를 붙여서 부르는 것을 반대하였다고 한다.

16세기 종교개혁 이후 독일 루터교회에서 유럽 루터교회로 발전하게 된다. 1525년 이후 프로이센, 1527년 이후 북유럽의 스웨덴과 핀란드, 1537년 이후 덴마크와 노르웨이, 1539년 이후 아이슬란드와 그리고 발트 해의 국가(1523~39) 등에서 독보적인 위치를 차지하였다.

독일에서는 17세기 말까지 루터 정통주의의 시대였다가 경건주의로 대체되었고, 경건주의 다음으로 계몽주의가 뒤따랐다. 19세기 이후로 루터주의는 다양한 신학 조류에 따라 조금씩 변화되었다.

Haapsalu

서남부 | 합살루

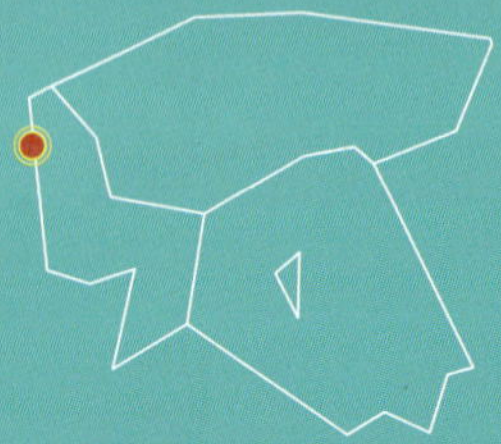

Haapsalu

13세기부터 형성된 합살루Haappsalu는 발트 해를 지나치는 배들을 감시하기 위한 요새였다. 사람들의 기억에서 사라진 도시였다가 19세기, 러시아 점령 시에 차이콥스키가 여름에 휴양을 하던 도시라고 하여 유명해졌다.
아기자기한 도시로 중세 성곽을 보기 위해 찾지만 성곽이 크지만 웅장한 멋은 없어 실망할 수도 있다.

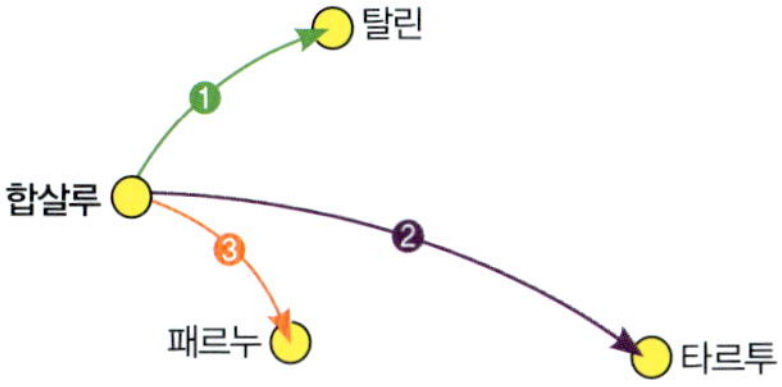

❶ 합살루 ↔ 탈린(Tallinn) | 99㎞, 1.5~2시간 소요, 하루 20회 이상 운행
❷ 합살루 ↔ 타르투(Tartu) | 4.5시간 소요, 매일 출발
❸ 합살루 ↔ 패르누(Pärnu) | 2.5시간 소요, 매일 1~2회

합살루 IN

탈린에서 합살루Haappsalu를 거쳐 패르누Pärnu를 향해 가는 관광객이 찾는 도시이다. 만약 타르투Tartu로 여행코스를 잡았다면 합살루Haappsalu는 포기해야 한다.

축제

블루 페스티벌(Blue Festival)

8월에 대주교 성에서 열리는 합살루 대주교의 대성당 창문을 통해 나타난다는 전설의 '하얀 옷의 여인'을 기념하는 연극 & 음악축제이다.

BALTIC STATES Tip

하얀 옷의 여인

신부의 규율을 어기고 마을의 여성과 사랑하는 사이가 된 후, 그녀를 보기 위해 성가대 소년으로 변장하여 성 안으로 들어와 보려고 하였지만 들켜버렸다. 성의 벽에 묻혀 버리는 벌을 받게 되었는데 그녀의 형상이 창문을 통해 보였다는 이야기가 내려온다. 이후, 하얀 옷의 여인은 합살루의 유명한 전설이 되어 그녀를 기리는 축제까지 열리고 있다

합살루 버스터미널(철도 박물관)

Haapsalu Railway Station

합살루의 버스터미널은 특이하다. 버스역이지만 버스터미널 같지 않게 세련된 건물을 가지고 있다. 1905년에 기차역으로 건설되어 당시에는 꽤 큰 역사였다고 한다. 지금도 버스터미널이지만 철로가 있어 처음에 기차역으로 착각할 수도 있다. 에스토니아에서 아름다운 건물 중에 하나라고 한다.

홈페이지_ www.salm.ee
주소_ Raudtee 2, Haapsalu, 90504 Lääne maakond
입장료_ 3€
전화_ +372-473-4574

합살루 대주교성
Haapsalu Piiskopilinnus

에스토니아에서 잘 보존된 중세 성벽으로 손꼽힌다. 대주교의 성을 지키기 위한 성곽이 하나의 성을 이루고 그 안에 큰 대성당 건물이 있다.
내부로 들어가 종탑으로 올라가면 합살루를 자세히 볼 수 있다. 중세 유물 박물관을 통해서 대성당의 종탑으로 올라갈 수 있다.

홈페이지_ www.haapsalulinnus.ee
주소_ Kooli 5
요금_ 5€
이용시간_ 10~18시
(5~8월/10~4월은 16시까지 입장)

합살루 시립 미술관
Haapsalu City Gallery

현대적인 작품이 주로 전시되어 있다. 무료로 관람하기에 적합하다.

홈페이지_ galerii.kultuurimaja.ee
주소_ Posti 3, Haapsalu 90510, Estonia
전화_ +372-472-4470

BALTIC STATES Tip

해안

여유롭게 해안을 느끼고 싶다면 패르누Pärnu보다 합살루Haappsalu의 해안으로 가면 된다. 산책과 요트를 타는 장면을 볼 수 있다.

프로메나디 거리 Promenaadi

합살루Haappsalu 대주교 성을 나와 왼쪽으로 올라가면 해안이 나오고 이 거리를 '프로메나디Promenaadi'라고 부른다. 아프리카 비치Africa Beach 이라고 부르는 비치에는 해양공원에 에스토니아 작곡가, 루돌프 토비아스Rudolf Tobias 의 흉상이 있다.

쿠르살Kuursaal

1898년, 러시아의 귀족들을 위한 사교장 건물로 만들어져 지금도 파티, 무도회를 열고 있다. 사교장 입구에 장미꽃 정원이 특히 아름답다. 프로메나디 거리 인근에 위치해 있다.

차이코프스키 벤치

쿠르살Kuursaal에서 해안을 따라 가면 요양소가 나오고 건물 뒤로 돌로 만들어진 벤치가 있다. 1867년, 차이코프스키가 합살루Haappsalu 요양소에서 벤치에 앉아 일몰을 감상하며 유명세를 떨쳤다.

베이케 비크Väike Viik

베이케 비크Väike Viik는 작은 호수라는 뜻으로 반도의 중앙에 자리한 호수이다. 호숫가에 지어진 집과 오리가 평화로운 장면을 연출한다.

비기Wiigi **커피점**

호숫가에 위치한 커피전문점에서 아름다운 풍경을 볼 수 있어 많이 찾는다.

BALTIC STATES Tip

가장 긴 인간 사슬, 발트의 길

에스토니아의 탈린부터 리투아니아의 빌뉴스까지 이어지는 거리는 678㎞로 서울에서 부산까지 거리의 1.5배정도이다. 1989년 8월 23일에 발트 3국의 국민 200만 명이 모여 인간사슬을 만들어 발트 3국을 연결했고 신문에는 '발트의 길'이라고 표현되었다.

1909년 독립을 선포했지만 곧 러시아에 짓밟히고, 제2차 세계대전 때에는 나치에 점령당했다가 다시 국가의 주권과 자유를 잃고 러시아의 위성국으로 50년을 점령당했다. 1989년, 고르바쵸프의 개방 정책으로 소련부터 개혁, 개방의 열망이 타올랐다. 그것은 발트 3국 마찬가지였다. 하지만 조그만 발트 3국의 독립에는 관심이 없었다. 3개국의 사람들은 소련의 발트 3국지배의 부당함을 전 세계에 알리기 위해 한 자리에 모였으나 불법행위로 규정한 소련의 협박은 거세어졌다.

핍박 속에서 그들은 손을 맞잡고 리투아니아의 수도 빌뉴스에서 라트비아 리가를 거쳐 에스토니아의 탈린에 이르는 사상 최대의 인간사슬이 만들어졌다. 길 위의 모든 사람들은 일제히 15분간 손을 맞잡고 '자유'을 외쳤다. 다행히 소련의 무력진압 없이 '발트의 길'은 피 한 방울 흘리지 않고 성공을 하여 1990년 리투아니아를 시작으로 1991년 발트3국은 모두 독립을 쟁취했다.

'발트의 길'은 기네스북에 오르고 인간이 만든 가장 긴 인간사슬로 유네스코 세계기록 문화유산에 등재되었다. 3개국 사람들이 하나의 마음으로 모여 독립을 향해 폭력에 맞서 맨손과 음성만으로 평화와 화합의 독립을 이뤄낸 기적을 기념하기 위해서이다.

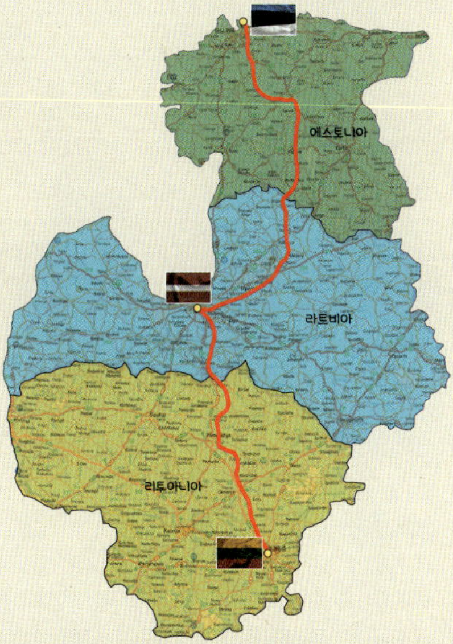

Pärnu

서남부 | 패르누

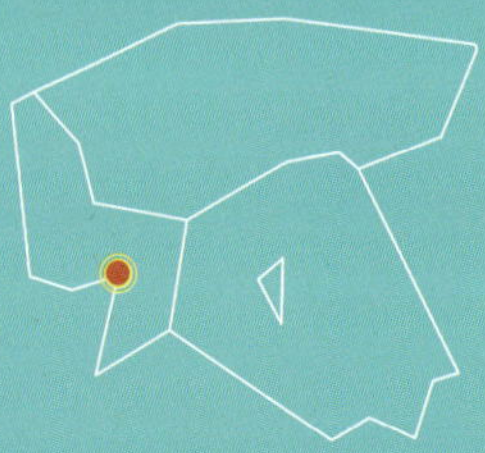

Pärnu

탈린의 옛 모습

탈린에서 리가로 가는 도로의 남쪽 127㎞지점에 있는 에스토니아에서 가장 큰 해변 휴양지이다. 겨울이 긴 에스토니아는 여름이면 열심히 즐긴다. 그렇지 않으면 긴 겨울을 이겨나가기가 쉽지 않기 때문이다.

에스토니아의 대표적인 여름 휴양지로 정평이 나있는 패르누Pärnu는 여름이면 가족, 젊은이들, 북유럽 사람들까지 해변으로 몰려온다. 17세기에 지어진 건물 사이로 뤼틀리Rüütli 도로가 세련되고 우아한 시설로 에스토니아 관광객을 유혹하고 있다.

뤼틀리Rüütli 거리

한눈에 패르누Pärnu 파악하기

6~8월에는 매우 바쁜 도시이지만 비수기에는 쓸쓸하다. 버스 터미널에서 남으로 100m 지점에 뤼틀리Rüütli 거리의 끝에 패르누 호텔이 있고 맞은편 끝에 발리게르 공원이 있다. 남쪽으로 갈수록 거리가 넓어지고 나무도 많아진다.

탈린 대문
Tallinn Gate

스웨덴이 17세기에 에스토니아를 점령하면서 구시가를 별모양으로 성벽을 새로 건설했다. 지금은 탈린 대문Tallinn Gate을 제외하면 성벽은 거의 남아있지 않다. 탈린 대문Tallinn Gate을 통과하면 호수와 공원이 여유롭게 여행자를 맞는다. 성벽은 온전하지 않아서 패르누 쿠닌가Kuninga 거리의 서쪽으로 이동해야 대문을 보고 성벽인지 알 수 있다.

발리캐르 호수
Valikääar Lake

탈린 대문을 지나면 나오는 선착장처럼 보이는 호수이다. 호수는 운하처럼 보이는데 양 옆에 산책로가 나 있고 정면에 파란색의 호텔 몇 채가 위치해 있다. 오른쪽으로 돌아 나가면 등대와 초소, 대포를 볼 수 있다. 호수를 중심으로 도시의 모든 행사가 진행되므로 숙소는 발리캐르Valikääar 호숫가에 위치하면 좋다. 원형극장에서 여름에만 콘서트가 열리는 패르누Pärnu의 중심지이다.

발리캐르 호수 옛모습

빨간 탑

Punane Torn

탈린 대문에서 뤼틀리Rüütli 거리를 서쪽으로 내려오면 15세기의 중세 시대에 도시를 지키는 망루 역할을 한 높이 솟아 있는 빨간 탑의 건물이 보인다. 패르누Pärnu에서 가장 오래된 건물이라는 상징성을 빼면 큰 의미가 있는 건물은 아니다.

패르누 해변

Pärnu Beach

겨울에는 썰렁하지만 여름이면 휴양객으로 바글바글하다. 황금빛 해변을 보는 것이 쉽지 않은 에스토니아 인들은 패르누의 황금빛 해변을 사랑한다.

안으로 굽어진 곡선으로 분수, 벤치, 놀이터가 해변을 따라 있으며 해변을 따라 있는 라나 거리에는 공원이 조성되어 있다.

패르누 미술관

Pärnu Muuseum

에스토니아에서 가장 중요한 문화적 장소로 찰리 채플린 센터로도 불리는 이 건물 안에는 카페, 예술 서적, 미술관이 모여 있다. 전시물은 돌아가며 전시되고 있다.

홈페이지_ www.pernau.ee
주소_ Ala 4
관람시간_ 09~21시
전화_ 443 32 31

BALTIC STATES Tip

발트 3국의 수도에서 만나는 문?

발트 3국을 여행하면 우연이지만 각국의 수도에 문이 있다. 3개의 문 모두 성곽을 통과하는 문의 역할로 지금은 관광객이 여행을 시작하는 관문의 역할로 이용하면 도시 여행이 쉬워진다. 비교를 안 하고 여행을 하다보면 어디가 어디인지 알 수가 없어지니 미리 확인해 두고 여행을 하면 혼동되지 않을 것이다.

에스토니아 비루문 | Viru Värav

탈린 구시가지 관광을 시작할 때 가장 좋은 장소는 비루(Viru) 문이다. 그 앞에 시가지로 들어가는 6개의 대문 중 하나였던 쌍둥이 탑 비루문이 보인다. 그 문을 통과해 조금만 가면 베네(Vene) 거리와 만나는 장소가 나오고, 15세기부터 17세기까지 지어진 많은 건물들을 볼 수 있다. 조금만 더 안으로 들어가면 뾰족한 고딕양식의 건물이 인상적인 시청광장이 나온다.

라트비아 리가의 스웨덴 문 | Zviedru Varti

화약탑과 바로 연결되어 있으며, 화약탑을 끼고 돌아나가면 왼쪽으로 과거 실제로 쓰였던 대포가 전시되어 있고, 거기서부터 뻗어있는 성벽이 있다. 13세기에서 16세기에 지어진 중세 성벽이지만, 1920년대에 복원된 건물이다. 오른쪽에 리가에서 가장 긴 건물이라는 노란 건물에는 기념품 가게나 찻집이 있다.

성벽을 따라 걷다가 Aldaru 거리의 끝에서 윗부분이 사자머리로 장식된 스웨덴 문을 볼 수 있다. 1698년 스칸디나비아인들이 리가를 점령한 것을 기념해서 만들어놓은 조형물로 스웨덴의 상징이었던 사자장식이 걸려 있어 스웨덴 문으로 불린다.

리투아니아 빌뉴스의 새벽의 문 | Aušros Vartai

새벽의 문(Aušros Vartai)은 구시가지가 시작되는 곳으로 16세기 르네상스 양식으로 지어졌다. 초기에는 도시를 지키는 요새로 들어가는 성문의 역할을 했었다. 1671년 검은 성모 마리아상을 가져다 기적을 행하는 성화로 손꼽힌다. 전통 문양이 양각되어 있고, 새벽의 문을 통과하여 건물 2층에는 은으로 장식된 성모 마리아상이 있다. 새벽의 문을 통과해 앞으로 나아가면 된다.

Saaremaa

서남부 섬 | **사아레마**

Saaremaa

1,500개의 섬 중 가장 큰 사아레마Saaremaa는 에스토니아 인들의 여름 휴양지이다. 사아레마(Saaremaa) 섬의 중심도시는 쿠레사레Kuressaare로 도시 가득 갈매기 소리가 여행자를 반겨준다. 쿠레사레는 북유럽에서도 손꼽히는 여름휴양지로 알려져 있다.

역사

공산주의 시절의 산업이나 이민은 에스토니아에서 가장 큰 섬인 사아레마Saaremaa에 큰 영향을 미치지 않았기 때문에 2차 세계대전 전의 모습을 많이 간직하고 있다. 섬 안의 초기 경계 레이다 시스템이나 로켓기지 때문에 공산주의 기간 중에는 사아레마Saaremaa는 외국인에게 개방되지 않았으며 심지어 에스토니아 인들도 허가를 받아야만 들어갈 수 있는 섬이었다.

가는 방법

사아레마Saaremaa로 가려면 작은 섬인 무후까지 여객선으로 가서 사아레마의 동쪽 가장자리로 연결된 2.5㎞ 통로를 거쳐 들어가야 한다. 사아레마의 중심도시는 쿠레사레로 무후Muhu에서 약 70㎞ 정도 떨어져 있다.

쿠레사레 성

쿠레사레 성
Kuressaare Castle

14세기에 완성된 이후 한 번도 피해를 입지 않은 성이지만 성은 매우 작아서 많은 볼거리는 별로 없다. 햇살 부서지는 길을 따라 내려가면 옛 성과 마주하게 된다.
발트 3국 에서 가장 역사가 오래되고 아름답다는 쿠레사레 성Kuressaare Castle, 푸른 하늘에 어우러진 붉은 첨탑은 그대로 한 폭의 그림이 되어 물빛에 비추인다. 이곳은 14세기 에스토니아 서부지역을 관할하던 성주가 살던 곳이라고 한다.

주소_ Lossihoov 1 Saaremaa
전화_ +372 455 4463

박물관
Kuressaare Museum

사아레마Saaremaa의 역사를 알려주는 전시관과 전망대에서 보는 쿠레사레의 모습은 한적하고 아름답다. 이제는 박물관

으로 꾸며진 성 안에서 사아레마 사람들의 옛 모습을 알 수 있다. 한때 사아레마는 스웨덴을 멸망시킬 만큼 강성했던 해적의 본거지이기도 했다. 그 모습은 유리 안에 갇힌 인형에서 볼 수 있다.

전망대
Observation

옥상으로 올라가면 드넓은 발트가 한눈에 펼쳐진다. 바다를 주름잡던 수시로 드나들던 그 바다. 푸른 바다와 푸른 하늘만이 허공을 채우고 있다. 그리고 푸른 하늘에 내 마음도 길에 내려놓는다.

Rakvere

북부 | 라크베레

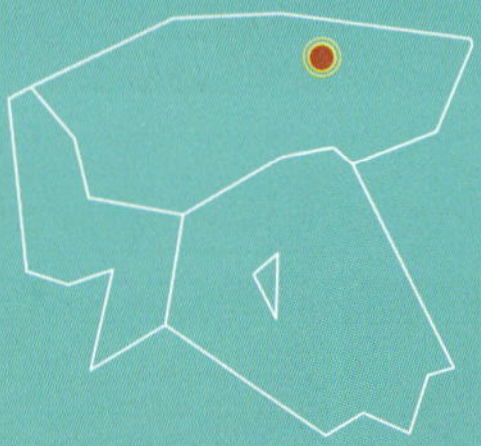

Rakvere

700년이 넘은 중세 성벽이 잘 보존되어 있는 곳으로 유명하다. 13세기부터 독일 기사단이 정착하면서 요새로 건설되기 시작해 지금까지 잘 보존되어 있다.

라크베레 IN

탈린에서 동쪽으로 100㎞ 떨어진 라크베레는 오래 걸려도 2시간이면 도착한다. 나르바와 함께 1박 2일로 여행하는 경우도 많다.

러시아의 상트페테르부르그에서 출발한 기차가 나르바와 라크베레를 거쳐 탈린으로 이동하기 때문에 기차로 여행하는 경우가 더 많다.

중앙광장Keskväljak에서 라크베레 대부분 여행을 시작한다.

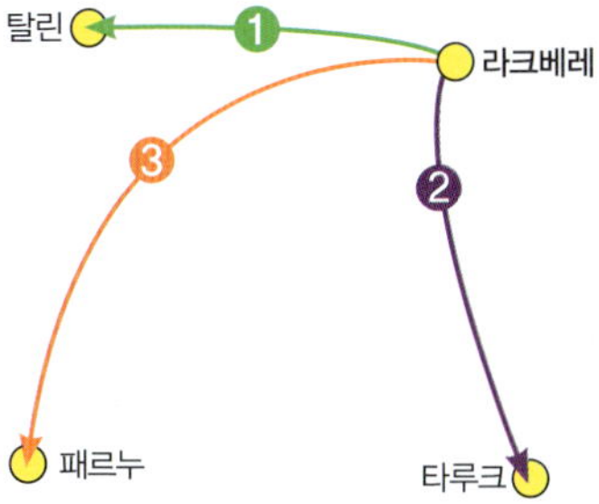

❶ 라크베레↔탈린 | 98㎞, 1.5~2시간 소요, 하루 20회 이상 운행
❷ 라크베레↔타르투 | 126㎞, 2.5~3시간 소요, 하루 8~9회 운행
❸ 라크베레↔패르누 | 183㎞, 3.5~4시간 소요, 하루 4~8회 운행

라크베레 관광안내소
주소 : Laada 14
전화 : +372 324 2734
홈페이지 : www.visitestonia.com

라크베레 성

Rakvere Linnus

개인적으로 에스토니아에서 웅장함에 매료되는 가장 마음에 드는 성이다. 13세기 독일기사단이 정착하면서 건설한 성은 원형 그대로 유지가 되어 있다. 독일기사단의 활동과 시의 역사를 알 수 있는 전시물, 사후 세계 방 등 다양하게 내부를 꾸며 놓았다.

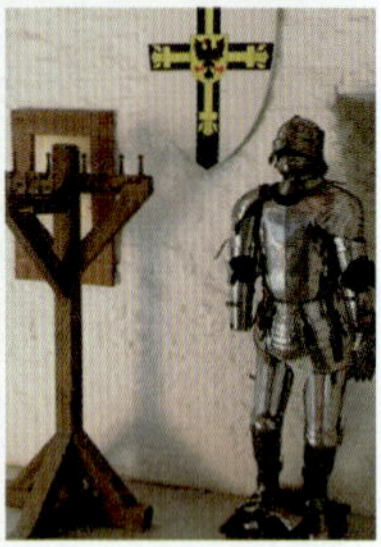

홈페이지_ www.svm.ee

관람시간_ 6~8월 : 10~19시 / 5, 9월 : 18시까지
3, 4, 10월 : 16시까지 운영)

요금_ (여름) 성인 9€ **전화_** +372-5333-8160

중앙광장

Keskväljak

2004년에 현대적인 분위기로 중앙광장이 조성되었다. 광장은 현대적이지만 광장을 둘러싼 건물은 역사적이다.

전화_ +372-324-2734

파르칼리 & 픽스

Parkali & Pikk

중앙광장에서 이어진 파르칼리 Parkali 와 픽스 거리는 라크베레에서 가장 번화가이다. 번화가라고 해도 마을정도의 규모에 시민생활박물관Rakvere Linnakodaniku majamuuseum과 시립 전시관Näitustemaja 등이 있다.

라크베레 교회

Rakvere Church

픽스 거리에서 가장 인상적인 라크베레 교회는 라크베레 시민들이 결혼식이나 장례식 등 도시의 주요행사를 진행하는 중요한 교회이다. 교회는 200년 정도밖에 되지 않았지만 운치가 있다.

물소상

Okaskroon Monument

2002년 라크베레가 도시로 승격한 700년을 기념해 3.5m, 길이는 7.1m로 만든 물소상이다. 라크베레의 상징으로 알려져 있다.

탈린 밸리(Tallinn Valley)

발트 3국 가운데 가장 빠르게 성장하는 이 나라 국민들의 밝은 표정을 만나게 된다. 에스토니아는 전 세계에서 IT 최강국으로 인정받고 있다. 세계 최초로 온라인 투표를 실시하고, 온라인 시민권도 부여한다.

수도 탈린은 유럽에서도 많은 창업이 이루어지는 도시 중의 하나이다. 통신업체인 스카이프Skype도 탈린에서 창업했다. 탈린의 성장은 텔리스키비Telliskivi에서 시작되고 있다. 대부분 에스토니아 탈린을 모르기 때문에 동유럽 중에서 중세시대 구시가지의 관광지로만 생각되는 탈린이 어떻게 유럽 최고의 벤처 밸리가 텔리스키비Telliskivi에 만들어졌는지 궁금할 것이다.
최근 우리나라에는 코딩교육이 정규과목에 편성되면서 창의적인 코딩교육으로 성장한 에스토니아가 유명해졌다. 1991년 독립한 이후, 에스토니아는 기업을 성장시키기 위해 교육과 창업에 힘썼고 지금은 스카이프Skype를 탄생시킨 벤처강국으로 성장하고 있다.
전 세계의 관심이 집중되는 혁신의 산실로 조명되고 있다. 중세도시로 알려진 탈린이 유럽 최고의 벤처강국이 된 이유는 정부가 주도적으로 성장 동력을 찾았기 때문이다.

크리에이티브 시티(Creativity City), 텔리스키비Telliskivi

구시가의 정류장에서 버스를 타고 몇 정거장을 지나면 텔리스키비Telliskivi에 도착한다. 크리에이티브 시티로 가는 도로는 중세 풍경이 도시를 감싸고 있다. 탈린에서 도심 재개발을 하고 있는 오피스가 입주한 건물이 모여 있다. 단지 건물이 있는 이곳이 탈린의 크리에이티브 시티Creativity City이다.

외벽에 예술적인 그래피티가 그려진 빌딩 몇 채가 젊은이들이 작고 창의적인 비즈니스를 시작하는 크리에이티브 시티Creativity City다. 오기 전에는 두근두근 기대를 했는데 서울과 대단히 다르다는 점은 발견하기 힘들다. "내가 너무 겉보기에 익숙해져 있구나!" 반성하는 순간이다.

1층에 누구나 드나들 수 있도록 카페나 상점 등이 있고, 2층부터 벤처 오피스와 스튜디오가 있다. 카페에 있는 대부분의 사람들은 직원이나 젊은이들로 보인다. 노트북을 펼쳐놓고 작업을 하거나 이야기를 나누는 사람들이 보인다. 저렴한 물가와 간편하게 시민권과 사업자를 낼 수 있는 비즈니스 환경에 젊은 창업 희망자들이 탈린 벤처 밸리로 모여들고 있다. 정권이 몇 번이나 바뀌었지만 다람쥐가 쳇바퀴 돌 듯 똑같이 반복되는 대한민국과 다르다.

오래된 건물을 개조해 만든 1층은 청년사업자에게 공간을 맡긴다. 1층의 많은 상점들이 작고 독특한 테마를 무기로 개성 있게 이끌어 가면서 어떤 사업이라도 하도록 도와주고 있다. 가게마다 특징이 다르기 때문에 에스토니아Estonia적인 느낌과 국제적인 특징이 모이게 된다.

텔리스키비Telliskivi는 창업지원 사업들이 서로 모방해 비슷한 형태를 하고 있어 다른 점은 무엇일까 궁금했다. 조금 더 들여다보니 벤처 지원 콘텐츠까지 같지는 않다는 것을 알았다. 창업자가 오피스를 사용하는 고정 비용이 높아, 정부나 민간 어디를 봐도 IT라는 것에 제한되어 있다. 비즈니스가 모여 서로 시너지를 내고, 혁신적인 아이디어를 서로 얻을 수 있는 어떤 형태의 공간이든 오피스 주변에 모여 쉽게 접할 수 있는 텔리스키비Telliskivi는 어렵게 출판사를 일구어 콘텐츠로 사업을 해야 하는 나에게는 무척 부러운 곳이었다.

LATVIA

라트비아

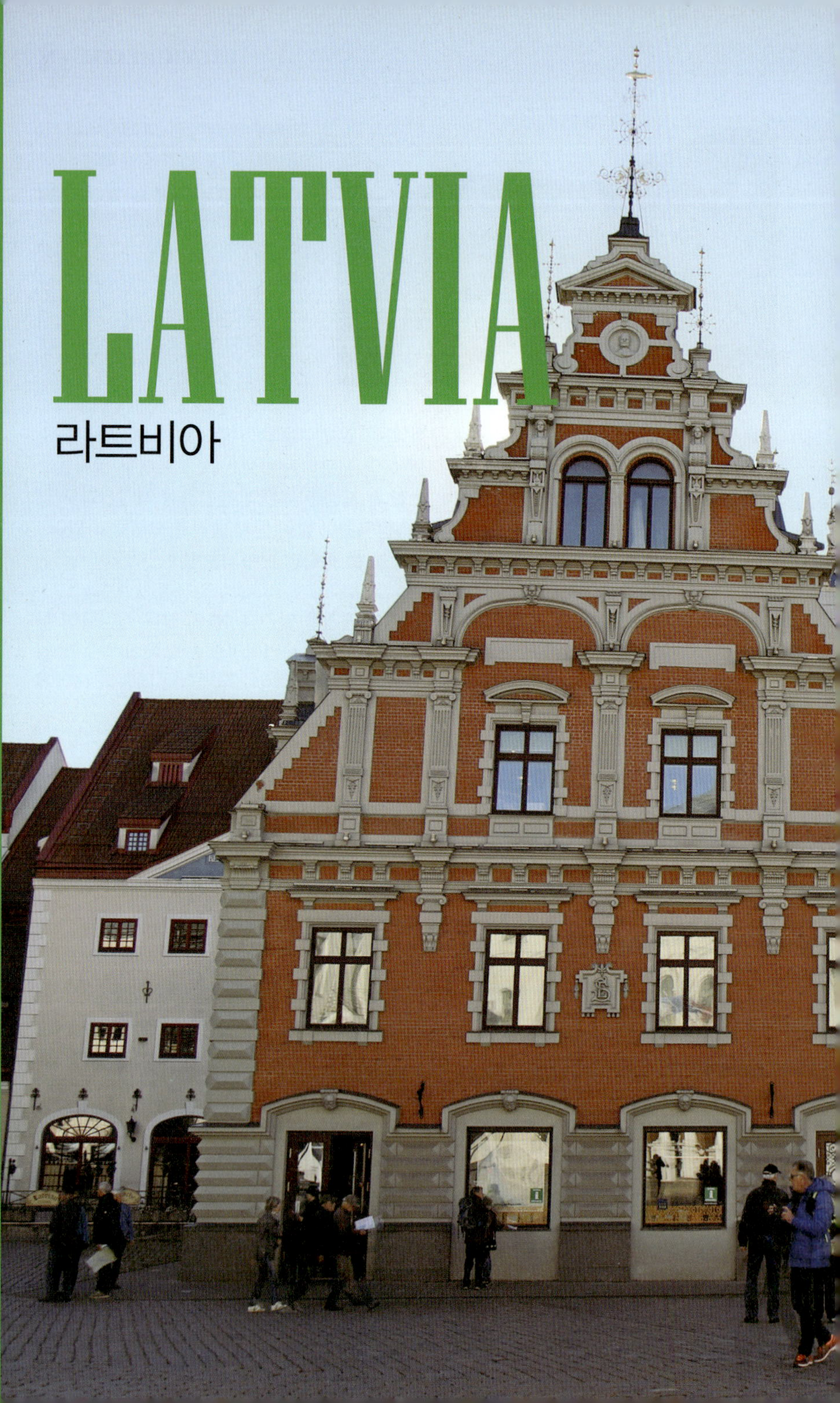

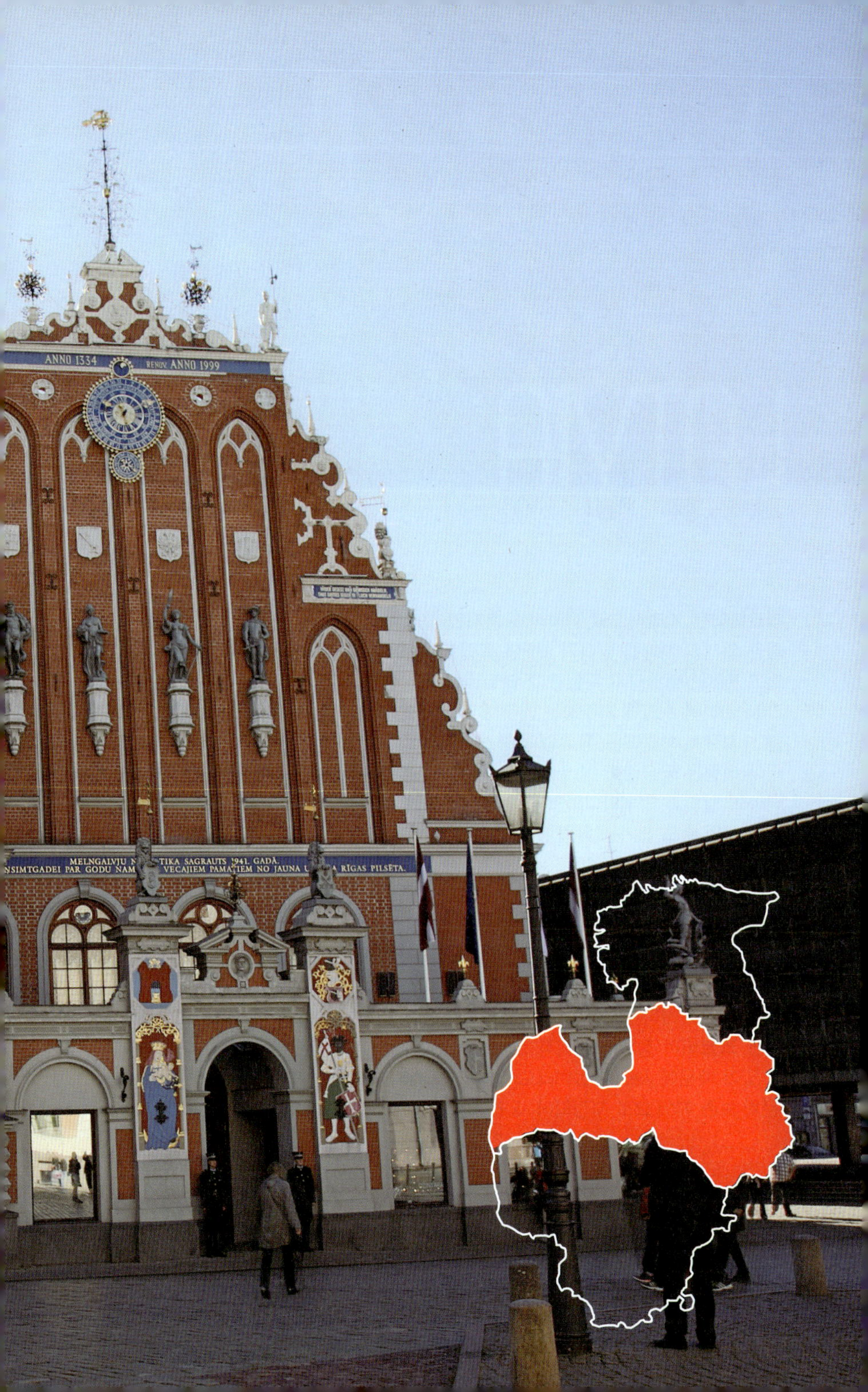
ANNO 1334
RENOV. ANNO 1999

LATVIA
라 트 비 아

라트비아는 지리적으로 전략적 요충지인 발트해 연안에 위치해 있으며, 13세기 이후부터 줄곧 외세의 지배를 받다가 1918년 독립했다. 그러나 곧 독일 및 소련의 점령 하에 놓이게 되고 1991년에야 다시 독립했다. 라트비아의 정식 명칭은 라트비아 공화국이다. 수도는 리가(Riga)이며 수도에 거주하는 인구는 74만 명이다. 리가는 고대부터 중개무역 지대로 강성한 도시로서 최근에는 '동유럽의 라스베이거스'로 불릴 정도로 유흥업이 발달해 있다 라트비아 여행은 궁금증과 신비로움에 대한 답을 찾아가는 과정이라고 봐도 무관하다. 에스토니아의 탈린과 리투아니아의 빌니우스와 함께 최근 들어 우리나라에서도 상당한 관심을 갖는 곳인 수도 리가는 유럽 문화의 당당한 한 축으로 불린다.

국내에서도 유명한 번안 가요인 ’백만 송이 장미‘도 원래는 라트비아 작곡가가 만든 라트비아의 노래이다. 이렇듯 어딘지 낯설고 멀게만 느껴지지는 않았던 라트비아의 리가. 여행에서 안전함이 아닌, 안정감은 무척 중요한 부분이다.

리가 거리의 바닥은 고르지 않고 울퉁불퉁하다. 가끔은 비죽이 나온 돌부리에 걸리기도 할 만큼. 라트비아 정부가 정책적으로 문화유산에 대한 법적 기준을 강하고 엄격하게 관리하고 있기 때문에 사소한 돌이라도 함부로 할 수가 없다고 한다. 현재 리가 구시가지는 아예 '문화 보존 지역'으로 지정되어 새 건물을 지을 수 없게 되어 있다.

리가는 오랜 역사를 지닌 유서 깊은 도시로 다양한 건축물들의 전시장인 까닭에 리가 자체가 유네스코 세계문화유산에 등재되어 있다. 현대건축부터 신고전주의, 아르누보 등 다양한 건축물들을 한꺼번에 볼 수 있는 곳이 리가이며 그 건물들에 갖가지 색을 입힌 리가는 그래서 '동유럽의 캔버스', '발트의 문화 수도'라는 로맨틱하고 위엄 있는 칭호를 부여받았다.

기원전 2천 년 전에 이곳에 최초로 정착한 발트인의 선조인 라트비아 발트해를 따라 흐르는 다우가바 강은 이곳 사람들의 역사의 젖줄이기도 하다. 러시아의 발다이 구릉에서 시작해 발트해를 흐르는 강은 몇 세기동안 동서를 흐르는 무역 루트였다. 한자동맹 중 하나였던 리가는 북유럽의 파리로 불릴만큼 강성한 무역의 중심지인 동시에 전략적 요충지로 주변국들의 많은 침략을 받은 곳이기도 하다. 하지만 오랜 노력으로 이뤄낸 자유 민주 공화국이 라트비아이다.
북유럽에 가까운 에스토니아나 폴란드와 독일에 가까운 리투아니아를 생각하면 라트비아는 발트 해에서 가장 지리적 여건이 나쁜 나라일 것이다. 라트비아는 어떤 의미에서 중간에 끼어버린 나라이지만 최근에는 국제적인 인정을 증대시키고 자연적인 아름다움을 널리 알리기 위해 관광산업에 힘을 기울이고 있다.

공휴일

1월 1일 | 신년
5월 1일 | 메이데이
5월 4일 | 독립선언일
6월 23일 | 리구아의 휴일
6월 24일 | 하지. 성요한의 날.
11월 18일 | 독립기념일
12월 24~26일 | 박싱데이
변동국경일 | 부활절, Good Friday, 화이트선데이 등

지형

나무가 많고 완만한 라트비아는 국토의 절반이 넘는 지역이 해발 100m 이하이다. 벨라루스에서 흘러 내려와 리가를 거쳐 리가 만까지 이어지는 다우가바 강은 라트비아 강 중 가장 수량이 풍부하다.
북동쪽에서 흘러 내려오는 가우야는 452㎞로 가장 길다. 산림은 라트비아의 46%를 점하고 있다.

기후

라트비아는 축축한 기후로 연간 600㎜가 넘는 강수량을 기록한다. 7월은 가장 따뜻한 달이자 가장 다습한 달이고 기온은 28도까지 올라간다. 동쪽은 여름에 보통 해안보다 1도 더 따뜻하고 겨울에는 4도 정도 더 춥다.

인구

약 243만 명으로 이중 55.5%정도가 라트비아인이고 러시아인이 32.4%정도를 차지하고 있다.

언어

에스토니아인보다 더 라트비아인들은 자신들의 언어를 멸종되기 직전의 것으로 여기고 있다. 영어는 리가에서 널리 쓰이고 있으며 러시아어는 전국적으로 사용되고 있다.

Cape Kolka
벤츠필스
Ventspils
Dundaga
Mêrsrags
Talsi
유르말라
Jurmala
리가
RIGA
체시스 Cesis
쿨디가
Kuidíga
Tukums
살라스필스
Ogre
Aizkraukle
Saldus
Jelgava
리에파야
Liepaja
Dobele
룬달레
Rundāle
바우스카
Bauska
리투아니아
샤울레이
Siaulìai
클라이페다
Klaipeda
파네베이즈
Paneveys

3일

❶ 리가Riga (2) → 시굴다Sigulda → 체시스Cēsis

❷ 리가Riga (2) → 유르말라Jūrmala

❸ 리가Riga (2) → 가우야

❹ 리가Riga (2) → 바우스카Bauska → 룬달레Rundales

5일

❶ 리가Riga (2) → 시굴다Sigulda → 체시스Cēsis → 발카Valka

❷ 리가Riga (2) → 바우스카Bauska → 룬달레Rundales → 유르말라Jūrmala

❸ 리가Riga (2) → 유르말라Jūrmala → 벤츠필스Ventspils

7일

❶ 리가Riga (2) → 바우스카Bauska → 룬달레Rundales → 유르말라Jūrmala → 쿨디가Kuldīga → 벤츠필스Ventspils

❷ 리가Riga (2) → 바우스카Bauska → 룬달레Rundales → 시굴다Sigulda → 체시스Cēsis → 발카Valka

역사

기원전 2,000년 경

남부에서 발트해 남동쪽으로 사람들이 이주하면서 농경사회를 이루고 정착하면서 발트 부족으로 성장하였다. 이들은 독일의 무역, 선교사, 기사단 등의 동진 정책에 의해 12세기 경 역사에 등장하기 시작했다.

1202~1290년

리보니안 오더로도 알려진 검의 기사단은 1202년 리가에 세워졌다. 1290년까지 이들은 현재 폴란드에서 에스토니아, 라트비아 내륙까지 해안 지대를 지배하였다. 이후 남아있던 주민들은 20세기 초까지 라트비아를 지배한 독일 귀족들의 농노가 되었다.

1561년

라트비아는 리보니안 오더가 러시아의 이반 대제에 대항하여 보호를 요청함에 따라 폴란드 지배하에 들어갔다.

1620년대

스웨덴이 라트비아 대부분을 점령했다. 다음으로 러시아의 피터 대제가 1700~1721년까지 스웨덴을 물리치고 러시아제국의 일부가 되었다.

1차 세계대전~1918년

라트비아 민족주의자들은 1918년 11월 독립을 선언하면서 싸움이 일어나고 공산주의자들은 라트비아를 소련에 합병시키려 시도하였고 독일 점령군도 아직 남아 있었다.

1921년
모스크바는 독립 라트비아 의회 공화국과 평화 협정을 맺었다.

1934년
권위주의적인 지도자 카를리스 울마니스가 비의회 연합정부를 이끌었다.

2차 세계대전
독일에 부분적이나 전체적으로 점령당했고 리가에서 가까운 살라스필스 수용소에서 9만 명 정도의 유대인을 죽이는데 동조하면서 라트비아의 유대인들은 거의 사라지게 되었다.

2차 세계대전 후~현재
붉은 군대의 라트비아 점령으로 집단 농장화와 국유화가 시작되었고 1952년까지 무장 저항 세력이 있었지만 소련 점령의 결과로 약 17만 명으로 추산되는 라트비아인들이 죽거나 강제 이송을 당했다.
전후 산업화로 라트비아는 소련 전역에서 유입된 노동자들이 이민을 왔고 이로 인해 소련의 지배에 대해 반감이 높아졌다.

1989년 8월 23일
약 2백만 명의 라트비아인, 리투아니아인, 에스토니아 인들이 빌니우스에서 리가를 거쳐 탈린까지 약 650㎞에 달하는 인간 사슬을 만들어 50주년을 맞은 몰로토프-리벤트로프 조약에 항의하였다. 개혁과 독립 성향의 라트비아 인민 전선이 조직되었으며 지지자들은 1990년 3월 라트비아의 의회선거에서 승리하였다.

1990~1991년
모스크바의 강경주의자들이 다시 세력을 얻으면서 독립을 위한 준비 작업이 불투명하게 되었다.

1991년 8~9월
모스크바의 쿠데타 시도는 다시 상황을 역전시켰고 8월 21일 라트비아는 완전 독립을 선포하였다. 이후 서방 세계의 인정에 이어 9월 6일에는 독립을 인정받았다.

한눈에 라트비아 파악하기

발트 해 국가인 라트비아에서 구소련의 기념물 속에서 중세 유적을 만날 수 있다. 천 년의 교역 역사를 품은 라트비아에는 고대 보루와 요새가 가득 들어서 있다. 내륙지역 사이로 해변이 늘어선 발트 해안을 품고 있는 라트비아는 동유럽의 여름 휴양지이기도 하다. 발트 해에 위치한 라트비아의 여름은 낮이 18시간이나 되고 겨울에는 밤이 15시간이나 된다. 매서운 아침 바람을 맞으며 눈 덮인 중세 성을 둘러보는 겨울의 풍경은 삭막할 수도 있다.

라트비아의 수도인 리가에는 인상적인 모습을 자아내는 수많은 중세와 현대의 건축물들을 볼 수 있다. 구시가지에는 고대 건축물들이 운집되어 있다. 15세기에 건축된 리가 성에는 현재 라트비아의 대통령이 거주하고 있다. 엘리베이터를 타고 성 베드로 교회의 첨탑 위로 올라가 72m 상공에서 내려 보이는 도시의 전망을 감상하고, 리가가 자랑하는 800개의 아르누보 건축물과 라트비아 과학 아카데미의 구소련 고층건물을 비롯한 현대적인 건물도 인상적이다.

라트비아의 발트 해안은 오랫동안 동유럽의 사랑을 받은 인기 휴양지이다. 리가에서 서쪽으로 이동하면 33㎞의 발트 해변이 이어진 곳에 라트비아의 리조트가 밀집한 유르말라가 나온다. 해안을 따라 케이프 콜카Cape Kolka가 있는 북쪽으로 향하면, 뾰족한 곶 지역은 리가 만의 바다와 발트 해가 만나는 곳이기도 하다.

리가 동쪽의 울창한 산악 지대인 가우야 국립공원의 숲과 협곡 사이에는 13세기의 수많은 유적지들이 숨어 있다. 하늘 높이 솟은 트라이다 성의 두 첨탑은 '시굴다'라는 작은 도시를 굽어보고 있다. 도시 주변 지역을 둘러보며 시굴다 성과 크리물다 성Krimulda Castle을 찾아보고 케이블카를 타고 주변 협곡의 그림 같은 풍경을 볼 수 있다.

리가의 크리스 마스

RIGA
리가

WIDER GESETZ UND GEWISSEN HANDELN,
THUT GOTTES SEGEN IN FLUCH VERWANDELN

리가

라트비아의 발트 해 중심 도시인 리가는 라트비아, 러시아, 독일의 영향이 섞여 있는 도시로, 약 80만 명 정도가 살고 있다. 1930년대에 리가는 서유럽의 동쪽으로 러시아를 감시하던 주요 거점이었고 외교관, 무역업자들을 둘러싸고 어지럽게 얽혀 그들이 리가를 '동쪽의 파리'라고 불렀다.

리가는 1201년에 설립된 후 13세기에는 독일 십자군에 16세기에는 폴란드, 18세기에는 스웨덴과 러시아에 의해 반복해 침략과 지배를 받았다. 오늘날 다른 발트 해 국가의 수도들처럼 리가에는 잘 보존된 유서 깊은 사적 구역들이 있으며 탈린이나 빌뉴스처럼 엽서에 나오듯 예쁘지는 않지만 다른 도시가 가지지 못한 장엄한 건축물들이 도시 전체에 널리 퍼져 있다.

리가 IN

리가 국제공항에서 라트비아의 거의 모든 항공기가 드나든다. 리가공항은 시 중심에서 서쪽으로 14km에 있는 유르말라에 있고 버스나 택시로 연결된다. 대한민국의 대한항공과 아시아나항공이 직항노선을 개설하고 있지는 않다.
시간적으로는 거리상 가까운 핀란드의 헬싱키나 폴란드의 바르샤바를 거쳐 리가에 낮 시간에 입국하는 것이 가장 효율적이다. 유럽의 다른 나라를 경유하면 저녁에 리가에 도착하는 시간대가 많다.

비행기

유럽 관광객은 저가항공을 이용하여 여행을 하는 것이 일반화되어 있다. 헬싱키, 런던, 프랑크푸르트, 바르샤바 등으로 운항하고 있지만 헬싱키에서 가장 많은 편수를 운항하고 있다. 미리 리가 여행계획을 만들고 리가로 입국한다면 쉽게 여행을 할 수 있다. 몇 년 전만 해도 리가는 에스토니아나 리투아니아에서 버스를 타고 여행을 하였지만 현재 저가항공을 이용해 리가로 여행하려는 유럽인들이 늘어나고 있다.

저가항공 에어발틱(Air Baltic)

라트비아의 항공사 에어발틱(Airbaltic) 은 발트 3국을 대표하는 저가항공이다. 발트 3국은 버스로 대부분의 여행자가 여행을 하기 때문에 여행자가 저가항공을 이용하는 비율은 높지 않다.

에어발틱(Airbaltic)은 18~25만원 사이에 항공권을 제공하기 때문에 상트페테르부르크나 모스크바 왕복항공권을 구입했다면 발트 3국을 여행하고 러시아로 이동하기 위해 에어발틱(Airbaltic)을 이용하는 경우가 발생한다. 저가항공은 아무리 항공료가 저렴해도 개인수화물이 20kg을 넘는다면 추가비용이 발생한다는 사실을 잊지 말고 예약과 결재를 해야 한다.

www.airbaltic.com

리가 국제공항(Riga International Airport)

리가 국제공항Starptautiskā lidosta은 라트비아의 수도, 리가에 있는 국제공항으로 에어 발틱Air Baltic의 허브 공항이다. 규모는 작지만 발트 3국 중에서 가장 노선을 많

이 운영하고 있는 공항이다. 라트비아 민간 항공기구의 본사도 위치해 있다. 2019년에 대한항공이 직항을 취항하는 데 에스토니아가 아닌 라트비아의 리가에 위치시킨 이유가 많은 노선 때문이었다.

리가 국제공항을 통해 국내선과 국제선 항공이 이착륙하고 현재 유럽으로 많은 정기노선을 운항하고 있다. 아에로플로트, 핀 에어, 터키 항공, 루프트한자 등이 가장 많은 노선을 운행하는 항공사이다. 공항은 작고 직원도 많지 않지만 깨끗하고 깔끔한 느낌으로 대부분 항공기 이용자는 입국이나 출국이 어렵지 않도록 준비되어 있다.

페리

라트비아를 페리로 여행하는 여행자는 북유럽의 스웨덴이나 핀란드 인들만 있을 것이다. 페리는 비효율적이다.
독일의 트라베뮌드Travemünd, 스웨덴의 스톡홀름과 슬리테Slite, 에스토니아의 사아레마Saaremaa섬에 있는 로우마싸아레Roomassaare 등에서 리가로 가는 직항 페리를 운항하고 있다.

버스

유로라인Eurolines, 럭스 익스페리스Lux Express는 버스터미널에서 탈린Tallinn(6시간 소요)과 빌뉴스Villius(6시간 소요) 등에서 운행하고 있다. 같이 여행 온 여행자가 4

스웨덴의 스톡홀름
~라트비아의 리가 왕복노선

탈링크 실자 라인 크루즈 Tallink Silja Line

스톡홀름에서 라트비아의 리가로 이동하는 노선은 매일 저녁 출발해 다음날 아침 도착하는 일정으로 운항된다.
스톡홀름을 둘러본 후 크루즈에서 하룻밤을 보내면 아침에 리가에 도착해 있으니 보다 편안한 북유럽 여행을 즐길 수 있다.

▶B Class(4인 1실, 통로)
▶객실 146€(1인당 36.5€~)
▶조식 포함 186€(1인당 46.5€~)

명이라면 택시로 시내로 이동하는 것이 버스요금과 차이가 없고 편리하다.

버스이용방법

1. 버스표 구입
2. 티켓을 가지고 버스 문이 열렸다고 바로 올라타지 말고 기다린다.
3. 버스 기사가 번호를 말하면 22번 버스에 올라탄다.
4. 좌석의 번호를 보고 앉는다.

기차

버스터미널 앞의 오리고 백화점 내부에 있으니 2번 플랫폼으로 가서 타면 된다. 리가Riga에서 카우나스Kaunas를 거쳐 빌뉴스(8시간 소요)로 야간열차가 운항하고 상트페테르부르그(13시간 소요)도 야간열차가 운행하고 있다.
베를린-상페테스부르그 노선이 라트비아의 남동부 다우가프필스를 통과하므로 이용할 수 있다. 또 리가와 모스크바, 상페테스부르그, 민스크 사이에 기차편이 있고, 다우가프필스와 헤르니피치Chernivtsi도 기차로 연결된다.

▶**위치** : Stacijas Laukums
▶**홈페이지** : www.ldz.lv

트람바이스

공항에서 시내 IN

공항에서 리가 시내로 들어가기 위해 가장 좋은 방법은 버스이다. 공항에서 시내까지 22번 버스를 타고 이동하면 약 30~40분이면 시내까지 도착한다. 새벽 5시 47분부터 밤 11시 17분까지 운행하기 때문에 항공기에서 내려 시내까지 오는 버스가 없을 경우는 없다.
버스정류장으로 가서 22번 티켓을 구입하고 타고 있으면 시간에 맞추어 버스가 출발한다. 광장은 최종 정류장이라 그대로 앉아 있으면 마지막 정류장에서 내리면 된다.

시내교통

리가에는 광범위한 도심전차, 트롤리(무궤도버스), 버스로 연결된 포괄적인 교통망이 있다. 주요 도로가 잘 정비되어 있고 거리가 멀지 않기 때문에 자동차와 자전거를 이용하는 여행이 라트비아에서는 인기가 있다.
리가의 시내교통은 트램, 트롤리버스, 버스, 미니버스가 있다. 요금은 어느 교통수단을 사용해도 1회에 1.15€로 저렴하지는 않다. 그러나 리가의 외곽까지 여행을 한다면 1일 권을 구입해 여행해도 좋은 방법이다. 리가 시민이 아닌 이상 3, 5일 권

트롤리(무궤도버스)

은 거의 사용하지 않을 것이다.
'트람바이스'라고 부르는 트램은 버스와 함께 리가 시민들이 가장 많이 이용하는 시내교통수단이다.

이용요금

1~5일권 | 1일 5€ / 3일 10€ / 5일 15€
※미니버스는 사용불가

1회 | 1.15€ **10회** | 10.90€

택시

택시는 기준 요금이 없고 택시회사에 따라 요금이 다르기 때문에 바가지를 당했다는 인상도 가지게 되므로 탈일은 거의 없다. 다만 늦게 숙소로 이동하는 경우에 사용할 수밖에 없다. 판다 택시Panda Taxi가 저렴하기 때문에 잘보고 타기를 바란다.

시티투어버스

리가에는 현재 2개의 회사가 시티투어버스를 운영하고 있다. 빨강색과 노랑색 시티투어버스는 같은 코스를 운영하고 있다.
운영시간은 여름에는 09~20시까지, 겨울에는 09~18시까지만 운영한다. 리가 시내를 한바퀴 도는 데 약 90분이 소요된다.

홉온-홉오프 버스(빨강색)

대부분의 도시에서 운영하는 시티투어버스로 빨강색 2층 버스로 2층은 오픈되어 있다. 티켓은 티켓오피스나 판매원, 버스 안에서 기사에게도 구입이 가능하다. 가장 많은 버스를 운영하기 때문에 버스 정류장에서 버스를 기다리는 시간이 단축되는 장점이 있다. 많은 언어로 설명을 하는 안내방송이 있지만 한국어서비스는 없다.

마나 리가(Mana Riga)

100년 전에 운행하던 전차를 관광객을 위해 주말마다 운행하고 있다.

Tip 리가카드

리가에서 많은 혜택을 받고 싶다면 필요하다. 1~3일 동안 사용할 수 있는 카드를 가장 많이 사용한다. 리가카드는 무료로 대부분의 박물관이 입장가능하고 할인 혜택을 주는 숙소와 레스토랑도 있다. 리가카드는 공항, 관광안내소 등에서 구매가 가능하다.

1일(24시간) 25€ / 2일(48시간) 30€ / 3일(72시간) 35€

BALTIC STATES Tip

당일치기 리가 투어

1941~1944년까지 리가에서 이송된 45,000명의 유대인들과 다른 나치 점령 지역에서 이송된 약 55,000명으로 추산되는 유대인과 죄수들이 리가 15km 남동쪽에 떨어진 살라스필스 수용소에서 학살되었다. 입구의 거대한 콘트리트 장벽에 적힌 글에는 '이 문 너머에서 세상이 신음을 한다'라고 씌여 있다.

주소_ Dienvidu iela **전화_** +371 6770 0449

리가의 야경

라트비아 리가 핵심도보여행

발트3국 중 가운데에 위치한 리가에 도착했다. 리가의 첫 인상은 마치 예전부터 알고 있었다는 착각에 빠져들게 되는 중세풍의 도시이다. 리가 광장에는 라트비아 신화에 나오는 사랑의 신 밀다Milda가 조형탑 꼭대기에 있는 자유의 여신상이 보인다. 이민족의 침략을 꽤나 버텨낸 라트비아는 자유의 여신상은 나라를 위해 희생한 라트비아 사람들을 위해 만들었다. 라트비아의 주권과 자유를 상징하는 조형물인 자유의 여신상부터 리가의 여행이 시작된다. 이곳은 리가 시민들의 만남의 장소로 사용되고 있다.

다리를 건너 왼쪽으로 한 블록을 지나 정면으로 보이는 광장이 있다. 리가에서 가장 유명한 건물은 구시가에 들어서자마자 보이는 검은머리전당이다. 1344년에 지어진 이 건물은 중세시대에 활발하게 활동했던 검은머리길드가 사용한 건물이기 때문이다. 이 건물의 앞벽에 검은 얼굴의 인물이 장식되어 있는데, 당시에 검은머리길드의 수호신이 아프리카 모리셔스의 여성이었기 때문에 검은머리 흑인을 가리키고 있는 그림을 2001년에 그렸다.

교회 한쪽에는 과거에 사용된 거대한 모양의 수탉이 전시되어 있다. 수탉은 루터교의 상징이다. 루터교의 상징일 뿐만 아니라 풍향계의 역할도 했다. 예로부터 리가는 무역항이었기 때문에 풍향계는 바다를 항해하는 무역상들에게 매우 중요한 역할을 했던 것이다.

성 피터교회를 오는 관광객은 대부분 정상으로 가는 엘리베이터를 타고 올라가 전망대에 오를 수 있는데 800년의 역사를 가진 리가의 모습이 한눈에 들어온다. 전망대(요금은 9유로)에 올라 리가 시내를 조망할 수 있다.

성 피터교회 전망대

브레멘 음악대

피터 성당 뒤쪽으로 가면 친숙한 모양의 동상이 있다. 그림형제의 유명한 동화 브레멘의 음악대에 나오는 동물들의 동상이다. 독일 브레멘시가 리가에 1990년에 기증한 것이라고 한다. 이 동물들의 코를 만지면 행운이 찾아온다고 한다는데 누가 퍼뜨렸을까? 우리나라에는 잘못 전달되어 가장 밑의 동상의 코를 만져야 한다고 나와 있다.

화약탑을 지나 카페와 상점들이 있는 리가에서 가장 긴 건물이라는 노란색 건물을 따라가면 리가 구시가지의 외곽을 돌게 된다. 화약탑은 스웨덴의 침략으로 17세기 한차례 파괴된 적이 있다.

유럽의 다른 큰 도시처럼 웅장하지는 않지만 아기자기한 중세풍의 건물사이를 걷다보면 다양한 볼거리를 만날 수 있다. 구시가지에서 바로 옆 블록을 지나면 시내 중심으로 들어갈 수 있다. 마치 동그랗게 도시를 감싸고 있는 수로가 있고 꽃들이 만발한 공원 뒤로 오페라 극장이 있다. 노래를 한다거나 공연을 즐기는 사람이 많다.

화약탑

그 중 내가 찾아낸 것은 작은 인형 박물관이다. 라트비아 전국에서 수집된 다양한 인형들을 만날 수 있다. 이곳은 인형을 사랑한 한 가족이 인형을 전시하면서 시작되었다.
몇 가지 재미있는 전시물이 있다. 한 사람이 머리를 돌려서 보는 것과 아이를 때리는 아빠의 모습 등등이다. 라트비아 사람들은 털실 인형을 가장 좋아한다고 하는데 도자기로 만든 인형은 어떻게 가지고 놀라고 만들었을까 궁금하다. 라트비아 어린이들의 추억이 깃든 곳이다.

블랙 발잠은 술이라기보다 약에 가깝다. 리가를 방문하는 관광객의 쇼핑품목에 항상 포함되어 있다. 근처에 블랙 발잠을 만드는 공장이 있는데 라트비아에서 생산되는 발잠은 대부분 이 공장의 것이라고 한다. 오렌지껍질, 떡갈나무, 쑥 등 약 25종의 재료가 사용되는데 만드는 방식은 오래 동안 비밀이었다고 한다.
리가의 약사였던 '쿤쩨'가 발명했는데 처음에는 신비스런 효과 때문에 주술사의 약물로 알려졌다. 정작 알려지게 된 계기는 러시아의 여제 카타리나

로젠그랄스(Rozengrals)

때문이란다. 18세기 카타리나 여제가 리가를 방문했을 때 매우 아팠다. '쿤쩨'라는 약사가 발잠을 처방해주었는데 놀랍게도 카트리나 여제의 병세가 호전되었다. 그러면서 세상에 널리 알려졌다. 발잠은 걸쭉하고 색이 검은 갈색으로 우리가 먹는 한약과 맛이 비슷하다.

중세 분위기인 레스토랑으로 식당내부로 들어가는 입구가 어둡다. 중세를 표현하기 위해 촛불로만 빛이 나기 때문이다. 오래된 벽돌과 중세풍의 장식이 눈에 들어오는데 이 식당은 실제로 13세기에 지어진 중세시대의 건물로 와인 저장시설이었다고 한다.
건물 벽의 절반은 13세기 운형 그대로 유지하고 있으며 나머지는 다시 복원되었다. 다만 화장실이 수세식으로 개조되어 옛 모습은 없다. 음식도 13세기 중세의 재료와 요리법으로만 만든다.
15세기에 남미에서 전해진 감자도 없고 당연히 콜라도 없다. 중세 피로연에서 먹었다는 토끼고기는 중세의 맛이 먹기도 전에 부담스럽게 보였는데 한입 먹는 순간 생각보다 담백해 깜짝 놀랄 것이다.

200년 이상 된 전통가옥들이 있는데 마당에 큰 통나무집처럼 된 나무통이 눈에 들어온다. 발통이라고 한다. 집에는 침대와 간단한 가재도구만이 있을 뿐이고 추운 날씨 때문에 창문은 작게 냈다. 난방이 힘든 옛 시절에는 어쩔 수 없는 궁여지책이었을 것이다. 소박한 농촌 가옥들 중에 나무막대기가 눈에 들어왔는데 옛날 초 대신에 불을 붙이는 도구라고 한다.

크론발
공원
다우가바 강
국회의사당
스
리가성
반드 다리
돔성당
지사역사박물관
리가시청
소총상 동
점령박물관
아크멘스 다리

리가 파악하기

리가는 다우가바 강 양쪽에 걸쳐 있으며 동쪽에 구시가를 포함한 주요 볼거리가 모여 있다. 리가의 중심 거리는 아크멘스 다리에서 남북으로 이어져 있으며 구시가를 지날 때에는 '칼쿠 이엘라(Kallku iela)'라고 불리며 강에서 2㎞ 정도 떨어진 높은 지역까지 이어지고 있다. 리가 시내의 중심부에는 운하가 흐른다. 보트를 타고 운하를 둘러볼 수 있다. 산책하는 사람들이 보이고 아름다운 풍경이 둘러싼다. 리가는 강을 따라 신시가지와 구시가지로 나눈다. 중세 유럽 양식이 잘 보존된 유네스코에 등재된 구시가지에서 리가의 여행이 시작된다.

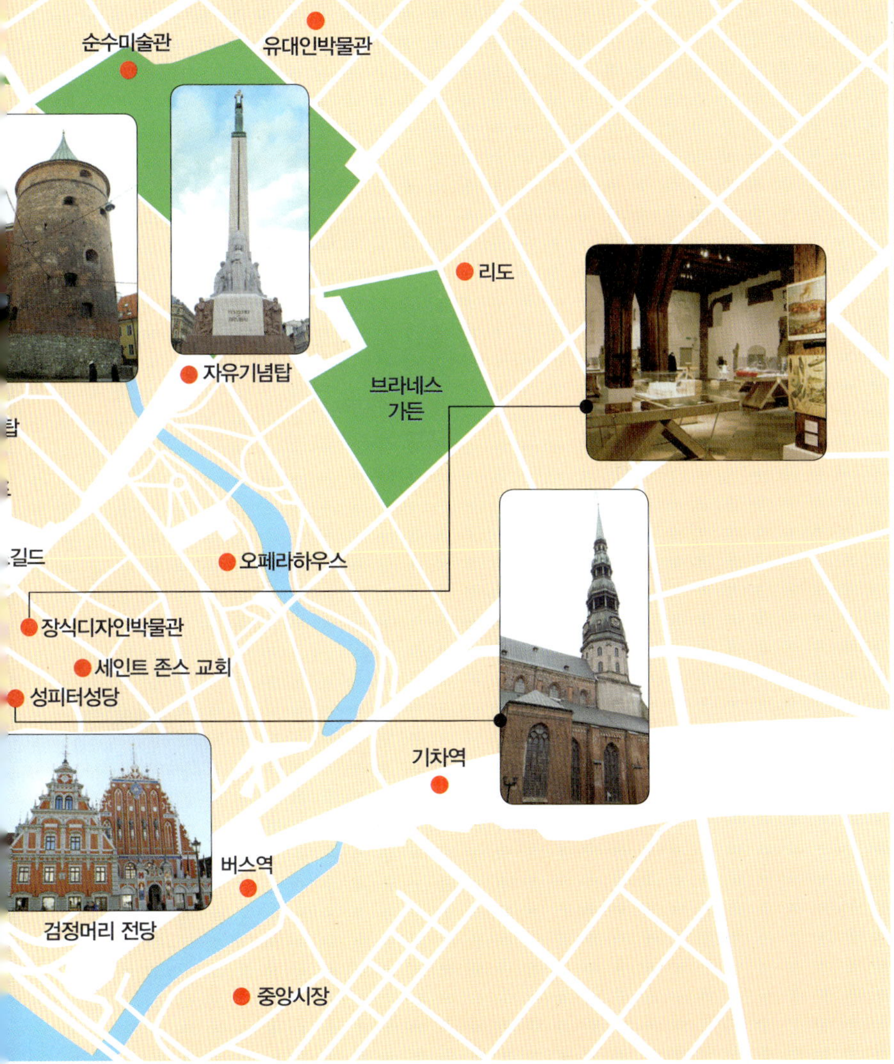

구시가
Old Town

구시가에는 17세기나 그 이전에 세워진 많은 독일 건물들이 있다. 칼쿠 이엘라Kallku iela는 깔끔하게 구시가를 반으로 나누고 있다. 칼쿠Kallku의 북쪽은 벽돌로 만든 리가 돔 성당으로 1211년 세워졌으며 현재는 교회와 오르간 콘서트홀이 되어 있다.

리가 돔 성당
Riga Doms Cathedral

1211년, 완공 당시에는 가톨릭 성당이었지만 독일의 영향을 받은 이후로 루터교 교회로 사용되어온 발트 3국에서 가장 규모가 큰 중세의 성당이다.

가톨릭에서 루터교 교회로 바뀌면서 13~18세기까지 건축 양식이 혼합되어 증축이 이루어졌다. 초창기의 모습을 나타내고 있는 동쪽 면은 로마네스크 양식이며 15세기의 고딕양식의 개축과 리가 시내를 한눈에 볼 수 있는 탑은 18세기 바로크 양식이다.

홈페이지_ www.doms.lv **주소_** Doma laukums 1
관람시간_ 09~17시
요금_ 4€ **전화_** 6721-3213

검은머리 전당

House of Blackheads

구 시가지를 대표하는 건물 중 하나인 검은머리전당은 리가에서 가장 유명한 건물이다.

1344년에 지어진 이 건물은 중세시대에 활발하게 활동했던 검은머리길드가 사용한 건물이기 때문이다. 이 건물의 앞 벽에 검은 얼굴의 인물이 장식되어 있는데, 당시에 검은머리길드의 수호신이 아프리카 모리셔스의 여성이었기 때문에 검은머리 흑인을 가리키고 있는 그림을 2001년에 그렸다.

중세 길드 상인들의 숙소와 회의 룸으로 당시 길드 상인들이 흑인 성 모리셔스를 존경해 붙인 이름이다. 건국 100주년을 기념해 보수공사도 완료했다.

검은 머리 전당 앞 바닥
최초의 크리스마스 트리가 세워졌던 곳을 표시하는 팔각형의 기념 명판

홈페이지_ www.nami.riga.lv/mn
주소_ Rātslaukums 7
시간_ 10~17시(월요일 휴관)
전화_ +371 6704 4300

삼형제 건물

Three Brothers

구시가지의 골목으로 깊이 들어가면 골목에는 거리의 화가와 아기자기한 가게들이 있다. 골목에서 음악이 흘러나온다. 거리 연주자로 가득한 이곳은 중세 도시 리가를 잘 알려주는 삼형제 건물이다. 필스 이엘라Maza Pils iela에는 삼형제Three Brothers로 알려진 예쁜 집들이 늘어서 있다. 15, 17, 18세기에 건축된 3개의 건물이 나란히 붙어 있어서 시대별 건축 양식을 잘 보여준다. 당시에 창문세가 있어서 창문은 크지 않다. 15세기의 집으로 라트비아에서 가장 오래된 것이다.

홈페이지_ www.archmuseum.lv
주소_ Mazã Pils 17, 19, 21
시간_ 화, 수, 목 09~17시/월요일은 18시, 금요일은 16시까지)
전화_ +371-6722-0779

롤랑의 석상 & 리가시청

Rolands & Town Hall

검은머리전당 앞 광장에 있는 롤랑의 석상은 중세 무역상들의 수호신인 롤랑의 모습을 형상화한 것이다. 목상이었던 것을 1897년에 석상으로 개조하였지만 1945년에 소련이 점령하면서 철거했다. 2000년에 재건하면서 지금 광장에 있는 석상을 새로 만들고 원형 석상은 성 피터 교회 내부에 전시해 놓았다.

롤랑의 석상 맞은편에 1334년에 만들어진 건물에 17세기부터 시청사로 사용되었다. 2차 세계대전에서 파괴된 건물을 2003년에 복원하여 지금도 시청사 건물로 사용하고 있다.

리가 시청

소총수 동상

Rafle Moumment

검은 머리 전당에서 강변을 바라보면 있는 붉은 석상이다. 라트비아 소총수들이 2차 세계대전에서 소련군에서 싸운 군인들을 기리기 위해서 만들어진 기념비이다.

성 피터 성당

St. Peters Church

마자 필스 이엘라Maza Pils iela의 끝은 칼쿠 이엘라Kallku iela와 리가의 로마 가톨릭 대주교가 있는 13세기 성 피터 성당St. Peters Church이 있다. 리가에서 가장 높은 세인트 피터 교회는 도시의 수호성인에게 헌정된 곳으로, 미술작품을 감상하고, 콘서트를 관람하며, 리가의 멋진 전망도 즐길 수 있는 대표적인 곳이다.
구시가지 위로 우뚝 솟은 세인트 피터 교회의 계단식 첨탑 높이는 123.5m로, 리가에서 가장 높다. 엘리베이터를 타고 탑을 올라가면 리가의 아름다운 시가지 전망을 볼 수 있다. 종교 예배 외에도 13세기 고딕 건물에서는 다양한 전시회, 축제와 콘서트가 열린다.

전망대

전망대(요금은 9€)에 올라 리가 시내를 조망할 수 있다. 72m높이의 첨탑에 올라 리가의 시내를 바라보기 위해 전망대에 관광객들의 발길이 끊이지 않는다.

세인트 피터 교회는 발트 3국에서 가장 오래된 중세 건축물이다. 탑은 번개, 폭풍과 화재로 인해 파괴와 재건의 과정을 반복했다. 2차 세계대전 중에는 건물 전체가 포병사격으로 인해 무너지기도 했다. 1950년대에 복원 공사가 시작되었고, 1973년, 복제한 탑이 완공되었다.
칼쿠 이엘라Kallku iela 남쪽의 붉은 벽돌로 만들어진 고딕 건물인 성 피터 교회는 15세기에 만들어진 교회로 현재 전시관으

로 이용되고 있고, 엘리베이터를 타고 72m를 올라가 2번째 갤러리까지 가면 구시가의 환상적인 전경이 보인다.

72m 높이의 플랫폼에서 신시가지, 구시가지, 다우가바 강과 리가 만을 조망할 수 있다. 발트 3국에서 가장 오래된 800여 년 전에 지어진 중세 건물로 리가에서 성 피터 성당보다 높은 건물은 짓지 못하도록 스카이라인의 중심을 이루는 고딕 성당이다. 높은 천장과 붉은 벽돌로 가지런히 지어진 성당으로 기둥에는 방패 모양의 문장이 걸려 있고 측면 통로에 성당의 내부 장식과 대조를 이루는 미술작품들이 전시되어 있다. 성당 옆에는 의회 건물 Jokaba iela 11이 있다.

외부

시계탑에 바늘이 하나밖에 없는 것은 실수가 아니고 의도적인 설계로 고대 전통을 따른 것이다. 하루에 5번 시계탑의 종이 라트비아 민속 음악을 연주한다.

내부

넓은 내부에는 다양한 가문의 문장이 소개되어 있다. 지하실에는 벽면 일부에 개조 작업을 거친 석조와 목조 비문에는 문장과 추모글로 구성되어 있다.

일곱 갈래로 나뉜 청동 촛대인 16세기 '메노라'가 있다. 2차 세계대전 중 폴란드로 옮겨졌다가 2012년 교회의 원래 자리로 귀환했다.

매달 새로운 전시회와 여름에는 콘서트가 열린다.

주소_ Skārnu 19
시간_ 10:00~18:00 (월요일 휴관)
요금_ 2유로, 전망대는 7유로
전화_ 67 22 94 26

그리스도 탄생 대성당
Nativity of Christ Cathedral

그리스 정교회에 속한 그리스도 탄생 대성당은 발트 해 지역에서 규모가 가장 큰 성당이다. 감탄이 절로 나오는 네오비잔틴 건축물은 건축학적 미와 내부를 장식한 수많은 성상을 볼 수 있다.

라트비아가 러시아 제국에 속해 있던 1876년에 건축된 성당은 당시 리가에 세워진 가장 비싼 건물 중 하나였다. 그 이후 파란만장한 역사를 겪으며 많은 개조 공사를 거쳤다. 1960년대 소련은 플라네타륨과 카페로 용도를 변경하고 천장 프레스코를 파괴했다. 건물이 다시 성당으로 복구된 것은 라트비아가 러시아로부터 독립했을 1992년 이후이다.

줄무늬 타일양식과 5개의 돔이 황색 빛깔의 사암 외부를 둘러보고 난 후, 안으로 들어가 화려하게 장식된 내부를 보면 감탄이 나올 것이다. 고개를 들어 아름다운 천장 프레스코와 종교적 인물들의 원형 초상화와 많은 황금색 잎이 사용된 것이 특징적이다. 화려한 샹들리에를 구경한 후 성당의 성소와 회중석을 구분하는 벽에 걸린 정교한 성화를 볼 수 있다. 러시아 황제 니콜라이 2세와 황실 그림을 보면 머리 위로 후광을 그려 넣은 것을 발견할 수 있다. 러시아 황제는 1918년에 처형되었고, 현재는 그리스 정교회의 성인으로 추앙받고 있다.

성당의 종탑은 처음 건축할 때 러시아 황제 알렉산더 2세가 12개의 종을 선물로 하사한 후 마지막에 추가되었던 건축물이다.

위치_ 에스플러네이드 공원 남쪽
주소_ Brivibas Bulvaris 23 Centra Rajon
전화_ +371-67-211-207

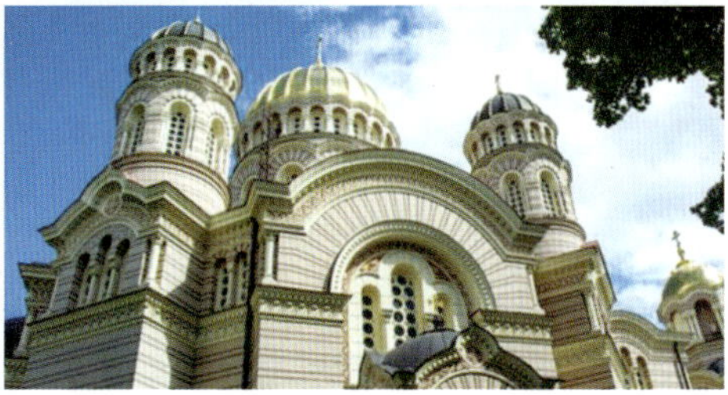

리가의 박물관

리가 역사 & 해양 박물관

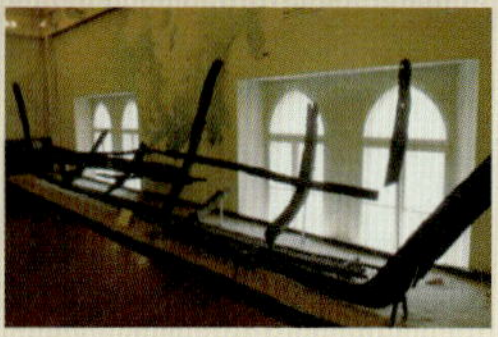

성당 옆의 수도원에는 리가 항해 역사박물관이 있다. 1773년에 성당의 수도원으로 사용되던 곳에 개관한 박물관으로 발트 3국에서 가장 오래된 박물관이다.
전시실에 보석, 중세의 문서와 유물까지 전시되어 있다. 신고전주의 양식의 칼럼 홀이 가장 유명하지만 국민들과 유럽의 관광객을 제외하면 방문객은 많지 않다.

홈페이지_ www.rigamuz.lv
주소_ Palasta iela 4 **요금_** 4.75€
관람시간_ 10~17시(5~9월)
11~17시(10~4월, 수~일요일)

점령박물관

리가에서 가장 인상적인 점령 박물관은 소련과 나치의 점령에 대한 여러 가지 인상적인 물건들을 전시하고 있지만 라트비아인들을 순진한 양처럼 묘사하고 소련에 대해서는 나쁘게 묘사한다는 비난도 있다.
20세기에 들어서 1918년에 라트비아 공화국을 출범했지만 나치 독일에 점령되고 다음으로 소비에트 군대에 점령당했다. 그래서 라트비아의 자유는 그 무엇보다 소중하고 의미가 깊다.

홈페이지_ www.okupacijasmuzeis.lv **주소_** Latviesu Strelnieku laukums
요금_ 무료(기부금으로 운영) **관람시간_** 11~18시

리가 미술관 (Art Museum Riga Bourse)

증권거래소 건물을 개조해 만든 미술관으로 건물의 정면은 창문사이에 춤추는 신을, 내부에는 화려한 천장에 달린 황금빛 샹들리에 등의 유명 미술작품을 전시하고 있다. 모네와 로댕의 '입맞춤'이라는 작품뿐만 아니라 중국과 일본의 도자기와 이집트의 미라까지 전시되어 있다.

홈페이지_ www.lnmm.lv **주소_** Doma laukums 6
요금_ 7€ **관람시간_** 10~18시(금요일 10~20시)

장식 디자인 박물관 (Museum of Decorative Arts & Design)

리보니아 검의 형제 기사단이 리가에 세운 1207년에 성 제오르지오(St. George's Church) 성당 건물에 함께 지어졌다. 이 박물관은 가구, 목판화, 도자기도 소장하고 있지만 아르누보 양식부터 지금의 응용미술까지 전시하고 있다.

홈페이지_ www.lnmm.lv
주소_ Skarnu 10~20
요금_ 4.75€
관람시간_ 11~17시(수요일은 19시)
전화_ 6722-7833

리가 아르누보 박물관

구시가지의 알버타Alberta, 스트렐니에쿠Strelnieku 거리와 리가 센트럴의 엘리자베테스 Elizabetes 거리에 많이 보인다. 스트렐니에쿠Strelnieku 거리에서 들어가 12번에 아르누보 박물관이 있다. 유명한 영화 제작자인 세르게이의 아버지인 미하엘 아이젠슈타인은 생전에는 가치를 인정받지 못해 불행하였지만 아르누보 건축의 진수로 평가받는다.

아르누보 건물의 정면에는 상상력이 뛰어난 장식이 있다. 1920년대의 콘스탄틴스 페크센스Konstantins Peksens의 주택을 재현해 놓았다. 하나의 특정한 건물이 아니다. 리가에는 많은 건물에서 발견되는 19세기 말~20세기 초에 유럽을 강타한 아르누보 양식의 건물들이 많다. 리가 건물의 약 40% 정도가 아르누보 양식으로 지어졌다고 한다.

라트비아 국립미술관

그림이나 도자기와 조각 작품을 방대하게 소장한 미술관에서 라트비아 미술을 다채롭게 경험할 수 있다. 라트비아 국립미술관은 약 300년의 역사를 간직한 발트 해와 라트비아의 미술을 접하기에 좋은 곳이다. 리가 전체에서 가장 중요한 예술 공간이라 할 수 있으며, 5동으로 구분된 건물에 100,000여 점의 작품이 소장되어 있다.

라트비아 국립미술관의 본관은 1905년 독일 건축가인 '빌헬름 노이만'이 설계했다. 이 건물은 발트 해 최초의 박물관 건물로도 유명하다. 웅장한 파사드는 바로크와 고전주의 양식에 따라 설계되었다.

상설 전시관에는 구스타브 클루시스Gustavs Klucis, 니콜라스 로애리치Nicholas Roerich, 게르하르트 본 로젠Gerhard von Rosen, 칼리스 훈스Kārlis Hūns 같은 유명한 예술가를 비롯한 600명이 넘는 예술가의 수많은 작품을 감상할 수 있다. 어떤 전시는 예술가의 실습생 시절부터 창조성의 완성 단계에 이르는 예술 생애 전체를 조명하기도 한다. 19세기 후반과 20세기 초반의 라트비아 조각 작품도 볼만하다. 미술관의 그래픽아트 작품은 수채화, 파스텔화, 판화와 석판으로 구성되어 있다.

본관 외 다른 관련 미술관 4곳인 아세날 전시관은 라트비아의 근대와 현대 미술작품 전용관이며, 리가 부르스 미술관은 여러 나라 미술가들의 작품을 전시하고 있다. 라트비아에서 가장 중요한 예술가의 이름을 딴 로만스 수타 & 알렉산드라 벨코바 미술관에서는 그림과 도자기를 볼 수 있다. 직물, 도예, 유리 공예와 목공예 전시 등 볼거리가 많은 장식 예술 디자인 미술관도 볼만하다. 1920년대에서 현재에 이르는 가죽 예술을 소개하는 전시도 있으며, 벽장식, 제본과 폴더가 포함되어 있다.

위치_ 라트비아 국립미술관 본관은 리가의 파크 & 블리바드 서클 지역
시간_ 화~일요일(공휴일 휴관 / 로만스 수타 & 알렉산드라 벨코바 미술관 일요일 휴관)

리가 성
Castle of Piga

다우가바Daugava 강변에 리가성이 있다. 리가 성은 1330년에 시작되었으며 독일 기사단을 위해 지어졌다. 현재는 카나리아 색깔로 칠해져 라트비아 대통령 관저이며 별로 흥미롭지 않은 외국 미술 박물관으로 사용되고 있다.

홈페이지_ www.president.lv
주소_ Pils laukums 3

화약탑
Powder Tower

카페와 상점들이 있는 리가에서 가장 긴 건물이라는 노란색 건물을 따라가면 리가 구시가지의 외곽을 돌게 된다. 화약탑은 스웨덴의 침략으로 17세기 한차례 파괴된 적이 있다.

화약탑

스웨덴 문
Swedish Gates

아름다운 스웨덴 문은 1698년 성벽으로 세워졌다. 둥글고 끝이 뾰족한 14세기의 풀베르토니스는 톰바 이엘라에 있으며 화약 상점, 감옥, 고문실, 소련 혁명 박물관, 학생들이 파티를 즐기는 곳으로 변형되어 사용되어왔다.
현재는 전쟁기념관이 되어 있으며 거대한 철 대문을 보는 것만으로도 한번은 볼만하다.
스웨덴이 폴란드와의 전쟁에서 승리한 뒤 더 이상 필요 없다는 의미로 대포를 거꾸로 세워놨지만 또 다시 러시아와 전쟁이 일어났다.

BALTIC STATES Tip

여행의 피로를 카페에서

리가 시내에서 가장 맛있고 저렴한 레스토랑과 카페는 Rama와 Svamidzi이다. 이곳뿐만 아니라 아름답게 늘어서있는 노천카페와 레스토랑은 멋진 음식을 주문하고 기다리면서 여행의 피로를 풀 수 있다. 맛있고 따뜻한 식사를 야외에서 즐겨보자.

토르냐 거리(Torna iela)는 옛 건물들이 몰려있는 거리였던 것을 1997년에 도시 활성화 공사에 따라 화려한 카페골목과 옛 분위기가 공존하는 거리로 바뀌었다.

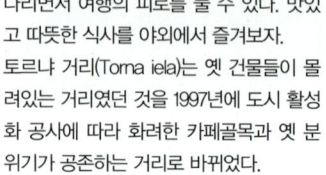

리가의 골목길 정취

스웨덴 문(Swedish Gates)은 역사적으로도 의미가 있지만 중세의 분위기를 느끼면서 조용히 걷기 좋은 트로녹슈 거리(Trosnu iela)에 있다. 13세기에는 상점들로 북적였지만 14세기부터 스웨덴이 점령하면서 스웨덴 문을 따라 조용한 거리로 바뀌었다.

발트 3국 엑티비티

발트 3국을 여행하면 다양한 체험활동을 하면서 여행을 할 수 없냐는 질문을 받는다. 발트 3국은 아직 관광객을 위한 시설과 프로그램이 개발되고 있는 중이기 때문에 엑티비티가 제한적이라고 한다. 각국의 다양한 체험활동을 알아보자.

하이킹

사람의 발길이 닿지 않은 곳을 걷거나 다양한 풍경을 보는 데는 발트3국이 최고가 아닐 까 생각한다. 발트 3국에서의 하이킹은 내, 외국인 통틀어 매우 인기 있으며, 2000년대 초 이후, 하이킹 시설과 다양한 하이킹 코스 개발이 이루어졌다. 특히 발트 3국 각지에 있는 습지를 따라 있는 나무데크를 따라 가면 된다. 겨울에도 설피를 신고 하이킹을 즐길 수 있다.

카누

카누 타기는 에스토니아의 라헤마Lahemaa 국립공원, 라트비아의 가우야Gauja, 살라차, 아바파Abava 등의 강과 라트갈레 호수지역이 인기가 있다. 라트비아의 가우야Gauja 국립공원은 시굴다Sigulda에서 조직하는 승마유람을 하면서 돌아볼 수 있다. 카누 4~9월에 1~2시간 대여가 일반 적이다. 소마 국립공원에서 조수 간만의 차이 때문에 수면이 높아지는 시기에 카누를 하는 짜릿한 모험을 즐길 수 있다. (3월 말~4월 초)

버섯따기

에스토니아의 라헤마Lahemaa 국립공원에는 하이킹과 카누를 많이 즐기지만 버섯 따기도 좋은 체험이다.

번지점프

라트비아의 가우야Gauja 국립공원은 리가에서 하루에 다녀올 수 있을 만큼 가깝기는 하지만 충분한 시간을 가지고 번지점프를 즐길 수 있다. 다른 번지점프와 다르게 케이블카에서 뛰어내리는 짜릿한 느낌을 만끽해보자.

열기구

5월 중순에는 매년 열리는 국제 열기구 콘테스트가 개최되기도 한다.

스키

라트비아의 발미에라Valmiera에는 스키점프대가 있다. 리가에 있는 야외 스케이트장은 기온이 영하 3도 이하로 내려가면 개장한다.

봅슬레이 경기장

가우야Gauja 계곡은 동계스포츠의 중심지로 시굴다Sigulda에 봅슬레이 경기장이 있다.

리부 광장
Livu Square

리부 광장은 한자동맹으로 영화를 누렸던 독일인들이 리가를 점령하고 만든 건물들이 있는 장소이다. 그래서 리부 광장에는 대길드, 소길드, 고양이 집 등이 몰려있다. 상권을 장악한 사람들이 몰려 살았기 때문이다.

대길드와 소길드

Lielã & Mazã Gilde

무역의 중심지였던 리가에는 상인들의 모임인 길드가 자리 잡았다. 대길드는 상인들의 주거지이고 소길드는 기능공 장인의 모임장소를 말한다. 지금 대길드는 라트비아 오케스트라 건물이고, 소길드는 회의 등을 개최하는 곳으로 쓰이고 있다.

주소_ Amatu 5, 6

고양이 집

Cat House

1909년, 아르누보 양식의 영향을 받은 이 건물은 첨탑에 겁먹은 검은 고양이들이 올라가 있는 모습을 보여주고 있다. 길 건너에 위치한 대길드Great Guild에 가입을 하려고 했지만 가입을 거절당하자 분노한 길드 회원들과의 법정 싸움 끝에 건물주였던 상인이 고양이를 반대쪽으로 돌려놓는다는 조건 하에 길드에 가입을 했다고 한다.

주소_ Meistaru iela 10~12

뉴타운
New Town

리가의 상업 중심지는 엘리자게테스 이엘라의 경계를 넘어 넓은 6개의 도로에 걸쳐 있다. 리가가 대도시로 보이는 것은 뉴타운의 이 도로 때문이다. 대로를 따라가면 많은 인상적이고 화려한 19세기, 20세기 초의 건물들이 리가의 특징인 아르누보 스타일로 지어져 있는데 그중에서 유명한 것은 영화 제작자인 세르게이의 아버지인 미카일 아이젠슈타인이 디자인한 집이다. 알베르타 이엘라에도 다른 인상적인 건물들이 서 있다.

라트비아의 유대인 박물관에는 2차 세계 대전 중 라트비아의 유대인 탄압에 대한 전시물을 볼 수 있다. 독일 군인에 의해 찍힌 섬뜩한 설명을 담은 10분 비디오를 보면 잔인함에 놀랄 것이다.

자유 기념탑(자유의 여신상)

Brìvìbas Piemineklis

구시가 동쪽의 시 운하는 19세기에 만들어진 넓은 대로 사이에 놓인 공원들을 구불구불 지난다. 라인바 불바리스의 교차로 근처에 공원들 가운데에는 1980년대와 90년대 라트비아 독립 운동의 중심이 되었던 자유 기념탑이 있다.

리가 광장에는 라트비아 신화에 나오는 사랑의 신 밀다Milda가 조형탑 꼭대기에 있는 자유의 여신상이 보인다. 이민족의 침략을 꽤나 버텨낸 라트비아는 자유의 여신상을 통해 나라를 위해 희생한 라트비아 사람들을 기념하고 있다.

리가의 구시가지 인근에 있는 자유의 기념탑은 리가에서 가장 눈에 띄는 곳으로 독립과 국민적 자존심의 중요한 상징이다. 트래버틴, 화강암과 구리로 만든 거대한 조각상은 43m 높이에 여러 조각물과 부조로 장식되어 있다.
기념탑은 1935년, 라트비아 독립 전쟁 당시 숨진 군인들을 추모하고자 세워졌다. 소련이 점령했던 1940~1951년 동안 오벨리스크는 파괴될 예정이었으나 실제로 파괴되지 않았다.

자유 기념탑 근위병 교대식

위병 교대식

자유의 기념탑은 의장대의식이 열리는 중요한 국가의 장소이다. 정각마다 위병 교대식이 열리니 이때 기념탑을 방문해도 좋다. 자유의 기념탑은 낮 시간 동안 군인들이 감시하고 순찰한다. 위병 교대식은 아침부터 초저녁까지 매시 정각에 진행된다.

자유의 여신상 서쪽은 1991년 1월 20일 소련군이 근처 내무성을 급습할 때 숨진 희생자들을 추모하는 기념물로 5개의 붉은 돌로 만들어진 판으로 되어 있다. 순수 미술관은 북쪽에 있으며 아마 발트 해 국가에서 가장 뛰어난 미술품을 가지고 있을 것이다.

기념탑 서쪽 바스테즈카른스Bastejkalns는 1991년 1월 20일 소련군이 근처 내무성을 급습할 때 숨진 희생자들을 추모하는 기념물로 5개의 붉은 돌 판으로 만들어져 있다.

기념탑 꼭대기를 올려다보면 소녀 동상이 보인다. 이 소녀는 라트비아의 역사적인 3개 도시인 쿠제메, 비제메와 라트갈레를 상징하는 3개의 황금별을 들고 있다. 기념탑 아래를 장식하는 조각물은 그룹을 이루어 배치되어 있으며, 라트비아의 역사와 문화를 설명해 주고 있다.

근면, 독립투쟁 같은 개념과 가치를 상징하는 사람들의 모습을 유심히 보면 어업, 농업 같은 직업을 상징하는 조각물도 찾아볼 수 있다. 부조조각에는 1905년 러시아 혁명과 라트비아 독립 전쟁을 기념하고 있다. 옆면 한 쪽에 있는 글을 번역하면 '조국과 자유를 위해'라는 뜻을 가지고 있다.

기념탑 아래 꽃이 놓인 것도 보이는데, 시민들이 거의 매일 방문해 헌화하는 것을 볼 수 있다. 6월 추방의 날과 11월 독립의 날에는 큰 규모의 추모 행사가 열린다.

리가 시민들의 만남의 장소

구시가지에서 바로 옆 블록을 지나면 시내 중심으로 들어갈 수 있다. 마치 동그랗게 도시를 감싸고 있는 수로가 있고 꽃들이 만발한 공원 뒤로 오페라 극장이 있다. 노래를 한다거나 공연을 즐기는 사람이 많다. 라트비아의 주권과 자유를 상징하는 조형물인 자유의 여신상부터 리가의 여행이 시작된다. 이곳은 리가 시민들의 만남의 장소로 사용되고 있다.

라이마 시계탑

Laima Clock

올드 타운의 끝에서 보이는 자유 기념탑을 가려면 횡단보도를 건너야 한다. 횡단보도에 도착하기 바로 직전에 조그만 시계탑이 있다.

작은 시계탑에 실망도 하지만 리가 시민들의 만남의 장소로 활용되고 있으며 라이마 초콜릿 회사가 직원들의 지각을 방지하기 위해 세운 시계탑이 지금은 시민들의 시간을 책임지고 있다.

리가 중앙 시장

Central Market

신선한 농산물과 라트비아 특산물을 파는 가판대 수백 개가 진열된 큰 시장은 "리가의 배"라는 애칭으로 불리기도 한다. 리가 중앙 시장은 하루 방문객이 10만여 명에 달하는 동유럽 최대 규모의 시장이다. 체펠린 비행선 격납고로 사용되었던 커다란 파빌리온 5개에 자리해 있다. 라트비아 농부들이 재배한 신선한 농산물은 물론 옷, 꽃, 수제품, 생선을 구매할 수 있다. 쇼핑은 파빌리온에 발을 들여놓기 전부터 시작된다. 건물 앞에 늘어선 수많은 노점상에서 과일과 채소를 판매하고 있기 때문이다. 판매 품목에 따라 구분된 5개 파빌리온을 모두 둘러보려면 최소 2시간은 소요될 것이다. 육류, 채소, 생선, 유제품, 미식을 다 합쳐 약 3,000개의 가판대가 있다.

판매되는 제품은 현지에서 재배, 사육, 제조된 것들은 물론 수입품도 있다. 시장에는 싱싱한 채소, 양념한 채소, 과일, 치즈, 피클 같은 익숙한 식품을 파는 가판대도 있지만 생소한 것들도 꽤 보인다. 그래서 리아 중앙시장을 볼만한 구경의 묘미가 있다.

라트비아 전통 음식과 식재료를 맛볼 절호의 기회이다. 특히 발트 해의 호밀 빵, 훈제 청어, 건포도를 넣은 사프란 빵 등이 대표적이다. 구입 전에 시식이 가능한지 물어보면 구입하는 식품외에도 다양하게 맛볼 수 있다. 여름에는 흑빵이나 호밀 빵으로 만든 저알코올 음료인 "크바스"를 추천한다. 식품 외에도 수제 양말, 모자, 스카프, 버들가지 바구니 등 다양한 수제품을 구매하기에도 좋다.

마지막으로 리가 중앙시장 바로 뒤에 있는 19세기 후반, 창고로 가면 신발과 옷을 구매할 수 있다.

위치_ 구시가지 근처

멘첸도르프 하우스

Mencendoefa Nams House

17세기 대저택의 호화롭게 장식된 방을 돌아다니며 리가의 부유층의 삶을 체험해 볼 수 있는 곳이다. 수세기 전 리가에 살았던 부유층의 삶이 궁금하다면 멘첸도르프 하우스Menchendorf House에서 그들의 삶을 살짝 엿볼 수 있다. 1695년 지역의 한 유리제조로 거액을 벌어 건축한 유서 깊은 주택은 고가구와 일상용품으로 꾸며져 있다. 회반죽을 바른 간소한 하얀색 외부를 보면 박공벽에 도르래가 있는 것이 보이는데, 이는 다락에 있는 저장실로 물건을 들어 올리는 데 사용했던 것이다.

집 안으로 들어가면 2,000점이 넘는 유물이 진열되어 있으며, 은제품, 금색 필기대, 조각 침대, 아름답게 보존된 골동품 등 다양하다. 응접실, 무도장, 가족 예배당, 지하실, 젊은 여자들을 위한 방, 시인들을 위한 방 등이 곳곳에 비치되어 있다.

주방은 독특한 벽난로를 갖추고 있으며, 위층은 17~18세기의 벽과 천장 프레스코로 꾸며져 있다. 하인들이 식사를 준비하는 주방과 가족들이 사용하는 우아한 방을 비교하면 참으로 다르다는 것을 느낄 수 있다. 다락으로 올라가면 회화에서 뜨개질한 레이스에 이르기까지 다양한 작품이 전시되고 있다.

멘첸도르프 하우스Menchendorf House에 처음으로 살았던 사람의 직업이 유리제조인이었다는 점을 고려하여 유리 예술과 연구 센터도 준비되어 있다. 유리 제조를 작업하는 모습을 구경한 후 직접 유리 기념품을 만들 수도 있다.

(유리 제품 만들기 : 체험 홈페이지에서 예약)

주소_ Grecinieku iela 18
시간_ 여름 매일, (겨울 일, 수요일 휴관)
전화_ +371-67-212-951

Sightseeing Tours

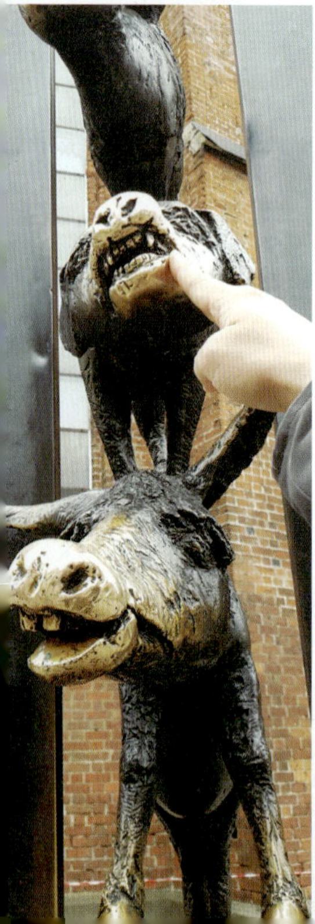

라트비아 전통 음식

라트비아는 발트 3국 중에 가장 전통음식이 발달되지 않았다. 러시아스타일의 음식들이 주를 이루는데 라트비아 스타일로 변형되었다. 감자, 밀, 보리, 양파, 배추, 계란, 돼지고기 등을 재료로 사용하고 추운 나라이기 때문에 지방을 많이 함유하는 음식을 즐겨 먹는 것도 특징이다.

키메누 시에르스 imeņu siers

치즈Cheese는 라트비아 어로 키메누 시에르스Ķimeņu siers라고 부른다. 자니Jāņi라고 하는 6월 중순에 있는 라트비아 축제 때에 먹는 음식이다.

솔란카 Solanka

고기, 올리브, 채소를 넣고 끓인 스프로 매콤하기 때문에 우리 입맛에는 안 맞을 수 있지만 라트비아 인들은 겨울철에 특히 자주 먹는다.

수프 Soup

소고기 수프인 보르시borshch, 감자 샐러드인 라솔즈rasols도 있다.

보르시

라솔즈

스페치스 Spekis

돼지비계와 호밀빵에 얹어 먹는 음식으로 긴 겨울에 지방이 부족할 때 필요한 영양분을 공급받기 위해 먹는 음식이다. 리가에서는 볼 수 없고 동부의 라트갈레에서 주로 먹는다고 알려져 있다.

피라지 pīrāgi

라트비아에서도 자국식의 피라지pīrāgi가 있는데 우리식으로 생각하면 밀가루 반죽 속에 속을 넣어서 찌거나 구워 낸 만두의 일종이라고 생각하면 될 것이다.

도미니 카네스
Domini Canes

직원들이 친절하고 내부 인테리어도 북유럽 스타일로 따뜻하게 꾸며놓았다. 성당 앞 브레멘 음악대 동상을 보면서 식사를 할 수 있어 전망이 좋다. 모든 메뉴가 플레이팅이 잘되어 먹음직스럽다.

주메뉴와 디저트까지 주문하는 것이 일반적이어서 단품 메뉴만 주문하는 경우가 거의 없다. 빵도 거칠지 않고 안이 부드러워 한국인의 입에 맞고 같이 나온 버터와 곁들이면 더욱 맛있다. 리가 시민은 수제 파스타를 추천해 주었다.

주소_ Skarmu Street 18~20

요금_ 주 메뉴10~25€(런치메뉴 10€, 폭립 10.8€)

전화_ +371-2231-4122

리도
Lido

일반 식당은 메뉴보고 주문하면 어떤 음식이 나올지 알 수 없어 불안한데 리도는 그럴 걱정이 없다. 샐러드와 족발이 쫀득쫀득하고 맛이 있다. 생맥주와 함께 먹으면 비싸지 않게 만족스럽게 먹을 수 있다. 닭 샤슬릭, 디저트와 음료수 종류도 뷔페식이라 고르기가 좋다.

홈페이지_ www.lido.lv

주소_ Gertrudes iela 54 / Elizabetes iela 19(11~23시)

요금_ 주 메뉴 4~10€

영업시간_ 12~24시

전화_ +371-2780-0633

리도 아트푸아스 센터스 (Lido Atpuas Centers)

크라스타 거리에 있는 리도는 야외 놀이 시설과 아이스링크, 공연 등이 있어 가족 단위의 주말 고객이 많다.

▶Krasta iela 76(11~23시)

빈센트
Vincent

라트비아의 유명 셰프인 마르틴스 리틴스Martins Ritins가 운영하는 빈센트는 해외 유명인사가 오면 한 번씩 찾는 최고급 레스토랑으로 알려져 있다.
동유럽 음식은 달고 짠 음식이 많지만 빈센트는 과하게 달고 짜지 않아 어떤 메뉴를 주문해도 맛있다는 이야기를 듣고야 마는 레스토랑이다.
빵의 종류부터 다양해 놀라고 스테이크는 부드럽게 목을 타고 넘어간다.

생선스테이크는 잘게 부서지지 않고 두툼하게 찍어 먹을 수 있는데 맛은 신선하다. 빌뉴스에서 가장 고급스러운 레스토랑을 추천해달라고 하면 누구나 빈센트를 말한다.

홈페이지_ www.vincent.lv
주소_ Elizabetes iela 19
요금_ 주 메뉴 25~80€
영업시간_ 18~22시
전화_ +371-6733-2830

이스타바
Istaba

라트비아 TV에도 나오는 현지 유명 셰프인 마르틴스 시르마이스Martins Sirmais가 운영하는 최고급 레스토랑이다.

2층에는 미술관과 공연장이 들어서 있다. 세트 메뉴는 없고 셰프가 매일 특선 메뉴를 만들고 있다. 빵, 소스, 채소는 추가해야 한다. 빌뉴스에서 빈센트와 함께 가장 고급스러운 레스토랑으로 추천하는 레스토랑이다.

주소_ Krisjana Barona iela 31a
요금_ 주 메뉴 15~30€
영업시간_ 12~23시
전화_ +371-6728-1141

빅 배드 베이글
Big Bad Bagels

우리가 평소에 먹던 거칠고 딱딱한 베이글을 생각했다면 기대감을 올려서 만족할 수 있다. 베이글이 햄버거처럼 다양한 유기농 재료와 어울리고 풍성한 크림은 입맛을 돋굴 것이다. 생과일 주스와 같이 먹는다면 한 끼 식사로 충분하다.

홈페이지_ www.bigbadbagels.lv
주소_ Krisjana Barona iela 31a
요금_ 주 메뉴 12~23€
전화_ +371-6728-1141

리비에라
Riviera

지중해 요리를 표방하는 해산물이 주 메뉴인 맛집으로 성수기에는 예약이 필수이다. 고기 등의 요리가 많은 리가에서 홍합, 해산물 BBQ는 맛보기 힘들어 현지인의 발길을 끊이지 않는다.
라트비아화 된 지중해 요리로 식전 빵, 디저트도 최고라고 추천하는 레스토랑이다. 풍성한 해산물 요리를 먹고 싶다면 추천한다.

홈페이지_ www.riviera.lv
주소_ Dzirnavu iela 31
요금_ 주 메뉴 8~30€
전화_ +371-2660-5930

피쉬 레스토랑 르 돔
Fish Restaurant Le Dome

발트 해의 신선한 어류를 재료로 다양한 음식을 만들 수 있다는 사실을 알 수 있는 레스토랑이다. 친절한 직원과 서비스도 훌륭하며 다양한 음식에 라트비아의 맛을 가미했다는 이야기를 듣는 곳으로 고급화된 생선요리를 맛보고 싶다면 추천한다.

홈페이지_ www.zivjurestorans.lv
주소_ Miesnieku iela 4
시간_ 08~23시 **요금_** 주 메뉴 23~35€
전화_ +371-6755-9884

리츠
Riits

젊은 감각의 레스토랑으로 젊은이들이 주로 찾는 레스토랑이다. 라트비아 전통 수프와 스테이크 등이 인기가 많은 주 메뉴로 가격도 5€시작해 가격부담도 적다. 현대화되고 있는 리가에서 젊은 입맛에 맞는 레스토랑으로 추천해주는 곳이다.

홈페이지_ www.riits.lv
주소_ Dzirnavu iela 72
시간_ 09~23시 **요금_** 주 메뉴 8~30€
전화_ +371-2564-4408

밀다
Milda

옛 라트비아 전통 음식과 맥주를 맛보면 좋을 것 같다. 전통음식은 주로 짜기 쉬어 짠맛을 중화시켜 주어야 한다.
전통음식을 먹을 수 있는 곳에서는 현대화되어 관광객이 찾기에 부담이 없다. 청어생선구이, 수프(솔란카)가 가장 인기있는 메뉴이다.

홈페이지_ www.milda.lv
주소_ Kungu iela 8
요금_ 주 메뉴 12~23€
시간_ 12~23시
전화_ +371-2571-3287

카페 미오
Cafe Mio

식탁 위에 놓인 스테이크와 케익을 맛보면 카페같지 않고 전문 레스토랑처럼 느껴진다. 맥주나 와인과 같이 스테이크는 맛보면 좋을 것 같다.
리가의 전통음식을 만들었다가 관광객을 대상으로 음식 메뉴를 바꾸고 소스도 다르게 변화시켜 관광객은 부담없이 즐길 수 있다.

주소_ Blaumana iela 15
요금_ 주 메뉴 8~20€
시간_ 12~23시
전화_ +371-2814-3139

발트 3국의 수제 맥주 펍 & 레스토랑 Best 4

유럽에서 수제 맥주를 직접 만들어 파는 레스토랑과 펍Pub이 조화된 곳이 인기가 많다. 발트 3국도 마찬가지로 수제 맥주를 직접 공급하는 맥주와 레스토랑을 겸하면서 젊은이들에게 인기를 끌고 있다. 전 세계의 관광객과 현지인이 섞여 맥주를 마시고 안주로는 전통음식을 안주삼아 즐길 수 있다.

에스토니아

헬 헌트(Hell Hunt)

에스토니아 최초의 펍Pub이라고 하는 오래된 펍이다. 에스토니아 맥주와 수입 맥주를 마실 수 있고 생맥주도 마실 수 있다. '지옥 사냥Hell Hunt'이라는 무서운 뜻이지만 에스토니아에서는 '온순한 늑대'라는 뜻으로 사용된다고 한다.

홈페이지_ www.hellhunt.ee

주소_ Pikk 39 **시간_** 12~새벽 02시

라트비아

라비에티스 알루스 다르브니카(Labietis Aius Darbnica)

직접 모든 맥주를 만들 수 있는 양조장을 겸하면서 50가지가 넘는 맥주를 공급한다. 주마다 다른 맥주를 마실 수 있는 기회가 있다. 5잔의 맥주를 소량으로 마셔보고 마실 맥주를 선택하면 된다.

주소_ Aristidas Briana iela 9A2

시간_ 13~새벽03시 **전화_** +371-2565-5958

리투아니아

레이시아이(Leiciai)

레이시아이도 마찬가지이다. 감자 팬케이크와 체펠레나이 만두를 저렴하게 판매하고 있다. 2층의 테라스에서 맥주의 풍부한 맛이 더운 여름날에 여행의 피로를 푸는 즐거움을 준다.

주소_ Aristidas Briana iela 9A2

시간_ 13~새벽03시

전화_ +371-2565-5958

알라우스 비블로테카(Alaus Bibloteka)

위의 수제 맥주 레스토랑과 마찬가지이다. 다양한 맥주를 마시면서 전통음식을 안주삼아 관광객은 여행의 피로를 풀고 현지인은 삶의 피로를 푸는 펍이자 레스토랑이다.

릭스웰 도무스 호텔
Rixwell Domus Hotel

구시가 중심에 있어 밤에도 돌아다니기가 쉬운, 대한민국의 여행자가 많이 선택하는 호텔이다. 호텔 앞에는 레스토랑이 많아서 언제든 식사를 하기에 좋고 직원은 친절하고 청결하여 지내기 좋다.

구시가지 내에는 공간이 한정되어 여름이면 관광객이 많이 늘어나기 때문에 숙소가 부족한 경우도 발생하고 있다.

주소_ Tirgonu iela, Center, LV-1050 리가
요금_ 트윈룸 61€~
전화_ +371 6735-8254

리가 Sleeping의 특징

리가 여행에서 관광객에게 가장 좋은 숙소의 위치는 구시가지와 기차역(버스정류장) 부근이다. 구시가지 내에는 호텔과 호스텔이 별로 없다. 어디에 숙소를 잡아야할지 고민이 된다면 버스정류장과 구시가지가 가까운지 확인해야 도보로 이동이 가능하고 밤에도 위험하지 않다.

여름에도 덥지 않은 리가의 호스텔에는 에어컨이 없고 선풍기만 있는 곳이 많다. 북유럽의 여러 호텔도 에어컨이 없는 호텔이 많은 것처럼 같은 북방의 라트비아 리가도 마찬가지 이유이다. 그렇지만 지구온난화로 최근에는 리가도 더울 때가 점점 많아지고 있어서 여름에는 난방이 되는 지 확인해야 한다.

호스텔의 체크인이나 짐을 맡겨주는 방법은 탈린과 다르지 않다.

호스텔은 오전에 체크아웃을 하면 청소를 하고 14시부터 체크인을 하기 때문에 오전에는 체크인을 안 해 주는 숙소가 많다. 오전에는 짐만 맡기고 관광을 하고 돌아와 체크인을 해야 한다. 호텔은 체크인 시간이 아니어도 유동적이지만 호텔과 직원마다 다르다.

RENT

빅토리아 호텔
Viktorija Hotel

가격도 저렴하고 직원들의 친절하여 자유여행자들에게 인기가 있는 호텔이다. 다만 오래된 호텔이라 오래된 내부 인테리어는 감안하고 지내야 한다. 새로 인테리어를 하였다고 하지만 쾌적하지는 않다. 조식이 뷔페로 든든하게 먹을 수 있는 장점이 있다.

주소_ Aleksandra Caka iela Center, LV-1011 리가
요금_ 트윈룸 39€~
전화_ +371-6701-4111

RENT

나이트 코트
Knight Court

19세기에 지어진 화사한 건물과 객실의 내부도 밝다. 저렴한 가격에 시설까지 좋은 숙소로 있을 것은 다 있다.
기차역이나 버스정류장까지 1㎞정도 떨어져 다른 도시로의 이동도 어렵지 않다. 저렴하고 청결한 호텔을 원하는 여행자에게 추천한다.

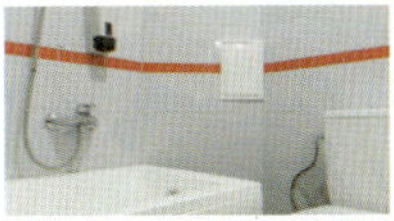

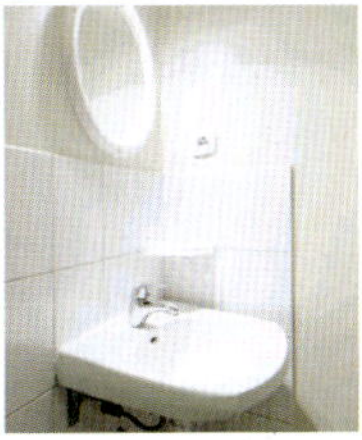

주소_ Brunineku iela 75B, Latgales priekspilseta, LV-1011 리가
요금_ 트윈룸 23€~
전화_ +371-667-4500

호텔 포럼스
Hotel Forums

버스 정류장과 쇼핑센터에서 가깝고 구시가지도 가까워 위치적으로는 최고이다. 오래된 고택을 숙소로 만들어 자유 여행자에게 상당히 만족을 주지만 시설은 낡았다는 사실은 미리 인지해야 불만이 없는 호텔이다. 작은 호텔이지만 조식이 잘 나와 여행자들이 좋아한다.

주소_ Aleksandra Caka iela Center, LV-1011 리가
요금_ 트윈룸 39€~
전화_ +371-6701-4111

아발론 호텔
Avalon Hotel & Conferences

버스터미널에서 가까운 가성비가 매우 좋은 고급 호텔로 중앙시장도 가까워 관광하기에 안성맞춤이다. 구시가지와 거리가 있지만 여행하기에 불편하지는 않다. 된다. 발트 해에서 가깝고 대로변에 있어서 시끄러운 단점이 있다.

안락한 룸 시설과 내부인테리어를 보면 저렴한 가격에 숙박할 수 있는 호텔이 맞는지 의심이 될 정도이다. 조식도 깔끔하게 나와 여성들의 만족도가 높고 냉장고와 에어컨, 드라이기까지 비치되어 있다.

주소_ 13 Janvara iela 19 Center, LV-10550 리가
요금_ 트윈룸 12€~
전화_ +371-6716-9999

오페라 호텔 앤드 스파
Opera Hotel & Spa

유명한 건축가 야니스 바우마니스가 1886년에 지은 아르데코 건물을 리모델하여 사용하는 호텔로 리가 구시가지에서 가깝다. 건퍼편에 버스 정류장과 기차역이 있어 위치로 봐도 최고이다. 유기농 재료를 사용하는 레스토랑까지 갖춘 4성급 호텔이다. 스파의 시설도 좋아 부부나 연인이 지내기에 좋고 직원이 친절하여 더 오래있고 싶다는 생각이 든다.

주소_ Raina bulvaris 33 Center, LV–1050 리가
요금_ 트윈룸 94€~
전화_ +371–6706–3400

위키드 위셀 호스텔
Wicked Weasel Hostel

리가의 시외버스 터미널 바로 앞에 위치해 찾기 쉽고 호스텔 앞에는 마트가 있어 장보기도 수월하고 주방에서 요리도 쉽게 할 수 있다.
방마다 욕실과 화장실이 있어 편리하다. 리가에서 호스텔로는 시설이 좋다고 할 수는 없지만 직원이 친절하고 위치가 좋아 가장 추천한다. 많은 여행자들이 찾는 호스텔로 어디를 가도 안전하게 여행이 가능하다.

주소_ Valnu iela 41, Center, LV–1050 리가
요금_ 트윈룸 12€~
전화_ +371–2773–6700

그린 캣 룸스 호스텔
Green Cat Rooms Hostel

3층에 프런트가 있고 4층에 있는 호텔같은 호스텔이다. 엘리베이터가 없어서 불편하지만 충분히 상쇄하고도 남을 정도로 청결하고 직원이 친절하며 위치도 좋다.
위치가 기차역에서 300m정도 떨어져 있고 구시가지에서 가깝다. 룸 내부는 넓어 편안하게 만들어준다. 조식도 좋고 영어로 의사소통이 가능한 친절한 직원까지 단점을 찾기 힘들다. 에어컨도 잘 나와 배낭 여행자가 특히 좋아한다.

주소_ Merkela iela 6, 3rd, apartment 10 Center, LV-1050 리가
요금_ 트윈룸 25€~, 4인실 19€~
전화_ +371-6702-3120

노티 스퀴럴 백팩커스 호스텔
Naughty Squirrel Backpackers Hostel

구시가지 광장에서 300m 정도 떨어진 호스텔로 리가의 구시가지를 관광하고 밤늦게도 숙소에 편하게 돌아갈 수 있다. 입구 문의 보안 키로 잘 되어 있어 안전하고 직원이 친절하다.
다른 호스텔은 저녁 늦게 도착하면 체크인에 문제가 발생하는데 24시간 프런트가 운영 중 이어서 체크인에 문제가 발생하지 않고 찾아가는 길도 쉽다.

주소_ Kaleju iela 50, Center, LV-1050 리가
요금_ 도미토리 12€~
전화_ +371 6703 1120

라트비아 소도시

동북부 | **시굴다 · 체시스**

남부 | **룬달레 궁전 · 바우스카**

북부 | **쿨디가 · 벤츠필스 · 리에파야 · 카로스타**

Sigulda

동북부 | 시굴다

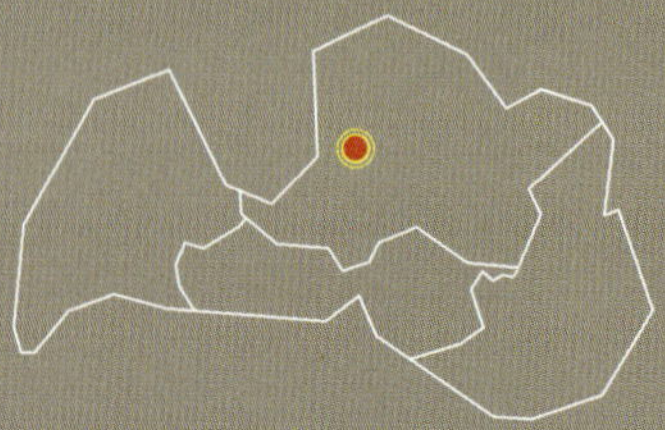

Sigulda

리가에서 다녀올 수 있는 가장 괜찮은 장소는 동쪽으로 53km 떨어진 가우야 계곡 가장자리에 있는 시굴다Sigulda를 들 수 있다. 하루에 다녀올 수 있을 만큼 가깝기는 하지만 충분한 시간을 가지고 하이킹이나 카누를 즐기며 돌아보는 것도 좋다.

시굴다Sigulda는 북동쪽으로 발미에라까지 920ha까지 달하는 가우야 국립공원의 관문이다. 공원은 시굴다Sigulda에서 가우야 국립공원의 관문이다. 공원은 시굴다에서 내리막 언덕을 이루며 강을 지난다.

BALTIC STATES Tip

About 리보니아(Livonia)

라트비아 및 에스토니아의 옛 명칭으로 원주민인 핀란드 계 리브인의 이름에서 유래하였다. 라트비아인을 주체로 에스토니아인의 강점이 있었으나, 12세기 이후 덴마크인과 독일인이 13~16세기에는 리가를 중심으로 독일기사단이 지배하였다. 당시의 기사단이 지배한 발트 해 동부 전 지역을 '리보니아'라고 불렀다. 리보니아에서 전쟁이 일어난 후에 기사단은 해체되고 폴란드의 지배하에 들어갔지만 발트 해 진출을 원하는 러시아와 쟁탈전은 계속되었다.

1621년에는 리보니아의 대부분이 스웨덴에 점령되었으며, 루터파의 교회와 학교가 세워지는 등 25년 동안 평화가 계속되었다. 그 후 다시 러시아, 폴란드, 스웨덴 3국간의 쟁탈전이 되풀이된 끝에 1721년 니스타드 조약으로 러시아에 병합되었다. 제1차 세계대전 중에 독일군에게 점령되었으나, 1918년 민족자결 주장에 따라 라트비아, 에스토니아가 성립하여 사실상 리보니아의 명칭은 소멸되었다.
리보니아를 건설한 이들은 13~16세기에 독일 기사단이다. 독일기사단은 리가를 중심으로 지배하였는데, 당시 기사단이 지배한 발트 해 동부 전역을 '리보니아Livonia'라고 하였다. 시굴다의 투라이다 성, 체시스가 중세 성의 보존이 잘 되어 있어 많은 관광객이 찾는 장소이다.

비드제메(Vidzeme)

라트비아의 북부지역인 비드제메Vidzeme 지역은 라트비아 및 에스토니아의 옛 명칭인 리보니아Livonia의 유적이 남아 있는 곳으로 유명하다. 지금은 시굴다(Sigulda), 체시스Cēsis, 발미에라Valmiera, 발가Valga 지역을 비드제메Vidzeme라고 부른다.

시굴다 IN

리가에서 다녀올 수 있는 가장 인기가 많은 지방이 53㎞ 떨어진 가우야Gauja계곡 가장 자리에 있는 시굴다Sigulda이다. 리가에서 매일 가우야 국립공원으로 가는 버스와 기차가 많다. 약 70분 정도 소요된다.

한눈에 시굴다 파악하기

마을에서 유적으로 가는 길에는 1225년에 지어져 18세기에 재건된 시굴다 교회와 19세기의 뉴 시굴다 성New Sigulda Castle의 2개가 있다. 서쪽으로 라이나 성에는 매 시간마다 운행하는 케이블카가 13세기에 지어진 크리뮬다 성과 유적까지 오가고 있다.
길을 따라 유적을 지나 전망 탑까지 가면 그 앞에 가파른 나무 계단이 나온다. 358개의 계단을 모두 내려가 나무로 지은 강가 길을 따라 북동쪽으로 구트마니스 동굴까지 가면 1667년까지 거슬러 올라가는 여러 낙서들을 볼 수 있다.

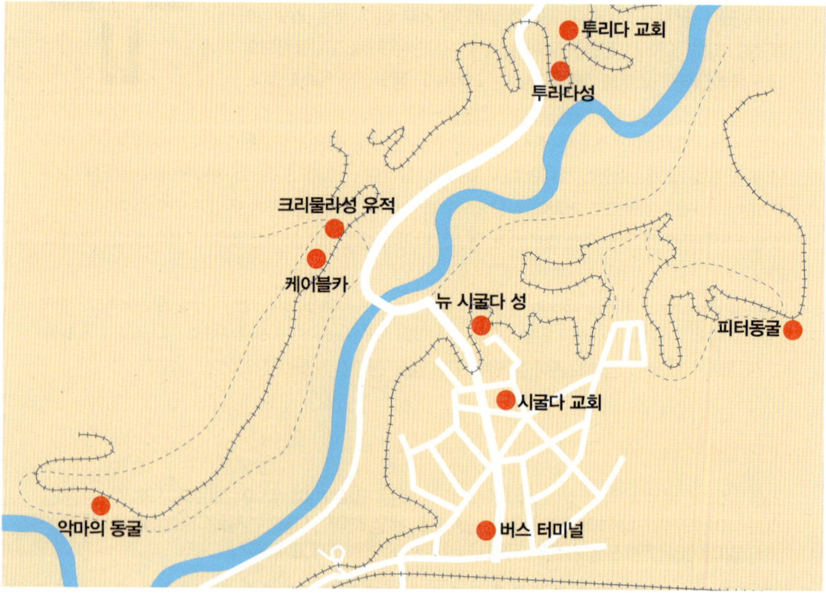

가우야 국립공원
Gauja National Park

리가에서 북동쪽 방향으로 53㎞정도 떨어진 비드제메Vidzeme지역의 가우야Gauja는 라트비아 최초의 국립공원으로 지정된 곳이다. 시굴다Sigulda는 북동쪽으로 발미에라Valmiera까지 920Ha에 달하는 가우야 국립공원의 관문이다.

공원은 시굴다Sigulda에서 내리막 언덕을 이루며 강을 지난다. 가우야 강이 유유히 흐르는 거대한 국립공원 안에서도 중세의 고성들이 있고, 웅장한 자연 풍광 속에서 다양한 스포츠를 즐기기 좋은 시굴다Sigulda는 라트비아 인들에게 '여름 수도'라고 불릴 정도로 인기가 높은 지역이다.
겨울에는 라트비아에서 유일하게 스키를 탈 수 있는 지역이다. 계곡과 숲으로 이루어져 라트비아의 스위스라는 별칭으로 불리고 있다.

가우야(Gauja)에서 즐길 수 있는 엑티비티

하루에 다녀올 수 있을 만큼 가깝기는 하지만 충분한 시간을 가지고 하이킹이나 카누를 즐기고 돌아오는 것이 좋다. 트래킹, 카누, 번지점프, 스키, 썰매 등을 즐길 수 있다. 5월 중순에는 매년 열리는 국제 열기구 콘테스트가 개최되기도 한다.

조각공원
sculpture park

입을 가리고 있는 조각 작품에는 러시아 공산지배 시기에 러시아에 항거하지 못하고 말도 못하고 살았다는 아픔을 조각으로 표현하였다. 다이누 언덕에 독립 후 조각가 인둘리스 란카가 민속학적 특징을 살려 만든 26개의 조각상이 전시되어 있다.

3면이 다른 조각이 되어 있는 조각상

시굴다
Sigulda

리가에서 약 53㎞ 떨어진 시굴다는 가우야 강가에 지어진 세게발드Segwald에서 도시의 이름이 지어졌다고 한다. 13세기 독일 기사단이 라트비아 지역을 점령하기 위해 침략하는 시기에 리브인과 치열한 전투가 벌어진 지역이다. 가우야 국립공원에서 가장 처음 방문하는 성은 시굴다 성Sigulda Castle으로 투라이다 성과 동굴 등이 주요 관광지이다.
아름다운 풍경에 빨간 색 사암으로 형성된 강둑의 바위와 동굴의 경관이 아름다워 라트비아의 스위스라고 불린다.

시굴다 성(Sigulda Castle)
독일 기사단에서도 가장 용맹했던 형제 기사단이 건설한 요새로 2번의 증축으로 지금의 모습이 태어났다. 그러나 16세기에 파괴되어 최근까지 폐허 상태로 남아 있다가 보수를 거쳤다.

주소_ Pils iela 18
관람시간_ 09~17시(5~10월 : 09~20시)
요금_ 1,5€
전화_ +371 6797 1335

성에는 전망대가 있어 성 주변의 아름다운 풍경을 볼 수 있다. 여름에 성의 야외무대에서 공연을 열기도 한다.

뉴 시굴다 성(New Sigulda Castle)

중세 성으로 들어가는 지점에 높은 건축물이 서 있는 데 1881년에 재정 러시아의 왕자였던 표트르 크로포트킨의 개인 별장으로 지어졌지만 '새로운 성'이라는 이름이 붙었다.

지금은 시청으로 사용하고 있다. 예배당, 창고 등이 잘 보존되어 있어 관광객이 반드시 찾는 곳이다. 내부 입장이 안 되어 외관만 볼 수 있다.

스베트쿠 라우쿰스
Svetku Raukums

2007년 도시 시굴다Sigulda가 800주년이 되는 해를 기념하기 위해 만들어졌다. 가우야 강과 투라이다 성Turaida Castle이 한눈에 보이는 멋진 풍경이 압권이다.
6~8월까지 다양한 놀이기구가 설치되어 어린이를 동반한 가족의 주요 관광지이다. 라트비아에서 유일하게 열기구를 탈 수 있는 곳으로 알려져 있다.

예약_ www.davanuserviss.lv

투라이다 성
Turaida Castle

고대 리보니아어로 투라이다Turaida는 '신의 정원'이라는 뜻이다. 1214년, 리가의 대주교 거주지에 만들어진 고대 중세 성으로 트라이다 박물관 유적지에 있다.
1207~1226년에 세워진 투라이다 성Turaida Castle에는 남은 것이 별로 없다. 외관은 웅장하나 내부의 볼거리가 적은 것이 흠이다. 폴란드, 스웨덴, 러시아가 점령하면서 방화로 소실되었다가 복구되었으나 다시 1776년에 파괴되었다. 20세기 중반에 다시 복원하여 지금에 이르고 있다. 화려한 느낌은 없지만 빨간 벽돌이 인상적이다.
붉은 벽돌의 투라이다 성Turaida Castle은 1214년 리브 성채 자리에 지어졌으며 1776년에 화재로 소실되었다. 복원된 건축물은 아름답다. 박물관 안에는 1319~1561년 사이의 리보니아 국가에 대한 자세한 역사를 알려주고 있다. 옆에 붙어있는 탑에는 전체 계곡의 전망을 볼 수 있다.

전화_ +371-6797-1402

가을

여름

BALTIC STATES Tip

투라이다(Turaida)의 장미 이야기

라트비아 인들의 사랑을 받는 여인의 묘지로 투라이다 성으로 가는 길에 있다. 1601~1620년의 꽃다운 나이에 죽었다는 소녀의 이야기가 있다. 전쟁이 잦던 1601년에 전쟁이 끝나고 난 후 투라이다 성의 관리인이 생존자를 찾아 시체를 돌아다니다가 죽은 엄마 품에 안겨 있는 갓난 아이를 발견하고 집으로 데려와 키웠다.

아기는 '메이'라고 이름을 지었고 아름다운 여인이 되어 시굴다의 정원사인 빅터를 사랑하게 되었는데 그녀가 20살이 되는 가을에 결혼식을 올리기로 약속한다. 하지만 메이를 흠모한 폴란드 귀족인 아담 야쿠보스키는 몰래 빅터가 보낸 편지처럼 위조해 그녀를 유인하고 강압적으로 메이를 겁탈하려고 했다. 메이는 자신이 마법의 스카프를 가졌다며 시험 삼아 가슴을 찌르라고 했고 폴란드 귀족은 반신반의하며 검으로 메이를 찌르고 만다. 메이는 정조를 지키며 죽고 말았다.

투라이다 성 박물관

투라이다 성Turaida Castle은 1200년 대주교가 살았던 곳으로 지금은 박물관으로 사용하고 있다.

곡물 저장고로 쓰이던 건물은 현재 생활사 박물관이 되어 1319~1561년까지의 리보니아 생활과 문화를 알려주고 있다.

망루

성의 가장 높은 곳에 전망대는 적들의 침입을 감시하는 역할이었지만 지금은 아름다운 풍경을 감상하는 장소로 가우야 국립공원을 한눈에 조망할 수 있다.

교회

투라이다 성Turaida Castle으로 올라가면 보이는 작은 목조 교회로 단순한 내부를 가졌다.

교회

Cēsis

체시스Cēsis는 라트비아의 도시로 체시스Cēsis 시의 행정 중심지이며 면적은 19.28㎢, 인구는 18,065명이다. 중세 성곽에서 유행 카페에 이르기까지 체시스Cēsis는 여행자의 마음에 쏙 들 것이다. 800여년의 역사를 자랑하는 체시스Cēsis 발틱 지구는 가장 잘 보존 된 중세 도시 중 하나이다. 체시스Cēsis 역사 중심의 자갈길은 중세 시대를 유지하도록 빨간 기와지붕이 있는 중세 건물 등을 보수하였다.

체시스Cēsis는 라트비아의 독특한 과거 역사를 보여준다. 1209년 리보니아 검의 형제 기사단이 벤덴 성Venden Castle을 건설했다는 기록이 전해지며 13세기 후반부터 시장과 광장, 교회가 건설되면서 크게 성장했다. 1577년 러시아의 이반 4세에 의해 함락되었으며 1598년 폴란드-리투아니아 연방에 편입되었다. 체시스 성Cēsis Castle은 13세기에 진출한 독일 기사단이 세웠던 리보니아 공국 시절의 성으로 리보니아 전쟁을 벌이면서 파괴되었다. 체시스 성Cēsis Castle에는 러시아 침공 당시 투항하지 않고 결사항쟁 한 300인의 이야기가 전설로 전해진다. 얼마 전 당시 유해가 발굴 되어 전설이 사실로 확인되었다.

체시스 IN

대부분의 관광객은 버스를 이용해 2시간 정도면 체시스Cēsis에 도착한다. 기차는 리가에서 시굴다Sigulda를 거쳐 체시스Cēsis에 도착한다. 이 기차는 라트비아와 에스토니아의 국경도시인 발카Valka까지 이어져 있다.

세인트 존스 교회

St. John 's Church

전설적인 세인트 존스 교회St. John 's Church를 둘러싸고 있는 광장에서부터 구시가지의 좁은 골목길은 수세기 전에 만들어진 상태로 보존하고 방문객에게 창조적인 상점과 아늑한 카페로 유혹한다.

세인트 존스 교회

체시스 중세 성

Cesis Medieval Castle

중세 성곽과 주변 공원은 자연과 역사뿐만 아니라 여름에 팝, 민속 및 클래식 콘서트를 즐길 수 있는 좋은 장소로 리가 연인들의 주말 여행지로 사랑받고 있다. 중세 성은 매혹적인 역사 전람회, 양궁 및 기타 중세 활동뿐만 아니라 전통적인 라트비아 보석을 만드는 경험도 제공한다. 여름에는 어두워지면, 등골을 타고 횃불 같은 여행을 하며 성을 볼 기회를 가질 수 있다.

신축궁전

홈페이지_ www.cesupils.lv

주소_ Pils Laukums 9

관람시간_ 10~18시(5~9월 / 10~다음해 4월 화~토요일 17시까지, 일요일 16시까지)/월요일 휴무

요금_ 6€(중세 성, 궁전 각각 입장료는 4€)

전화_ +371-6412-1815

웅가무야

Ungurmuža

체시스Cêsis에서 불과 10㎞ 떨어진 웅가무야Ungurmuža는 라트비아에서 낭만적인 산책과 야외 콘서트로 유명하며 유일하게 보존된 목조 저택이다.

웅가무야

북유럽의 내해인 발트 해

스웨덴 · 덴마크 · 독일 · 폴란드 · 러시아 · 핀란드에 둘러싸여 있는 발트 해의 옛 이름은 호박의 산지로서 알려진 마레수에비쿰Mare Suevicum, 독일어로는 동쪽 바다라는 뜻의 오스트제Ostsee라고 불렀다. 스칸디나비아 반도와 유틀란트 반도에 의하여 북해와 갈라져 있지만 반도 사이의 스카케라크 해협과 카테가트 해협으로 바깥바다와 통한다.

북해(北海)의 연장선에 해당하는 바다로 덴마크 동부의 여러 해협 및 카테가트 해협으로 북해와 통하고 킬 운하로 연결된다. 러시아의 운하와 발트 해 운하로 백해로 배가 통하게 되었기 때문에 항상 발트 해를 둘러싸고 전쟁은 끊이지 않았다.

반도로 둘러싸여 있는 바다이기 때문에 염분이 적어서 동, 북부의 발트 해는 겨울 동안의 3~5개월 동안 얼게 된다. 발트 해는 섬들이 많아 다도해를 이루고 있는데, 주요 섬으로는 셸란 · 퓐 · 롤란 · 보른홀름(덴마크), 욀란드 · 고틀란드(스웨덴), 욀란드(핀란드), 히우마 · 사레마(러시아) 등이 있다.

어업은 활발하지 않으나, 발트 청어가 많이 잡히고, 그 밖에도 대구 · 송어 · 가자미 등이 잡힌다. 주요 항구로는 코펜하겐 · 스톡홀름 · 헬싱키 · 상트페테르부르크 · 리가 · 그단스크 · 킬 등이 있다.

Rundale Palace Bauska

남부 | 룬달레 궁전 · 바우스카

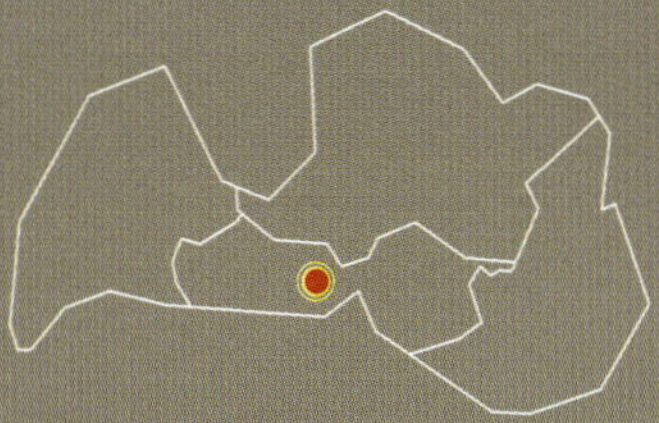

Rundale Palace

프랑스의 베르사유와 오스트리아 빈의 쉔브른 궁전을 본 따서 지은 궁전으로 러시아 상트 페테스부르크의 여름궁전 설계자인 이탈리아인 바톨로메오 라스트렐리가 설계했다. 2차 세계대전이후 버려져 있다가 복원한 궁전이다. 당시의 귀족들이 사용한 세라믹 비데나 화려한 의상을 보며 얼마나 화려하게 생활했었는지 알 수 있다.

룬달레 궁전 IN

리가에서 바우스카에 내려 다시 룬달레 궁전 행 버스(30분 간격)를 탑승하면 약 1시간 정도 소요된다.
특히 화려한 바로크 양식을 볼 수 있는 황금의 방이 가장 인상적인 공간이다. 당시 라트비아를 통치한 쿠를란드 공국 귀족들의 생활을 볼 수 있는 방과 예술품을 여유있게 돌아보면 좋다.

관람시간은 대체로 2시간 정도 소요된다. 날씨가 추우면 정원을 보기 힘들고 보수공사를 많이 하는 겨울에 방문하기보다 날씨가 좋아지는 봄부터 가을까지 방문객이 많다. 6~8월이 가장 아름다운 풍경을 보인다.

룬달레 궁전 관람이용

6~8월 10~18시 30분(5, 9, 10월 17시 30분까지 / 11~다음해 4월 16시 30분까지)
(궁전은 종료 30분 전까지 입장, 정원은 종료 후 30분 추가 관람 가능)

▶ 짧은Shor 코스

- 비론 공작의 침실과 집무실, 의전실 등만 관람가능
- 6~9월 7.5€(5, 10월 4.5€ / 5~10월 외의 기간에는 정원은 무료)

▶ 긴Long 코스

- 공작부인의 침실 등 내부 전체 관람
- 6~9월 9€(5, 10월 6.5€ / 5~10월 외의 기간에는 정원은 무료)

룬달레 궁전의 역사

룬달레는 평화의 계곡을 뜻하는 독일식 지명이다. 룬달레 궁전은 15세기 말부터 룬달레에 있던 고성과 주변 땅을 사들여 성을 허물고, 1735년 라트비아의 서남부, 쿠를란드 공국을 다스리던 7대 군주인 에른스트 요한 폰 비론 공작이 여름 궁전으로 지었다.

룬달레 궁전 관람기

1. 입구로 들어가면 사진 안내판이 보이고 72Ha의 넓은 부지에 건물 16채를 짓고 궁전 뒤 남서쪽 10Ha에 프랑스 베르사유를 모방한 정원을 꾸몄다. 공원이 된 숲은 32Ha라고 한다. 파란 지붕은 'ㅁ'자로 되어있으며 넓게 펼쳐진 정원은 작은 베르사유를 연상하게 만든다.

2. 문 안으로 들어가면 'ㅁ'자 형태의 중정 모양의 궁전으로 건물 위에는 시계가 있다. 궁전 안으로 들어가면 바닥 보호용의 파란 비밀 덧신을 신고 관람할 수 있다.

3. 외부는 바로크 양식이지만 내부는 섬세하고 화려한 로코코 양식의 골든 홀 Golden Hall인 황금의 방이 나온다. 사신이나 중요한 손님이 방문하면 맞이하는 알현장이자 즉위식장이기도 하다.

즉위식은 쿠틀란드 공국의 마지막 대공 자리를 물려주는 즉위식 1번만 사용했다고 한다. 황금색의 화려한 문양이 눈길을 끌고 천장은 신격화한 프렌체스코 마르티니와 카를로 주치의 작품을 볼 수 있다.

4. 대회랑은 황금의 방 옆에 붙어 있는데 회반죽인 스투코로 모양을 만들고 금칠을 하였고 붉은 대리석을 띠처럼 두른 것은 베르사유를 모방했다. 붉은 카펫과 크

리스탈 상들리에가 달린 복도를 따라 화이트 홀로 이동한다.

5. 화이트 홀은 벽의 천장, 커튼까지 하얀색이다. 예배실로 지었다가 20년 만에 다시 지으면서 무도회장으로 바뀌었다. 천장, 둘레, 벽 위를 섬세한 스투코 장식을 하였다. 무도회에 온 사람들의 드레스가 돋보이도록 하얀 색으로 칠했다고 한다. 유리창 위를 동그랗게 둘러 사계절을 표현한 스투코 장식은 화려하다. 1차 세계대전 때는 독일의 부상병을 치료하는 병원으로 사용하기도 하였다.

6. 화이트 홀 안에는 타워형의 도자기 실에 중국과 일본의 도자기도 있다. 난방용인 도자기타일의 벽난로 궁전에 80개 정도가 설치되어 있다.

중앙 부분에 방 10개를 거느린 공작의 생활공간이 있다. 입구의 맞은편에서 보면 남서쪽 정원을 바라보게 된다.

7. 침실 옆 장미의 방은 봄과 꽃의 여신 플로라에 바친 방으로 천장에도 플로라를 그려 놓았다. 러시아 점령기에 새로운 주인 발레리안 주보프 백작이 상트페테르부르크에서 네오클래식 가구를 가져와 꾸민 주보프의 방은 도자기 난로와 문 사이 벽 중간에 예카테리나 여제의 초상 양쪽으로 주보프 형제의 초상이 걸려 있다.

비론의 궁전이었던 룬달레 궁전을 세월이 지나 예카테리나 여제가 사용하다가 주보프에게 선물로 주었다. 예카테리나 여제는 주보프와 동생까지도 사랑했다고 전해진다.

8. 공작의 침실은 생각보다 작다. 그 당시에는 서양인들도 작았다고 하니 침실이 작을 수 밖에 없을 것이다. 불을 피우면 화려한 도자기 벽난로 뒤로 벽난로의 열이 전달되어 난방을 했다고 한다.

9. 리센션 홀은 발트 3국에서 가장 화려한 프랑스식 정원인 바로크 가든Baroque Garden이다. 1735년 프란시스코 라스트랠리가 설계하였는데 방과 방 사이를 통과하는 복도에서 창문으로 뒤쪽의 정원이 보이는 방식으로 베르사유 궁전의 정원처럼 화단을 꾸미고 나무를 심어 잘 가꾸어 놓았다.

10. 블루 홀은 공작이 가족과 함께 식사를 하던 대리석 홀의 식탁이다. 당구대 방은 당구대 위에 피터 폰 비론 공작의 초상화가 걸려 있다. 슈발로프 가문의 방에는 주보프에 이어 궁을 소유하게 된 슈발로프 가문의 초상화가 걸려 있다. 이제 계단을 내려가면 궁전 밖으로 나오게 된다.

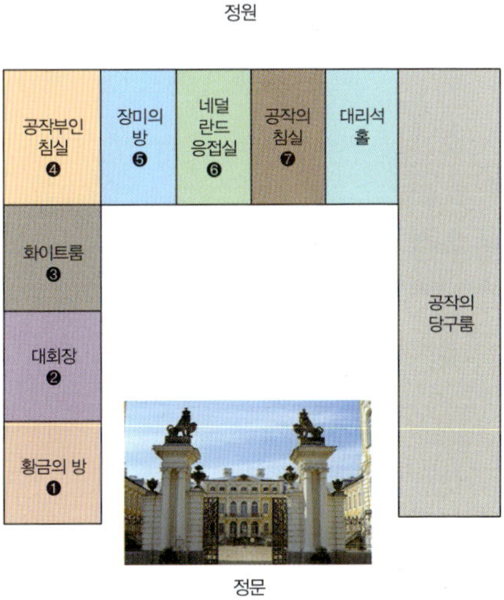

| 손님 의전실(The Staterooms) |

❶ 골든 홀 (The Gold Hall)

궁전에서 가장 아름답다고 하는 방으로 금장식으로 되어 있어 '황금의 방'이라고 부른다.
2가지 색의 대리석이 조화를 이루고 고풍스러운 천장화가 공작의 권위를 나타낸다.

❷ 대회장 (The Grand Gallery)

골든 홀과 화이트 홀을 이어주는 대회랑은 궁전 내의 행사와 연회장으로 쓰이는 곳이다.

❸ 백색 방 (The White Hall)

예배당으로 설계가 되었지만 추후에 공신연회장으로 바뀌었다. 하얀색으로 화려하게 장식한 느낌을 살렸다.

| 공작 집무실 & 침실 |

❹ 공작부인 침실

공작부인의 침실과 응접실, 서재 등과 화장실도 공개되어 있다.

❺ 장미의 방(Rose Room)

꽃의 여신인 플로라를 주제로 장미꽃을 장식하여 분홍색으로 벽면을 둘러 화려함의 극치를 표현하려고 하였다.

❻ 네덜란드 살롱(Dutch Salon)

비론 공작이 수집한 예술품을 모아 놓은 곳으로 램브란트 작품들이 전시되어 있다.

❼ 공작 침실(Dutch Room)

프랑스의 베르사유 궁전을 꿈꾸었던 비론 공작은 루이 14세의 침실을 본 따 만든 침실로 누워서도 궁전의 정원을 볼 수 있다.

❽ 대리석 홀(Marble Hall)

대리석 벽면으로 둘러싸서 대리석 홀이라는 이름이 붙은 방이다. 공작이 가족과 함께 식사를 하는 장소로 사용하였다.

❾ 당구 룸(Billard Hall)

18세기의 쿠를란드 마지막 공작 부인과 딸의 초상화가 걸려 있는 방안에 당구대가 전시되어 있다. 소련의 점령시에는 실내 농구장으로 사용하기도 했다.

| 정원 |

방치된 정원을 18세기의 정원으로 복구하였다. 프랑스와 네덜란드 스타일의 정원으로 잘 구획 정리된 정원에는 모란, 수국 같은 꽃이 화려하게 꽃향기를 풍긴다.

Bauska

바우스카Bauska는 리가에서 빌뉴스 사이의 도로로 남쪽 65㎞에 있으며 인상적인 바우스카 성Bauska Castle을 보기 위해서라도 가 볼만한 곳이다. 1443~1456년 사이에 리보니아 기사단을 위해 지어진 이 성은 1706년 북방전쟁 중에 파괴되었지만 최근에 다시 복원되었다. 성은 마을에서 1㎞ 떨어진 메멜레Memele와 무사Musa 강 사이의 언덕에 있다. 버스 정류장에서 자일 이엘라Zail iela를 따라 마을로 향해 걸어오다 칼라 이엘라Kala iela 꼭대기에서 왼쪽에 이어진 공원 옆 사이로 난 길을 따라 간다.

바우스카 성

Bauska Castle

시골마을의 주요 볼거리는 1443년에서 1456년 사이에 지어진 리보니안 기사단의 요새였던 성이다.
이 인상적인 건축물은 16세기와 17세기에 있었던 수차례의 전쟁으로 파손되어 재건축되었지만, 1706년 북방 대전쟁Great Northern War으로 완전히 무너져버린다. 재복구는 1976년에 비로소 다시 시작한다.

성의 박물관은 현재, 16~17세기 미술품 약간과 복구 작업에서 발굴한 다양한 고고학적 자료들을 함께 전시하고 있다.

홈페이지_ Pilskalns
전화_ +371-6392-3793

발트 3국의 KGB박물관

발트 3국의 과거는 암울했다. 가장 최근에 소련의 지배 기간 동안 KGB본부의 지하실로 많은 발트 3국인들이 고문을 당하고 쥐도 새도 모르게 처형되었다. 당시 죄수들이 당했던 상황을 그대로 전시해 역사를 알리는 역할을 하고 있다. 일재시대의 서대문 형무소를 보존해 역사를 알리는 역할을 하고 있는 것처럼 보존해 두었다.

아무리 소리를 질러도 밖에서 들을 수 없는 고문실과 증거를 없애기 위해 찢은 자료들, 잠을 자지 못하게 서있게 했던 죄수들의 방과 밖에서는 알 수 없도록 총살을 행한 장소가 동일하게 발트 3국에 박물관으로 보존되어 있다. 실제로 수감되던 사람들이 직접 본인들의 상처를 보여주어 가며 안내를 해주기도 한다.

에스토니아

KGB

탈린의 구시가지로 들어가는 곳에 있는 건물은 한때 KGB가 사용한 건물이었다. 지금은 에스토니아 내무부에서 사용하고 있다.

점령 박물관 (Estonian Occupation Museum)

1939~1991년의 소련 통치 기간 동안의 생활용품부터 여행 가방까지 전시하고 있다.

라트비아 리가

스투라 마야 (Corner House)

두 거리가 만나는 외진 곳에 있다고 하여 구석 집이라는 뜻의 '스투라 마야'라고 불렀다고 한다. 정치범을 주로 가두고 처형하였다고 한다. 처형 방식이나 수감시키는 방식은 거의 동일하다.

리투아니아 빌뉴스

집단학살 박물관 (Genocido aukų muziejus)

대성당 광장 옆으로 있는 게디미나스 도로를 따라 가면 대로를 끼고 기념비가 보이면 왼쪽 골목으로 들어간다.

Kuldiga
Ventspils
Liepâja
Karosta

서부 | 쿨디가 · 벤츠빌스
리에파야 · 카로스타

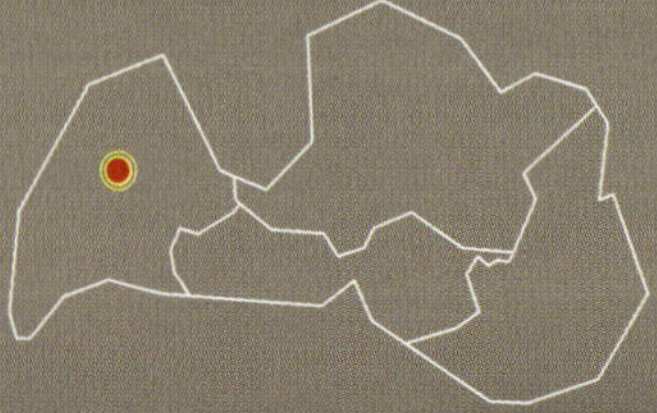

Kuldiga

'북쪽의 베니스Venice of Venice'라는 별명을 가진 쿨다가Kuldìga는 흐르는 물과 역사적인 건축물이 혼합되어 있다. 쿨디가Kuldìga는 라트비아의 쿠르제메Kurzeme지방에서 가장 경치가 아름답고 역사적인 도시이다. 쿨디가Kuldìga는 라트비아 서부에 위치한 도시로 쿨디가Kuldìga 시의 행정 중심지이며 인구는 12,981명이다.

17세기 마을 공회당, 18세기의 곡물창고, 로만 가톨릭, 러시아정교, 루터교회들, 1807년에 만든 물레방아, 조각공원, 지역박물관 등이 있다. 쿨디가Kuldìga는 공공 미술, 특히 조각 공원을 만드는 유일한 여성 예술가인 리비아 레제브스카Lìvija Rezevska가 있다. 쿨다가 Kuldìga의 유대교 회당은 지역 유대인 공동체를 기념하는 전시실, 도서관과 콘서트홀로 개조되었다.

쿨디가 IN

쿨디가Kuldìga는 리가 서쪽 150㎞에 있고 버스로 연결된다.

쿨디가 역사

이곳은 도심에서 북으로 2.5㎞ 지점에 있는 고대 요새의 옛터에 의해 입증되는 쿠

우르Cours족의 정착지로 중요했다. 1242년에 역사에 처음 등장하며, 1368년 한자 동맹에 가입했다.
17세기 옐가바와 함께 쿠를란드 공국의 수도였던 곳이며 유럽에서 가장 넓은 폭포인 벤타 폭포가 있다. 음악, 영화, 거리 극장, 파티는 7월에 열리는 주말의 쿨디카 축제에서 열린다.

시청사
Town Hall

쿠르제메 공국 Kurzeme Duchy of Kurzeme으로 17세기에 전성기를 누린 쿨디가

Kuldīga의 중심부에는 시청Town Hall과 같은 웅장한 바로크 양식의 건축물이 있다.

벤타 폭포

Venta waterfall

쿨디가의 벤타Venta강에서 낚시나 수영을 즐길 수 있으며, 강에 있는 폭포의 2m 높이가 라트비아의 지형이 평평한 만큼 대단하게 느껴진다.
더 대단한 것은 폭포의 너비가 275m에 걸쳐 있으므로 유럽에서 가장 폭이 넓은 폭포이다. 오래 전부터 쿨디가Kuldīga는 아름다운 자연 경관 속에 보존되어 자연 그대로의 모습을 가지고 있다.

쿨디가 박물관

Museum of the Kuldīga Region

쿨디가의 역사적인 자료를 모아 놓은 박물관으로 전시물은 많지 않다. 다만 박물관에서 보는 벤타폭포의 모습이 아름다워 관광객들이 카페에서 폭포를 보기 위해 찾는다.

홈페이지_ www.kuldigasmuzejs.lv
주소_ Pils iela 5
이용시간_ 수~일요일 10~18시/ 화요일 12~18시 (월요일 휴무)
요금_ 1€
전화_ +371-6332-2364

베차이스 벽돌 다리

Vecais Tilts

조금만 걸어가면 복원 된 목재 집, 물줄기가 자욱한 개울 및 녹색 공원이 줄지어있는 조약돌 거리를 즐길 수 있다. 그리고 벤타Venta 강 옆으로 내려가면 벤타스Ventas룸바, 19세기 베차이스 벽돌 다리Vecais Tilts 등의 광경을 볼 수 있다.

리에루페 모래 동굴

Riełupe Sand Caves

쿨디가Kuldīga 바로 바깥 쪽, 라트비아에서 가장 큰 동굴인 리에루페 모래 동굴Riełupe Sand Caves에서 2㎞ 지하의 모습을 볼 수 있다.

중세축제

트라카이 성에서는 중세축제를 하는데 중세의 전통 춤과 전투를 나타내는 축제이다. 리투아니아를 비롯해 에스토니아, 라트비아, 벨라루스, 폴란드 등에서 중세의 역사와 문화를 공부하는 동호회원들이 주로 참가한다.

리투아니아 전통 춤 공연을 열어서 찾아온 관광객을 위해 공연을 하고 있다. 축제 현장은 중세 분위기로 가득하다. 중세의 유모차가 등장하고 중세의 여인이 그윽한 눈으로 바라보는 곳에는 대장장이가 있고 그 옆에는 장터가 펼쳐진다. 또 한편에서는 중세의 식당이 차려져 지나가는 사람들을 유혹한다. 한쪽에서는 중세 활쏘기를 경연하느라 여념이 없다. 결투에 참가하는 기사들이 쉬고 있거나 연습을 하는 모습은 생소하다. 연습중인 여러 사람들의 모습을 보면서 이곳이 비로 중세가 아닐까 한다.

이 축제에서 가장 주목을 끄는 것은 중세복장을 하고 하는 기사 결투이다. 갑옷으로 무장한 기사들의 결투는 실제를 방불케 한다. 경기시간은 1분이지만 온힘을 다해 싸운 기사들은 기진맥진하다. 5명의 심판이 판정을 한다. 정확한 타격이 중요하다. 사정없이 검을 내리치는데 맞기만 해도 아플 것 같다.
축제에는 다양한 프로그램이 있는데 참가자들이 체험해 볼 수 있는 프로그램이 인기를 끈다. 시간이 지날수록 트라카이의 대표적인 축제로 자리매김하고 있다.

Ventspils

라트비아의 역사적인 코랜드Courland의 북서부 라트비아에 있는 도시로 6번째로 큰 도시라고 하지만 인구는 4만 명도 되지 않는다. 분주하게 항구에 오가는 배외에도 벤츠필스Ventspils는 해변, 공공 예술 및 아이들을 위한 도시이다. 700년 전에 창립 된 벤츠필스Ventspils는 라트비아에서 가장 오래된 항구 중 하나이며, 바다의 냄새가 바다가 접해있는 느낌을 상기시킨다.
복원되고 관광객에게 친숙한 중세 성의 도시는 현대와 잘 어울진다. 유류 수송과 정부의 투자로 벤츠필스Ventspils는 오랫동안 도약과 발전을 거듭했다. 도로와 첨단 기술 산업에 예술이 결합해 세련된 산업 도시로 변화하고 있다.

벤츠필스 비치

Ventspils Beach

벤타 강Venta River과 발트 해의 부동항을 가지도록 벤타Venta 강 옆에 지어졌다. 벤츠필스Ventspils는 2014 년 8월에 라트비아에서 최고 기온이 37.8℃인 기록을 보유하고 있을 정도로 여름에는 피서를 즐기러 오기 좋은 도시이다.

카우 퍼레이드

카우 퍼레이드
Cow Parades

강변의 산책로는 흥미로운 기념물이 있는데, 예술가들이 상상력으로 장식하는 카우 퍼레이드Cow Parades 거리에는 다양한 색과 기쁨이 있다.

벤츠필스 모험 공원
Ventspils Adventure Park

벤츠필스Ventspils는 바쁜 항구이지만 아이들이 즐길 수 있는 것들이 많이 있다. 벤츠필스 모험 공원Ventspils Adventure Park 은 놀이기구와 슬라이드로 아이들로 채워져 있고 아이들 마을Children 's Village은 40가지가 넘는 재미있는 활동과 트램폴린과 자전거 대여를 하고 있다.

협궤 증기 기관차
Cow Parades

5~9월까지만 하루에 4회 운영한다. 야외 박물관에서 모래 언덕, 소나무 숲 및 여름 별장의 해변 경관을 따라 흐르는 좁은 게이지 증기 기관차에 타면 어른들은 향수를 느끼고 이동한다.

홈페이지_ www.muzejs.ventspils.lv
주소_ Rinka 2
이용시간_ 10~18시(5~9월 / 월요일 휴관)
요금_ 2.1€(짧은 노선1.4€)

리보니아 오드의 성
Livonian Order Castle

리보니아 오드의 성Livonian Order은 벤츠필스Ventspils의 역사를 배우고 전시회나 콘서트를 즐길 수 있도록 복원된 13 세기 성이다.

홈페이지_ www.muzejs.ventspils.lv
주소_ Ventspils district, Jāņa iela 17, Ventspils, LV-3602
요금_ 2.10€
전화_ +371 63622031

Liepãja

'바람이 태어난 도시'라는 뜻의 리예파야는 라트비아 서쪽의 발트 해에 위치한 도시이다. 쿠를란트 지방의 중심지로 인구는 14만 명, 라트비아에서 3번째로 인구가 많은 도시이다. 사람이 거주하기 시작한 것은 적어도 750년 전으로 1253년에 기록되었다. 중세에는 리바우라는 독일 지명으로 불렸고 상업으로 번창했다.

라트비아의 거친 서해안에 위치한 리예파야Liepāja는 예술이 살아 숨 쉬는 항구 도시이다. 우아한 목조 건물부터 아르누보풍의 작품 및 고급 호텔로 변신한 거대한 오래된 창고에 이르기까지 건축물에 반영되어 있다.

리에파야 IN

기차

리가Liga에서 리에파야Liepāja까지 약 3시간 10분이 소요된다.

버스

리가Liga에서 출발하는 버스가 많지만 직

행버스가 아니기 때문에 때로는 4시간 이상 소요되기도 한다.

쿨디가Kuldiga, 벤츠필스Ventspils(2시간 소요)를 여행하면서 리에파야Liepāja까지 여행하면 시간을 효율적으로 사용할 수 있다.

항구와 공항

리예파야Liepāja 항은 라트비아 3대 항구 가운데 하나이며 리예파야Liepāja 국제공항은 라트비아에서 3개 밖에 없는 공항 중 하나이다.

BALTIC STATES Tip

풍요로운 도시

블루 플래그 비치에서 시장의 포장마차가 신선한 현지 물고기와 지역 특산 대구 요리Liepājas menciņi를 모든 메뉴에 제공하고 있다. 전설적인 음악 축제 때문에 리에파야Liepaja는 소련의 점령 하에도 자유를 누리는 도시였다. 여름 사운드 페스티벌Summer Sound Festival, 주말, 해변에서의 파티가 계속되는 도시이다.

날씨가 더워지면 도시의 운하를 따라 흐르는 역동적인 클럽에서 뮤지션과 즐거운 시간을 보낼 수 있다. 새로운 랜드 마크인 그레이트 앰버 콘서트 홀Great Amber Concert Hall에서 교향곡, 발레, 합창, 재즈 공연을 즐길 수 있다. 세계에서 가장 큰 기계 오르간이 있는 홀리 트리니티 성당Holy Trinity Cathedral에서 영적인 소리를 감상할 수 있다.

▶**주소**_ Radio Street
▶**전화**_ +371 6342 4555

Tram 라인

Tram Line

발트 해 연안에 건설된 최초의 전기 시가 전차인 리에파야Liepaja를 통해 역사여행을 떠날 수 있다.

파페 자연 공원

Pape Nature Park

리에파야Liepaja 남쪽에서 파페 자연 공원Pape Nature Park까지 차로 30분 운전하면 나온다. 라트비아에 야생마를 키우는 독특한 프로젝트도 볼 수 있다.

성 요셉 성당

St. Joseph's Cathedral

리에파야에서 가장 규모가 큰 성당으로 내부 장식이 화려하다.

주소_ K. Valdimwra 28
관람시간_ 08~18시
(일요일 14시까지)
전화_ +371-6342-9775

피터 시장

Pêter Market

리에파야 시민들의 사랑을 받는 시장이다. 현대적인 시장으로 야채, 고기 등과 기념품 구입에도 안성맞춤이다.

성 안나 교회

Sv. Annas Church

16세기에 지어졌다가 1893년에 붉은 색의 고딕양식으로 완공되었다. 첨탑은 약60m이고 제단은 5.8~9.7m에 이른다.

성 삼위일체 성당

Holy Trinity Cathedral

1742~1758년에 건립된 바로크 양식의 성당이며 내부에는 7000개의 파이프로 구성된 오르간이 있다.

주소_ Lielã 9
전화_ +371-6342-3234

Karosta

카로스타는 발트 함대를 중심으로 1890에 군사도시로 만들어져 통제되던 도시였다. 지금도 군사도시의 느낌이 물씬 풍기지만 관광지로 변화하려고 노력하고 있다.

카로스타 감옥

Karosta Prison

감옥의 체험을 직접 해볼 수 있도록 개조되어 관광객들은 가이드나 오디오 가이드를 통해 투어를 할 수 있다.
주로 단체 관광이나 예약을 중심으로 운영되고 있다.

유럽 봉건 사회가 무엇인가요?

발트 3국을 여행하면 중세의 분위기를 느낀다고 이야기하는 여행자들이 많다. 그만큼 오랜 시간 간직한 중세의 성이 그대로 유지되어 있지만 그 다양한 뜻을 알지 못하고 단순히 사진만 찍은 여행자들이 많다. 조금만 더 관심 있게 살펴보면 다양한 성의 모습을 알 수 있을 것이다.

유럽 봉건 사회

유럽의 중세 사회는 게르만족이 이끌어 간 사회였다. 게르만족은 유럽 곳곳에 자리를 잡고 살면서 더 넓은 땅과 더 좋은 땅을 차지하려고 서로 다투었다. 땅을 차지한 영주들은 자기 땅을 지키려고 높은 성을 쌓은 다음, 기사들에게 자기 땅을 나누어 주고 충성을 다짐받았다. 그리고 땅이 없는 농민들은 영주와 기사들의 땅에서 농사를 짓고 살면서 수확물의 일부를 영주와 기사에게 바쳤다. 그래서 영주와 기사, 농민 사이에 피라미드와 같은 구조가 생겨났는데, 이것을 봉건제라고 부른다. 이렇게 해서 봉건제라는 틀 안에서 영주와 기사, 농민은 각각 자기 신분에 맞는 일을 하면서 중세 유럽을 이끌어 갔다.

봉건 사회의 성립

프랑크 왕국이 갈라지고 바이킹을 비롯한 외부 세력의 침입이 잦아지면서 유럽은 매우 혼란스러워졌다. 곳곳에서 싸움이 벌어지고 있었기 때문에 다른 지역을 오고갈 수도 없어서 상업 활동은 거의 이루어지지 못했다. 그래서 자기 땅에서 자기가 쓸 것을 모두 만들어 내는 농업 중심의 자급자족 경제가 자리를 잡아갔다.

땅을 가진 제후들은 이런 혼란 속에서 자기 땅을 지키기 위해 높은 성을 쌓고 기사를 불러 모아 무력을 갖추었다. 기사들은 제후에게 충성을 맹세하는 대신 제후로부터 땅을 나누어 받았다. 자신을 지킬 힘이 없는 농민들 또한 제후와 기사들에게 자신을 맡기고 보호를 받았다. 이렇게 되자 원래 나라 안의 모든 땅은 왕의 것이었지만, 왕은 자기가 직접 다스리고 있는 땅에서만 권리를 행사할 수 있었을 뿐이고 실제로는 각 지방의 제후들이 자기 땅을 다스렸다. 왕은 제후들이 자기 땅을 마음대로 다스릴 수 있게 허락하는 대신 제후들로부터 충성을 맹세 받았다.

이렇게 땅을 나누어 주면서 주군과 신하의 관계를 맺는 제도를 '봉건제'라고 하는데, 땅을 가진 국왕과 제후, 기사를 영주라고 부르고, 그 땅에서 농사를 짓는 농민을 농노라고 불렀다. 봉건제 사회에서 신하는 주군을 위해 스스로 무장을 하고 주군과 함께 전쟁에 나가 싸워야 했다. 또한 신하는 주군의 궁정에서 재판을 돕고, 주군이 포로로 잡혔을 때 석방을 위한 돈도 내야 했다. 주군이 수행원들을 거느리고 신하를 찾아오면 잘 대접할 의무도 있었다.

봉건제는 왕이 맨 꼭대기에 있는 피라미드와 같은 구조를 띠었지만, 왕이 모든 것을 통제할 수 있는 것은 아니었다. 신하들은 주군으로부터 받은 토지 안에서 자기 마음대로 세금을 거두고, 치안을 유지하며, 재판을 할 수 있었다. 왕조차도 신하의 영토 안에서 이루어지는 통치 행위에 대해서는 간섭할 수 없었다. 이와 같이 카롤링거 시대에 만들어진 봉건제는 각 지역의 제후들이 나름의 힘을 기를 수 있도록 도와주는 구실을 하면서 중세 유럽을 뒷받침하는 통치 제도로 자리 잡았다.

게르만족의 제도와 로마의 제도가 합쳐져 만들어진 봉건제

원래 게르만족 사회에는 자유민의 남자 아이가 유명한 귀족 집에 살면서 무예를 연마하고 주인으로부터는 무기, 말, 식사 등을 받으며 전문적인 전사로 키워지는 제도가 있었다. 이들은 주인인 귀족을 섬기다가 다 커서 결혼을 한 다음에는 독립을 했는데, 이를 '종사제'라고 한다. 또 로마 시대 말기에 왕들이 공을 세운 신하에게 상으로 땅을 나누어주는 은대지제가 있었는데 이 두 제도가 합쳐져서 봉건제가 생겨났다. 다시 말해 봉건제란 신하에게 땅을 나누어 주되, 신하로부터는 그에 해당하는 충성을 약속받는 제도이다. 봉건제는 프랑크 왕국의 카롤링거 왕조 시대에 생겨나서 점차 전 유럽으로 퍼져 나갔다.

중세 유럽의 지배자, 기사

더 넓고 더 좋은 땅을 차지하기 위한 전쟁이 숱하게 벌어졌던 9~10세기 무렵, 중세 유럽 사회에서는 전쟁을 치르는 기사 집단이 귀족이자 자연히 사회의 지배자가 되었다. 이들에게는 전쟁을 통해 땅을 빼앗거나 전리품을 챙기는 것이 중요한 사업이었고, 전쟁을 통해 귀족으로서의 신분과 특권을 유지했다. 크고 작은 전투가 잦아지자 기사가 점점 더 많이 필요해졌다. 하지만 기사가 되려면 다른 기사들이나 국왕의 동의를 얻어야 했고, 엄격한 절차를 거쳐 전투 능력을 인정받아야 했다. 7세 때부터 14세까지 매우 혹독한 수련 기간을 거친 다음, 승마, 수영, 활쏘기, 창던지기, 사다리나 밧줄 타기 등을 아주 잘해야 했고 마상 시합에서도 좋은 성적을 거두어야 했다.

그 밖에도 식탁에서 예의를 지키고, 장기를 잘 두며, 연회 등에서 품위와 기사도를 지킬 줄 알아야 진정한 기사로 인정받았다. 기사들은 주로 하는 일이 전투였으므로 학문을 익힐 틈이 거의 없었고, 대개는 몹시 난폭하고 거칠었다. 그래서 기사들의 행동을 제어하기 위한 도덕으로 '기사도'가 생겨났다. 영주에게 충성을 다하며, 교회를 보호하고 신에게 봉사하며, 부녀자를 존중하고 병든 사람이나 허약한 사람을 보호하며 관용과 친절을 베풀 것 등이 주요한 덕목이었다.

기사들은 농사를 짓지 않았다. 하지만 가난한 기사들은 먹고살기 위해 수공업이나 상업에 손을 대기도 했다. 십자군 전쟁이나 이교도와의 전쟁은 가난한 기사들이 돈을 벌 수 있는 좋은 기회였다. 기사들은 전쟁에 참여해서 전리품을 얻을 수 있었고, 포로를 잡으면 몸값도 챙길 수 있었기 때문이다. 기사들은 갑옷, 투구, 방패를 갖추어야 했는데, 이 장비들은 값이 비쌌을 뿐 아니라, 안전을 고려하여 만들다 보니 점점 더 무거워졌다. 기사들은 평소에 전쟁에 대비하여 사냥을 하거나 마상 시합을 벌여 전투 연습을 했다. 마상 시합은 실제 전투에서와 마찬가지로 진짜 칼과 창으로 진행되었기 때문에 마상 시합을 하다가 목숨을 잃는 기사도 적지 않았다. 마상 시합의 승자는 귀부인으로부터 상을 받고 명예를 얻었다. 그러나 패자는 승자에게 말과 투구를 빼앗기거나, 몸값을 지불하고 풀려나기도 했다.

마상 경기는 중세 시대 기사 계급의 중요한 문화 행사이자 놀이였다. 기사들이 두 줄로 나란히 서서 싸우는 '토너먼트'와 긴 창과 방패를 든 두 기사가 말을 타고 전속력으로 달려 창으로 상대방의 투구나 가슴을 찌르는 '주스트'가 있었다.

중세의 성은 어떻게 생겼나?

늘 전쟁을 해야 했던 중세의 영주들은 적으로부터 가족과 재산을 지키기 위해 성을 쌓았다. 높은 산이나 언덕, 강이나 절벽으로 둘러싸인 곳에 성을 짓고 적이 가까이 오지 못하게 여러 가지 방어 시설도 만들었다. 이렇게 만든 성은 무시무시해 보였지만, 영주의 가족들을 비롯한 많은 사람이 사는 곳이기도 해서 화장실이나 주방, 연회를 열 수 있는 큰 방 등 생활에 필요한 공간을 모두 갖추고 있었다. 성은 어떻게 생겼는지, 또 그 안에서 사람들은 어떻게 살았는지 알아보자.

BALTIC STATES Tip

중세 유럽 돌아보기 '무기'

중세의 유럽 기사들은 투구를 쓰고, 무거운 갑옷을 입고, 검과 긴 창을 가지고 다녔다. 칼은 기사의 가장 중요한 무기인 동시에 기사의 신분을 나타내는 것이었다. 기사들이 사용하던 검은 양날로, 백병전을 할 때 꼭 필요한 것이었다. 검의 양날을 사용해서 양쪽의 적을 상대할 수 있었다. 또 검은 상대의 갑옷 틈새를 찌를 수 있게 길고 뾰족하게 만들어졌다. 검의 길이는 80~95cm였고 칼날의 폭은 3~5cm정도 되는데, 곧고 매우 날카로워서 깊숙이 찔리면 치명적인 상처를 입었다.

검과 함께 기사들이 많이 사용했던 무기가 긴 창이었다. 길이가 3.6~4.5m이고 무게가 3.5~4㎏이나 되었다. 기사가 힘껏 말을 달려 상대에게 창을 꽂으면 아무리 갑옷을 입고 있어도 순식간에 갑옷을 꿰뚫어 깊은 상처를 입게 되었다. 달리는 속도를 이용한 공격이었다. 또 창과 도끼를 결합시킨 창도끼도 있었는데, 한쪽 끝에는 도끼날이, 반대쪽 끝에는 기병들을 말에서 끌어내릴 수 있는 송곳이 달려 있어서 보기만 해도 등골이 서늘해지는 무기였다.

중세 시대에 사용된 무기 중에는 쇠뇌가 있었다. 활의 일종인 쇠뇌는 최대 사정거리가 300m나 되었고, 적중률이 뛰어나 총기류가 도입될 때까지 중세를 대표하는 장거리 공격용 무기였다. 중세 기사들의 갑옷은 날이 갈수록 발달하여 판금으로 된 갑옷을 제작하게 되었다. 또 머리는 물론 목까지 덮을 수 있는 투구도 나왔다.

중세 기사의 갑옷은 복잡했다. 머리에는 투구를 쓰고, 몸에는 가죽이나 천을 여러 겹 누비옷과 쇠사슬 갑옷을 입고, 그 위에 철판 겉옷을 걸쳤다. 다리에 정강이 보호대를 차고, 쇠 장갑을 끼고, 검과 창, 손도끼를 든 다음, 방패까지 들게 되면 그 무게는 70㎏이 넘었다고 한다. 무거운 갑옷이었지만 이음새 연결 기술이 매우 발달하여 전투를 할 때에는 별 불편함이 없었다. 중세 기사들 대부분이 이렇게 중무장을 했던 것에 반하여, 이슬람이나 몽골의 무사들은 날렵하게 움직일 수 있도록 가볍게 무장했다. 이들이 전쟁에서 맞붙게 되면 가볍게 무장한 이슬람이나 몽골의 무사들이 중무장한 중세 유럽의 기사들을 압도할 때가 많았다. 재빨리 움직이면서 자기편이 유리한 기회를 찾아 싸웠기 때문이다.

중세 시대는 성벽의 시대이므로 성벽을 공격하기 위한 다양한 무기가 개발되었다. 가장 대표적인 것은 돌을 쏘아 올리는 투석기이다. 중세 시대의 투석기는 18~27kg 정도의 돌을 약 400m 가까이 쏘아 올릴 수 있었다. 중국의 포차와 같은 것이었다. 충차도 있었는데, 통나무로 만든 전차 앞쪽에 '공성추'라고 불리는 커다란 쇠뭉치를 달아서 성문을 부셨다.

Lithuaania

리투아니아

LITHUANIA
리 투 아 니 아

러시아 북서부에 자리한 리투아니아는 발트 3국 중 가장 조용하고 고즈넉한 중세 분위기를 가진 나라이지만 3국 중 가장 낙후된 나라이다. 리투아니아의 수도는 '빌뉴스Vilnius'로 1994년 유네스코 세계문화유산으로 지정되었다. 12세기부터 국제도시로 성장해 한자동맹의 중요한 금융도시로 번성하였다. 빌뉴스는 발트 3국의 수도 중 가장 중세분위기를 느낀다고 관광객들은 이야기한다. 르네상스, 바로크, 고딕 양식의 건축물과 중세의 분위기를 닮은 좁은 골목들이 미로처럼 얽힌 역사지구는 3.6㎢ 규모에 1,500여 개의 건축물이 모여있어 반나절이면 다 돌아볼 수 있다.

700년간 리투아니아의 신앙 중심지인 빌뉴스 대성당과 1051년에 완공된 고딕양식의 성 안나 교회가 대표적이다. 리투아니아 최초의 대학으로 1579년 설립된 이후 많은 문학가와 철학가들을 배출한 빌뉴스 대학교 건물 전체는 관광객이 대표적으로 찾는 장소이다. 리투아니아에서 짧은 여행기간이라면 수도와 호수 위의 동화같은 중세 성인 '트라카이 성'를 찾아가야 한다. 빌뉴스에서 30㎞정도 떨어져 당일치기 여행도 가능하다.

독립을 향해 대단하고 감동스럽게 추진력을 보여주었던 리투아니아는 여러 면에서 발트 3국 중에 가장 모험이 충만한 나라이다. 리투아니아는 중부 유럽의 풍부한 문화적 풍조에서 많은 영향을 받았으며 이웃한 폴란드와 함께 흑해까지 뻗어있던 제국을 공유하기도 했다. 유서 깊고 생기 넘치는 수도인 빌뉴스는 여행자에게 확실한 전진기지이다. 리투아니아는 20세기에 짧은 기간 동안 수도였던 카우나스Kaunas 같은 다른 대도시도 있고 옛 독일도시인 메멜Meme이었던 클라이페다Klaipeda 항구 도시도 있다.

공휴일

1월 1일 | 신년
2월 16일 | 독립기념일
3월 11일 | 국가 재건 기념일(독립선언일)
5월 1일 | 노동절
6월 24일 | 하지. 성요한의 날.
7월 6일 | 건국기념일
8월 15일 | 성모승천일
11월 1일 | 모든 성자의 날
12월 25일 | 크리스마스
변동국경일 | 부활절, 성령강림제 등

지형

리투아니아는 라트비아, 에스토니아보다는 큰 나라이다. 리투아니아의 얼마 안 되는 해안선의 절반이 높은 모래 언덕으로 된 곳인 네링가Neringa에 있으며 소나무 숲이 칼리닌그라드 부근에서 북쪽으로 97㎞ 길이로 뻗어 있다. 리투아니아 내륙에는 4천개 이상의 얕은 호수가 흩어져 있다.

기후

리투아니아 기후는 라트비아의 기후와 비슷하다. 6~8월 중순까지 가장 따뜻한 기간이자 가장 비가 많이 오는 기간이다. 11월 중순~3월말까지 영하의 날씨가 계속된다. 겨울에는 안개가 많이 끼고 서쪽의 해안 지역보다 내륙의 동쪽 지역에서 더 오래 지속된다.

인구

리투아니아의 인구는 약 370만 명이다. 주요한 소수 민족은 러시아, 폴란드인이다. 폴란드인처럼 리투아니아인도 주로 로마 가톨릭교도들이며 북부의 루터교 신자보다 훨씬 더 자신들의 종교에 열성적이다.

언어

리투아니아는 인도-유럽어계의 발틱 언어 중에 유일하게 남아있는 2가지 언어 중의 하나이다. 러시아인이 얼마 안 되지만 대부분의 리투아니아 인들은 러시아어를 잘 말하여 여행자는 영어보다 러시아어를 더 많이 들을 수도 있다. 지금은 친 서방정책으로 영어를 사용할 수 있는 사람들이 많이 늘어나고 있다.

Skuodas
Mazeikial
Joniskis
팔랑가
Palanga
Kretinga
Plunge
Telsiai
4
클라이페다
Klaipéda
Smiltyne
2
샤울레이
Siauliai
Panevezys
Juodkrante
Nida
Taurag
Kdainial
4
Zelenogradsk
Sovetsk
Jurbarkas
칼리닌그라드
Kaliningrad
카우나스
Kaunas
Chernyakocsk
Marijampole
Bartoszyce
Alytus
폴란드
Lazdijai
Crutas
Suwaki
Druskininkai

3일

❶ 빌뉴스Vilnius (2) → 트라카이Trakai → 케르나베Kernavè

❷ 빌뉴스Vilnius (2) → 카우나스Kaunas

❸ 빌뉴스Vilnius (2) → 샤울레이Šiauliai

❹ 빌뉴스Vilnius (2) → 클라이페다Klaipėda → 팔랑가Palanga

5일

❶ 빌뉴스Vilnius (2) → 트라카이Trakai → 케르나베Kernavè → 카우나스Kaunas

❷ 빌뉴스Vilnius (2) → 샤울레이Šiauliai → 클라이페다Klaipėda → 팔랑가Palanga

7일

빌뉴스Vilnius (2) → 트라카이Trakai → 케르나베Kernavè → 카우나스Kaunas → 샤울레이Šiauliai → 클라이페다Klaipėda → 팔랑가Palanga

역사

기원전~10세기

10세기까지 발트 해의 남동쪽 지역에는 3개의 부족이 거주하고 있었다. 즉 오늘날의 라트비아에는 리브인, 러시아 칼리닌그라드, 폴란드 북동 지역에서 프러시아인, 그 사이에는 리투아니아 인들이 살고 있었다.

1316~1341년

리투아니아의 지도자였던 게디미나스Gediminas는 키예프에 위치하고 있던 초기 러시아국이 쇠퇴하는 것에서 많은 이득을 보았다. 그리하여 그는 리투아니아의 국경을 남쪽과 동쪽으로 확장해 나가며 이교도적인 혈연관계에 반대하여 기독교를 기꺼이 받아들이게 된다. 게디미나스Gediminas가 죽은 후에 그의 아들 알기르다스Algirdas는 빌뉴스에 근거를 두고 국경을 키예프를 넘어서까지 밀어붙이게 된다.

1386~1609년

1386년 알지르다스Algirdas의 아들이자 후계자인 요가일라Jogaila는 폴란드의 여왕인 야드비가Jadwiga와 결혼하여 기독교도인 폴란드의 울라디슬라우Ladyslaw 2세가 된다. 이리하여 기사단에 대항하여 동맹을 맺고 두 국가 간에 400년 동안 지속된 유대관계가 시작된다.

BALTIC STATES Tip

발트 3국의 독립을 주도한 리투아니아

1990년 2월 선거에서 사유디스는 리투아니아의 새로운 최고 소비에트 선거에서 다수당을 형성하게 되고 3월 11일 리투아니아의 독립을 선언하게 된다. 소련에 경제적으로 의존하고 있던 발트 해의 공화국으로서 독립의 여세가 시들해지는 것은 분명한 것이었다.

1991년 1월 소련군과 준군사적인 경찰군이 빌뉴스의 주요 건물들을 습격하여 공산당의 쿠데타와 소련의 강경진압을 용인해준다. 그리고 빌뉴스의 TV탑 습격에서 14명의 사람들이 죽고 부상을 당하게 된다. 리투아니아 인들은 의회에 바리케이트를 치게 되고 소련의 이러한 공격을 서방으로부터 엄청난 비난을 받게 되어 공격을 진정되었다.

리투아니아와 발트 해의 다른 나라들이 마침내 1991년 8월 모스크바에서 실패한 쿠데타에 의해 실제적인 독립을 하게 되고 서방국의 독립승인에 이어 9월 6일 소련도 리투아니아의 독립을 인정하기에 이른다. 리투아니아는 1993년 8월31일 리투아니아 영토에 주둔하던 마지막 러시아군이 러시아로 떠났을 때 발트 해의 소련 공화국 중에서 소련군이 철수한 첫 번째 국가였다.

그들은 발트 해에서 흑해에 이르는 거대한 영토를 통치하게 된다. 그러나 리투아니아는 결국 동맹국으로 전락하고 폴란드의 문화와 언어를 받아들이게 된다.

1610~1796년

폴란드와 리투아니아 군은 1610년에 모스크바를 점령하지만 1654년 러시아는 리투아니아의 주요한 지역을 침략하여 점령하게 된다. 18세기에 폴란드와 리투아니아의 분할로 리투아니아는 약화되고 마침내 러시아, 오스트리아, 프로이센이 폴란드를 분할(1772, 1793, 1795~96)할 때 지도상에서 사라지기에 이른다.
1917~1918년에 동유럽의 구체제가 붕괴되면서 리투아니아의 민족주의자들은 1918년 2월 16일에 독립을 선언하고 소련의 지배를 가까스로 면하게 된다. 독립된 리투아니아의 수도는 카우나스(Kaunas)였다.

1940~1945년

1940년 몰로토프-리벤트로프 조약 체결에 뒤이어 리투아니아는 소련의 일부가 되고 만다. 그리고 1년 내에 약 4만 명의 리투아니아 인들이 살해되거나 추방된다. 1941~1944년까지 나치 점령기간 동안 대부분이 유대인 30만 명 정도의 사람들이 집단 수용소와 게토지역에서 죽게 된다.

1945~1952년

리투아니아는 다시 소련의 지배를 받게 되면서 20만 명 이상으로 추정되는 사람들이 죽거나 추방당한다. 리투아니아의 숲 지대는 소련 지배에 저항하는 무장군의 중심이 되고 수많은 사람들이 무장군의 활동과 관련을 맺게 된다.

1980년대

리투아니아는 발트 해에서 독립을 주도하게 되고 1989년 3월에 개최된 소련 인민대표자회의 선거에서 리투아니아의 인기 있는 지도자를 지지하는 후보들인 사유디스가 30석을 차지하게 된다. 1989년 12월 리투아니아는 공산당 계열이 아닌 정당을 합법화한 최초의 소비에트 공화국이 된다.

1998년의 변화

1998년 1월 미국에서 대부분의 삶을 살던 발다스 아담쿠스Valdas Adamkus가 얼마 안 되는 대중에 의해 대통령에 선출되면서 리투아니아 정치가들은 변화하였다. 1999년 5월 아담쿠스Adamkus는 인기 있는 빌뉴스 시장이자 곡예비행 선수권자인 롤란다스 파크사스Rolandas Paksas를 새로운 수상을 임명하지만 그는 수상직을 사임하고 빌뉴스의 시장으로 되돌아온다.

VILNOUS
빌뉴스

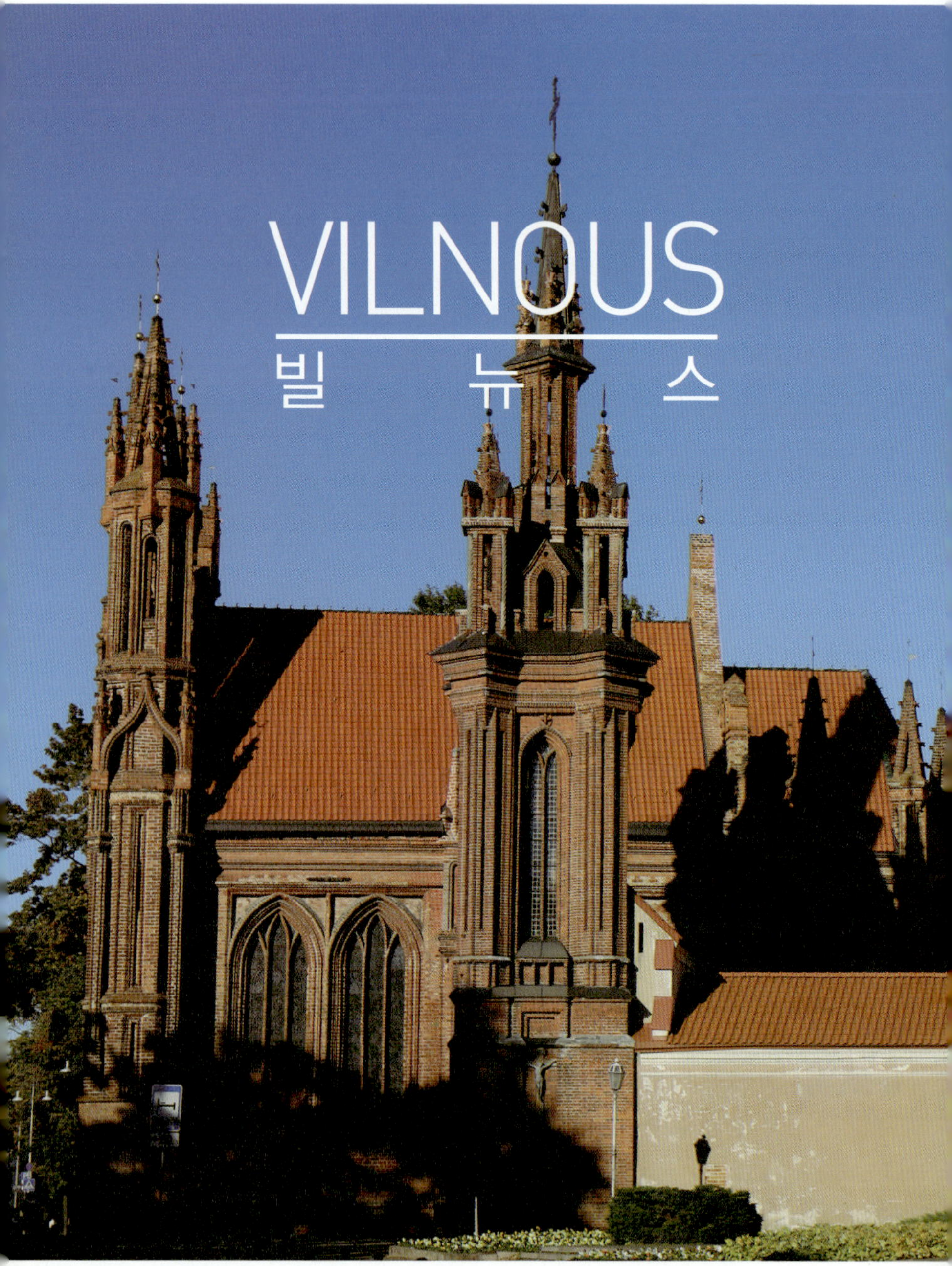

빌뉴스

숲과 호수의 나라, 바로크풍의 도시의 중세의 향기를 간직한 나라, 아픈 역사를 딛고 일어선 나라로 요약할 수 있는 리투아니아의 수도인 빌뉴스는 가장 아름답고 푸른 숲이 많은 도시이다. 빌뉴스는 네리스Neris강에서 내륙으로 250㎞ 떨어진 곳에 위치하고 있다.

3층 높이의 바로크풍 건축물과 고전 건축물로 가득한 동화의 나라 같은 구시가의 구불구불한 거리는 돌아다니기에 좋다. 폴란드와 밀접한 관계를 잘 나타낸 흔적을 수많은 가톨릭 교회와 수세기 동안 중부유럽 스타일로 건설된 건축물에서 볼 수 있는 편안하고 다정한 도시이다.

간단한 도시 역사

빌뉴스는 리투아니아의 수도로, 옛 이름은 '빌나Vilna'였다. 리투아니아 대공국 후에 폴란드-리투아니아 연방의 영토였다. 17~18세기에 빌뉴스는 화재, 전쟁, 기근, 전염병 등을 겪었지만 19세기에 산업이 발전함에 따라 다시 성장하여 폴란드에서 쫓겨난 귀족들의 피난처가 되기도 했다.
1차 세계대전동안 독일이 3년 동안 점령하면서 파괴되고 전쟁이 끝난 후 빌뉴스는 다시 폴란드에 합병되었다. 2차 세계대전 전까지 빌뉴스 인구 중 1/3은 유대인이었고 전 세계에서 유대인 문화의 중요한 중심지역할을 하였다. 제2차 세계 대전 이후 리투아니아 소비에트 사회주의 공화국의 수도가 되었고, 이어 독립국 리투아니아 공화국의 수도가 되었다.

빌뉴스 IN

인천공항을 출발해 핀란드 헬싱키를 경유해 리투아니아의 빌뉴스에 11시간, 폴란드의 바르샤바를 경유하면 13시간 정도만에 도착할 수 있다.

비행기

리투아니아도 저가항공을 이용하여 여행을 하는 것이 일반화되어 있다. 리투아니아에는 빌뉴스Vilnius와 카우나스Kaunas, 팔랑가Palanga 국제공항이 있다. 카우나스는 1차 세계대전 후 폴란드가 점령했을 때 임시수도의 역할을 했던 도시이기도 하다.
빌뉴스 행 비행기는 북유럽(덴마크의 코펜하겐, 핀란드의 헬싱키, 스웨덴의 스톡홀름)에서 주로 운항하고 있고 독일의 베를린, 프랑크푸르트, 바르샤바에서도 운항을 하고 있다. 폴란드의 바르샤바나 핀란드의 헬싱키를 거쳐 가는 방법이 가장 빠른 방법이다.

▶**주소_** Rodûnios road 10A
▶**홈페이지_** www.vilnius-aitport.lt

주의사항

카우나스Kaunas는 주로 영국이나 아일랜드, 북유럽으로 운행되는 저가 항공이 취항하는 공항이다.

버스

리투아니아에서 버스여행이 제일이다. 거리에 따라서 버스표의 값이 다르다. 빌뉴스와 카우나스Kaunas 는 가까우니 5~6 유로, 클라이패다Klaipéda 는 17–20 유로이다. 리투아니아에서는 버스표를 매표소에서 구입할 수도 있지만 버스 안에서 사도 된다.
유로라인Eurolines, 럭스 익스페리스Lux Express 이 동일하게 운행하고 있다. 리가Riga(6시간 소요) 등에서 운행하고 있다.

▶**주소_** Sodu St. 22
▶**홈페이지_** www.toks.lt

기차

폴란드의 바르샤바, 라트비아의 리가에서 기차여행을 즐기며 들어올 수도 있다. 기차는 클라이페다 Klaipeda, 샤울레이Šiauliai, 빌뉴스Vilnius, 트라카이Trakai 등으로 이동한다.

출발~도착	시간
빌뉴스~ 러시아 상트 페테르스부르크	14시간
빌뉴스~러시아 모스크바	15시간
빌뉴스~폴란드 바르샤바에서	9시간
빌뉴스~벨라루스의 민스크	4.5시간
빌뉴스~칼라닌그라드	6.5~7.5 시간

공항에서 시내 IN

빌뉴스 국제공항은 빌뉴스 시내에서 대략 10㎞ 정도 떨어져 있으며 공항에서 리가 시내로 들어가기 위해 가장 좋은 방법은 버스이다. 1, 2번 버스(23시까지 운행)를 타면 30분 이내에 빌뉴스 시내에 도착한다. 미니버스는 40분마다 운행하고 1€로 저렴하다.

공항철도(0.8€)는 자주 운행을 하지 않기 때문에 관광객이 많이 탑승을 하지 않지만 10분이면 중앙역까지 도착한다. 택시는 아직 많이 이용하지 않아서 택시비는 유동적인데 바가지요금도 있다고 하니 조심하자.

시내교통

빌뉴스 시내에는 버스, 트롤리 버스, 미니버스가 운행되고 있다. 차가 없다면 도로가 잘 정비되어 있고 거리가 멀지 않기 때문에 빌뉴스에서 버스로 가는 게 가장 편하다. 버스표는 버스를 타면서 구입이 가능하다.(1€로 저렴/학생 0.5€)

빌뉴스 시민들은 대한민국의 티머니 교통카드와 같은 전자 교통카드를 사용한다. 키오스크(1회용 버스표는 구입불가)에서 전자 교통 카드를 사서 이용해도 된다. 카드는 충전하면 된다.

버스

미니버스

주의사항

버스표는 구입 후에 내릴 때까지 버리지 않는 것이 좋다. 가끔 표를 확인하기 때문이다. 표가 없으면 벌금을 내는데, 17~28€이다.

BALTIC STATES Tip

빌뉴스 시티 카드

시티카드 소지자는 대중교통을 24~72시간 동안 이용할 수 있다. 무료로 박물관 입장과 가이드 투어를 이용할 수 있고 기념품을 구입하고, 버스와 미니버스, 자전거를 빌려서 관광 투어를 다닐 수 있다. 레스토랑, 카페, 숙박에서 할인도 받을 수 있어 사용처는 점점 늘어나고 있다. 빌뉴스 관광안내소, 관광청 등에서 구입이 가능하다.

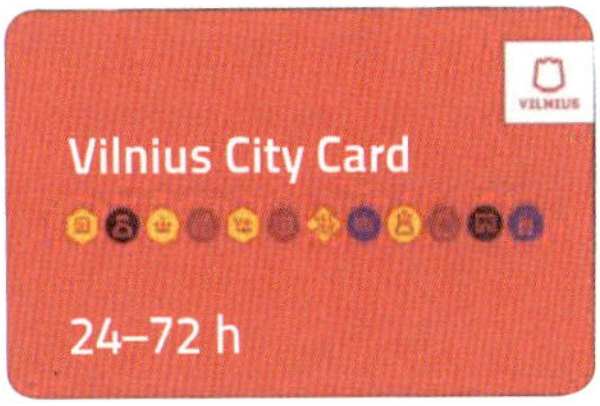

▶**홈페이지_** www.vilnius-tourism.lt
▶**요금_** 1일 권(20€)/3일 권(45€)
14세 이하 어린이는 5%할인 적용

택시

택시가 대중교통보다 더 빠르지만 비싸다. 빌뉴스는 택시비가 1km에 0,6~1€ 정도이다. 택시 주차장에서 택시를 타던지 아니라면 택시회사에 전화를 해야 한다.

핵심도보여행

빌뉴스의 중심가는 게디미나스 언덕Gedimimas Hill이 솟아있는 대성당 광장인 카테드로스 아익스테Katedros Aikste이다.

카테드로스 아이크스테Katedros Aikste의 남쪽이 구시가 거리로 서쪽으로 게디미노 프로스펙타스Gedimino Prospektas가 시내에서 새로운 중심가이다.
기차역, 버스터미널은 약 1.5㎞정도 떨어져 있다. 구시가는 다양한 건축 양식의 박물관이기도 하다.

게디미나스 언덕

게디미나스 언덕위

대성당과 종탑 앞 모습

대성당과 종탑 뒤의 모습

현재 미술관으로 사용하고 있는 구시청사는 고전주의 양식이다.

빌뉴스 대학의 주요 건물들이 필리에스 가트베와 윈베르지테토 가트베 사이에 있는 대부분의 지역에 들어서 있다. 1579년에 세워진 빌뉴스 대학은 가장 훌륭한 폴란드 학문 중심지의 한 곳이었으며 1832년 러시아가 폐쇄하기 전까지 17~19세기 초에 수많은 유명한 학자들을 배출한 곳이다. 빌뉴스 대학은 1919년에 다시 개관했으며 오늘날에는 14,000명 이상의 학생들이 공부하고 있다.

현 미술관(구. 시청사)

빌뉴스 대학

12곳에 연결된 정원은 여러 길과 정문을 통해 들어갈 수 있다. 조노 가트베Sv Jono Gatve에 있는 남쪽 정문으로 들어가면 삼면에 17세기 초의 양식으로 지어진 갤러리, 18세기의 웅장한 바로크 양식으로 지어진 갤러리, 18세기의 웅장한 바로크 양식으로 된 건물외형으로 된 성 요한 교회Sv Jono Baznycia가 있는 디디시스Didysis 또는 스카르가Skarga 정원로 이어진다.

필리에스 가트베 동쪽으로는 베르나르디누 가트베 11에 위치한 폴란드의 낭만주의 시인인 아담 미키비츠의 오래된 집이 있으며 지금은 미키비츠 박물관으로 쓰이고 있다.

성 안나 교회

마이로니오 가트베 건너편에는 1581년에 건설된 멋진 벽돌로 된 성 안나 교회가 있다. 이 교회는 완만한 곳과 정교한 첨탑으로 된 리투아니아 고딕양식으로 지어진 건축물의 결정체이다.

마이로니오를 따라 더 내려가면 12번지에 아름다운 성모마리아 러시아 정교회가 서 있다. 이 교회는 17세기말에 파괴되었지만 1865~68년에 재건되었다. 그 뒤에 좁은 빌나개울 위로 빌뉴스에서 가장 흥미로운 이웃도시인 우주피스Uzupis로 연결되는 우주피오 다리Uzupio Bridge가 있다.

이 지역은 부랑자나 범죄자가 많은 지역이었지만 지금은 여러 미술가들이 옮겨와 여러 곳의 허물어져가는 건물에 거주하며 즉흥 미술 쇼를 펼치기도 한다.

문학골목

게디미나스 도로 Gedimino prospektas

대성당 앞에 있는 도로로 빌뉴스에서 가장 번화한 도로이다. 자동차가 운행하는 도로이지만 18시부터 보행자 전용도로로 변화한다. 명품 매장, 백화점 등 분위기 좋은 카페가 늘어서 있고 국립 극장, 국회의 사당, 국립도서관이 같이 서있다.

디조이 Didzoji gatvė & 필리에스 Pilies gatvė 거리

새벽의 문을 나오면 중세의 분위기를 연출하는 건물들에 인상적인 거리가 디조이 거리 Didzoji gatvė 이다. 관광객이 구시가지에서 가장 처음으로 만나는 거리로 디조이 거리 Didzoji gatvė 에서 필리에스 거리 Pilies gatvė 로 이어져 대성당이 나오면 끝이 난다. 관광객에게 가장 인상적인 화려함을 자랑하는 거리이다.

빌뉴스 거리 Vilniaus gatvė

수도 빌뉴스 이름을 가진 거리는 게디미나스 도로에서 연결되어 있다.

보키에츄 거리 Vokiečių gatvė

구시청사 광장 서쪽의 보키에츄 거리는 걷기에 좋다. 옛 분위기의 카페골목에 분위기 좋은 레스토랑과 카페가 늘어서 여름에는 관광객과 시민들이 뒤엉겨 북적이는 분위기를 연출한다.

콘스티투치요스 대로 Konstetucijos prospektas

네리스 Neris 강 북쪽에 있는 거리로 고층 빌딩들이 들어선 신시가지이다. 쇼핑몰(유로파 Europa 등)과 새로운 건물이 다른 나라에 온 듯하다. 리에투바 앞으로 연결된 다리는 데이트장소로 빌뉴스 시민들의 새로운 집합지이다.

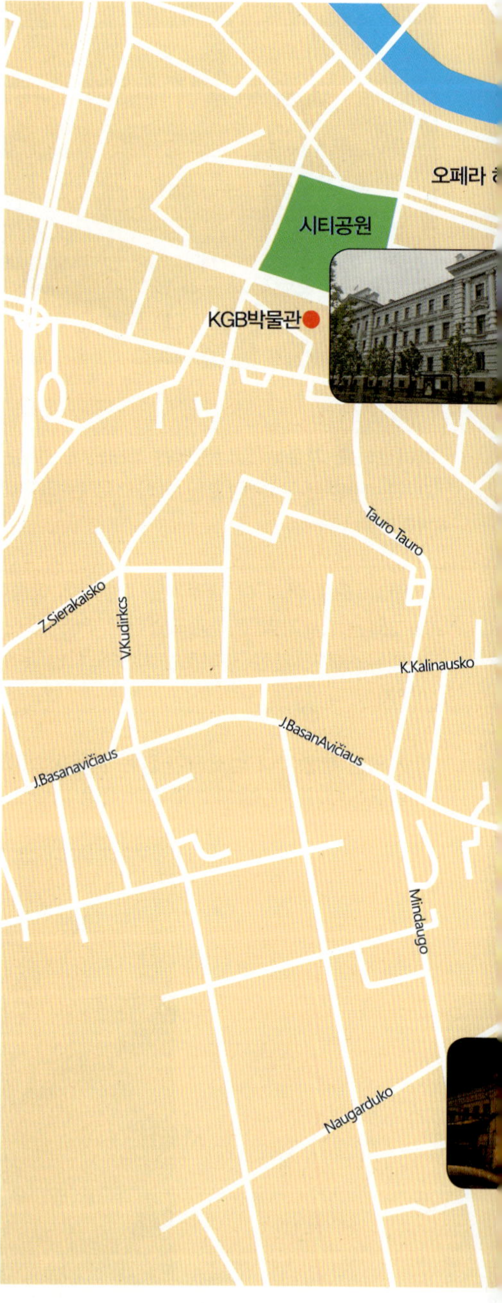

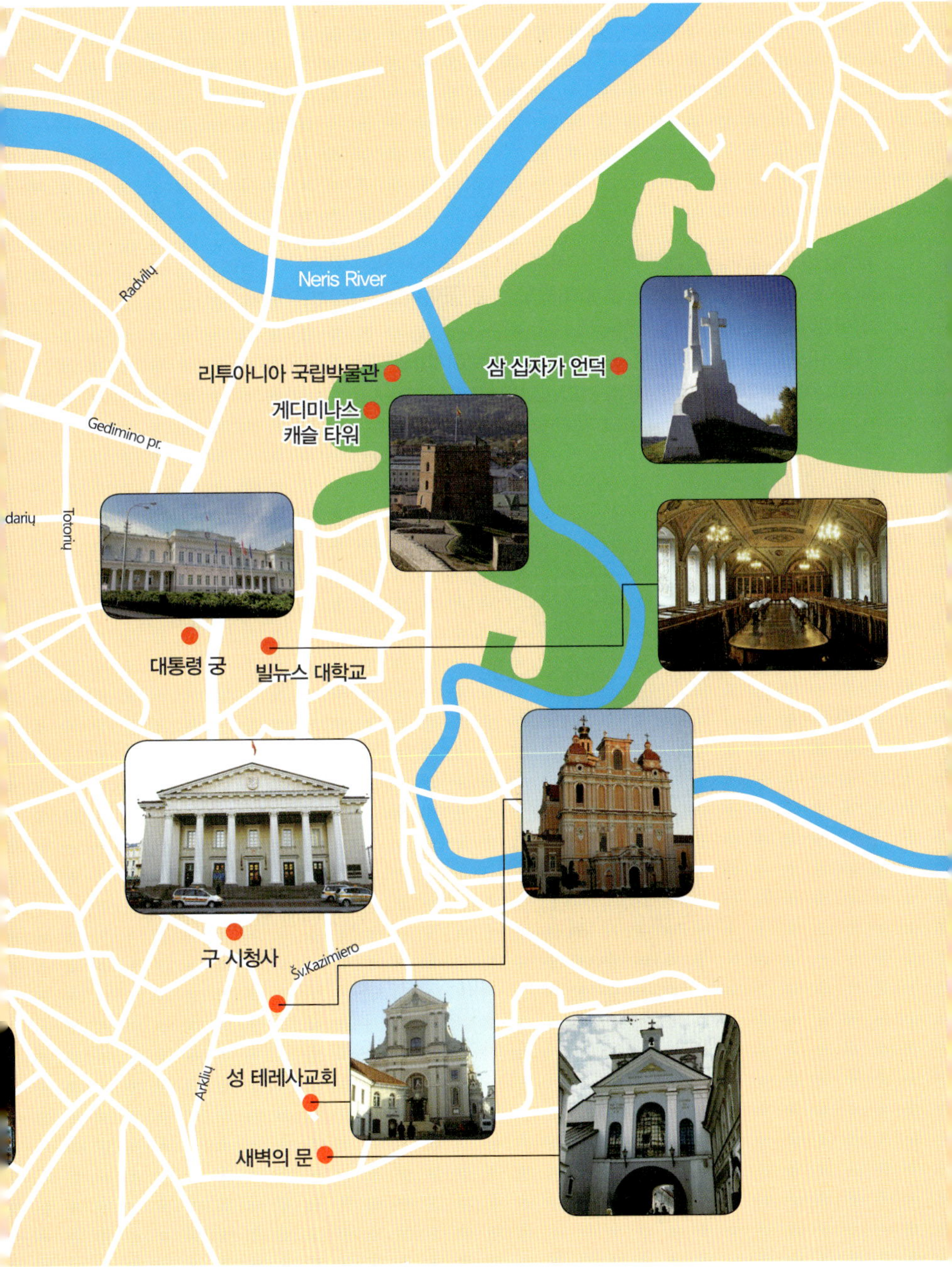
Neris River
Radvilų
리투아니아 국립박물관
삼 십자가 언덕
게디미나스
캐슬 타워
Gedimino pr.
darių
Totorių
대통령 궁
빌뉴스 대학교
구 시청사
Šv.Kazimiero
Arklių
성 테레사교회
새벽의 문

구시가
Old Town

카테드로스 아이크스테Katedros Aikste에서 남쪽으로 1㎞ 정도 이어진 지역은 15~16세기에 건설된 구시가 지역으로 여러 번 둘러봐도 좋은 곳이다. 중심가는 필리에스 거리와 남쪽으로 이어진 디조이 거리Didzioji Gatve이다.
단순히 중세의 건물만 있는 라트비아나 에스토니아와 다르게 공원과 빌뉴스 대학교, 우주피스까지 다양한 모습을 볼 수 있다. 그밖에도 구시가 곳곳에는 아름다운 건물들과 골목길이 펼쳐져 있다. 순수한 풍경을 간직하여 조용한 도시의 모습이 간직될 것이다.

새벽의 문
Gates of Dawn

새벽의 문Gates of Dawn은 빌뉴스 구시가지 남쪽의 보행자 전용 도로 건너편에 위치한 높은 흰색 구조물로 웅장한 예배당과 성모 마리아 성지가 자리해 있는 빌뉴스의 고대 성문이다. 1503~1522년 사이에 지어진 성문은 한때 리투아니아 대공국의 수도를 방위하던 곳이었다. 유서 깊은 건축물을 구경하고 예배당을 둘러보고 도시의 안녕을 기원하고 보호하기 위한 아름다운 종교 유물까지 보존되어 있다.

새벽의 문Gates of Dawn의 넓은 아치 아래를 지나가면서 도시의 요새가 중세 시대에 어떻게 빌뉴스의 구 시가지를 방위했을 것인지 상상할 수 있다. 문은 한때 도시의 남부 지역까지 이어졌었다. 금으로 장식된 기둥의 상단에 있는 웅장한 팔라디오 양식의 외관과 4개의 기둥을 올려다 보면 새벽의 문Gates of Dawn의 성모 마리아 성지를 모시고 있는 예배당의 아치형 창문을 볼 수 있다.

문 안에서 위층의 예배당으로 향하는 계단이 나오는 작은 문을 찾으면 아름답게 장식된 예배당의 중앙에 금빛으로 반짝이는 성지가 있다. 봉헌물과 목각 장식이 성지를 둘러싸고 있다. 잠시 시간을 가지

고 금빛으로 빛나는 은과 색유리로 상감 장식을 한 왕관을 쓰고 있는 성상을 보고 이동하자.

복되신 동정녀 자비의 성모 마리아Blessed Virgin Mary Mother of Mercy 성상은 불가사의한 힘으로 유명하고 높이 평가받는 1600년대 초반의 그림이다. 북부 르네상스 화풍의 그림은 원래 오크에 템페라화로 그려졌다.
전설 중 하나는 대북방 전쟁 당시 스웨덴 군이 빌뉴스를 침공했던 1702년으로 거슬러 올라간다. 문의 무거운 구조물 일부가 떨어져 기지에서 휴식 중이던 스웨덴 군인들을 죽였고, 덕분에 리투아니아 군이 반격할 수 있었다고 한다.

요금_ 무료
시간_ 예배당은 낮 개방
(일요일, 예배나 미사가 열리는 동안 혼잡)
전화_ +370-6825-9309

성 테레사 교회
Saint Thersa Church

바로크 양식으로 지어진 가톨릭 성당으로 초기 바로크 양식의 건물로 내부는 화려한 후기 바로크 양식으로 이우러져 있다. 입구 밑에는 망자를 위한 지하실이 있다.

홈페이지_ www.ausrosvartai.lt
주소_ Aushros Vartu 7b
시간_ 07~12시, 16~19시 **전화_** +370-212-3513

성 카시미르 성당

성령교회

Holy Spirit Orthodox Church

성 삼위일체 성당의 위에 있는 교회로 바로크 양식의 가톨릭 성당이었다. 그런데 옆 건물에는 러시아 정교회 수도원이 같이 있는 특이점이 있다.
안타나스Antanas, 요나스Jonas, 에우스타히우스Eustachijus의 순교한 성인 3인의 시신이 안치되어 있고 성당입구의 벽화에 그림으로 얼굴이 표현되어 있다.

주소_ Aushros Vartu g.10
시간_ 10~17시 **전화_** +370-5212-7765

성 카시미르 성당

St. Casimir's Church

리투아니아 어로 성 카지미에라스 성당이라고 부른다. 구시청사 바로 옆에 성 카시미르 성당St. Casimir's Church은 리투아니아에서 가장 오래된 바로크 성당이다.
빌뉴스에서 가장 오래된 양식의 성당으로 예수회가 1604~1615년까지 건설한 성당의 돔과 십자가 모양의 내부는 완전히 새로운 양식으로 평가받는다. 수백 년 동안 성당은 여러 번 파괴되었지만 최근에 보수공사를 끝내고 다시 개장하였다.

홈페이지_ www.kazimiero.lt
주소_ Didzioji Gatve 34
시간_ 07~19시
전화_ +370-212-1715

빌뉴스 게토
Vilnius Ghetto

구시청사에서 이어진 골목으로 유대인이 집단으로 거주한 지역이다. 2차 세계대전 전까지만 해도 유럽의 각 나라에서 유대인 집단 거주지가 많았지만 나치의 유대인 학살 후 없어졌다.
발트 3국에 유대인이 특히 많이 살았는데 발트3국 중에 리투아니아의 빌뉴스에 많은 유대인이 살았다. 지금은 과거 유대인의 삶과 2차 세계대전의 장면을 동시에 볼 수 있는 장소로 관광객이 찾고 있다.

주소_ Mesiniy g. 3A

구 시청사
Rotušė

15세기에 리투아니아의 행정, 정치의 중심지로 역할을 하기 시작했지만 미흡하였고 18세기에 스투오카-쿠체비츄스L. Stuoka-Gucevicus가 대성당과 함께 건축하면서 지금의 모습을 갖추기 시작했다.
16세기부터 시청 광장으로 사람들이 몰리면서 광장은 빌뉴스 시민들이 정보를 얻을 수 있는 장소로 탈바꿈하기 시작해 범죄자의 처형도 열기 시작했다. 중요 행사에서 손님을 대접하는 영빈관으로 사용되기도 한다.

주소_ Didžoji g. 31

구시청사

성 베드로와 성 바울 교회

Saint Peter & Paul Church

하얀 색 벽토로 조각한 후기 바로크 교회 천장을 올려다보면 종교적 장면과 신화적 창조물의 세계가 소용돌이치는 모습을 볼 수 있다. 성 베드로와 성 바울 교회는 빌뉴스에 있는 로마 가톨릭 교회이다. 국보급 교회는 정교한 벽토 주형으로 장식된 독특한 후기 바로크 인테리어로 유명하다. 전 수도원 건물의 중심에는 거장의 손길이 느껴지는 건축물과 약 2,000개의 벽토 입상이 인상적이다.

네리스 강에서 솟아오른 작은 언덕에 오르며 키 높은 벽돌 벽 뒤로 멋스러운 교회가 외롭게 서 있다. 17세기 교회의 우아한 크림색 파사드와 바실리카 양식의 붉은색 장식 뾰족탑 2개로 둘러싸인 교회의 중앙 페디먼트에 돔이 우뚝 솟아 있다.

성 베드로와 성 바울 교회Saint Peter & Paul Church는 토속 신앙의 여신인 '밀다'를 숭배하기 위해 마련된 장소에 있다. 1668년 리투아니아 군대의 대원수는 러시아를 상대로 전쟁에서 이긴 후, 후기 바로크 교회 설립을 의뢰했다. 전설에 따르면 대원수는 전 수도원의 폐허에서 반란군을 피해 숨어 있다가 이후 새로운 교회에 재정후원을 하게 되었다.

웅장한 중앙 출입구를 지나 교회 내부에 들어가면 정교하게 조각된 장식품과 출입문에 장식된 문장을 볼 수 있다. 교회 안 천장에는 정교한 치장 벽토 장식품이 달려 있고 종교적, 신화적 장면이 그려져 있으며 눈부신 햇살이 회중석 위에서 반짝인다. 전체가 흰색으로 칠해진 치장 벽토 입상은 교회가 숨겨 놓은 보물이다. 성가대석, 교회의 날개 부분, 반원형 부분 등에 입상이 숨어 있다. 천사, 군인, 용, 켄타우로스, 해바라기를 비롯해 성 크리스토퍼 형상, 아기 예수, 죽음의 신, 최후의 심판 등을 묘사하는 입상들을 볼 수 있다.

제단의 원형이 사라진 것은 미스터리이지만 4개의 예언자 조각상, 성 베드로와 성 바울 교회의 갈라진 부분을 그린 그림은 볼 수 있다. 오르간 위, 돔 주위에 프레스코 회화가 자리 잡고 있다.

위치_ 빌뉴스 구시가지 동남쪽 걸어서 20분 **주소_** Antakalnio g.1 **시간_** 10~17시 **전화_** +370-234-0229

성 안나 교회

St. Anne Church

유산으로 지정된 교회는 우수한 고딕 건축과 정교한 석조물이 경외심을 불러일으킨다. 바늘처럼 뾰족한 탑이 있는 정교한 벽돌 건물의 성 안나 교회는 빌뉴스의 구 시가지에서 가장 독특한 건축물로 유네스코에 등재된 역사적으로 의미 있는 교회이다. 찬란한 플랑부아 고딕 양식의 교회 건물은 1500년에 축성된 이후 거의 변하지 않은 모습으로 남아 있다. 로마 가톨릭 교회를 방문해 아름다운 다색의 벽돌과 세부 장식을 살펴보고, 안으로 들어가 호화로운 바로크 양식의 인테리어와 아름다운 제단을 보면 된다.

건축학적인 걸작에서 한 발짝 떨어져 우아한 대칭을 감상할 수 있다. 보헤미아의 건축가 베네딕트Benedikt Rejt가 설계한 것으로 추정되는 교회 건물은 33가지 다양한 종류의 벽돌로 지어졌으며 외관에서는 고딕 양식 아치와 게디미나스의 기둥Pillars of Gediminas 문양을 한 번에 볼 수 있다. 1800년대 초에 방문한 나폴레옹이 교회를 자신의 손아귀 안에 쥐어서 파리로 가져오고 싶다는 말을 했다고 알려져 있다. 교회 옆에는 1870년대에 교회 부지에 증축된 신 고딕 양식의 종탑이 있다.

공들여 장식된 정문으로 입장하여 바람이 잘 통하는 내부를 확인하면 전통적인 체크무늬 타일을 위를 걸어 양 쪽에 두 개의 탑이 서있는 본당으로 향해보자. 정교한 석조물과 벌집 모양의 붉은 벽돌이 벽을 꾸미고 있는 바로크 스타일의 장식은 호화롭다. 큰 스테인드글라스 창을 통해 본당으로 빛이 쏟아져 들어온다. 우아한 바로크 양식의 제단과 다양한 조각과 아이콘들이 새겨진 제단의 벽감을 살펴볼 수 있다.

성 안나 교회St. Anne Church는 빌뉴스 구 시가지의 남쪽 지역, 베르나르디네 파크Bernardine Park 근처에 위치해 있다. 교회는 월요일은 제외한 매일 오후 동안에 일반인의 출입이 허용된다. 일요일에 방문하여 아침에 열리는 미사에 참석할 수 있다.

위치_ 빌뉴스 성당에서 걸어서 15분

주소_ S. Daukanto a. 3

리투아니아 대통령 궁

Lithuania Presidential Palace

리투아니아 대통령궁에 관한 비하인드 스토리를 접하고 광장 주변에서 궁전의 건축물을 감상할 수 있다. 빌뉴스의 대통령궁은 우아한 네오클래식 양식의 대저택으로 14세기부터 여러 주교들, 황제들, 왕들, 귀족들, 대통령들이 머물렀다. 유산으로 지정된 건물 내 멋진 건축물을 외부에서 구경하거나 투어로 화려한 내부 건물과 잘 손질된 정원을 둘러볼 수 있다. 격조 높은 궁전에서 거주하고 근무했던 지도자와 고관들의 생활상을 엿보고 위병 교대식을 구경할 수 있다.

궁전 앞의 넓은 다우칸타스 광장으로 통하는 좁은 거리를 걸어가면 엠파이어 스타일의 장중한 궁전이 눈앞에 들어온다. 규모가 큰 크림색 저택이 1834년 복원되었으며, 거대한 돌기둥과 대칭적인 페디먼트가 특징이다. 대통령이 국내에서 직무를 수행하고 있으며 궁전 위로 리투아니아 국기가 높이 게양된다. 궁의 뒤뜰로 가면 풀이 우거진 잔디밭과 정원 화단으로 둘러싸인 옛 분위기가 물씬 풍기는 안뜰이 나온다. 한쪽 작은 잔디밭에는 석제 조각들이 흩어져 있다.

업무가 끝날 시간에 궁전을 방문하면 위병 교대식을 구경할 수 있으며 일요일 정오에는 멋진 국기 게양식도 볼 수 있다. 리투아니아 군 소속 의장대 군인들이 의식 예복으로 14세기 중세 갑옷을 입고 전통적인 국기 게양식을 거행한다.

위병 교대식은 궁 밖에서 언제든 무료로 구경할 수 있습니다.

가이드 투어(무료/약 45분간 진행)

대통령의 사적 공간과 직무실, 화려한 궁전 홀의 가구들과 건물 내 사무실을 비롯해 호화스러운 내부 건축물을 볼 수 있다. 운이 좋다면 대통령 직무실까지 볼 수 있다. 영어로 진행되는 투어는 매주 금요일과 일요일에 운영되고 있다.

(리투아니아 어 : 매주 토, 일요일 / 단체는 미리 예약 요망)

위치_ 구시가지와 빌뉴스 대학 캠퍼스 인근 다우칸타스 광장

요금_ 종탑2.5€, 1.5€

시간_ 10~18시 30분(5~9월)

빌뉴스 대학교
Vilnius University

빌뉴스 대학교는 동유럽에서 가장 오래된 대학 중 하나이다. 리투아니아에서 개혁 운동이 확산되던 시기에 설립된 예수회신부들은 종교개혁을 위해 신속하게 교육을 받았다. 그들은 1569년, 대학을 만들기 시작해 1579년에 빌뉴스 대학교 University of Vilnius를 설립했다.
빌뉴스 대학교의 캠퍼스는 오랫동안 형성되어 고딕, 르네상스, 바로크, 고전주의 건축이 혼합되어 있다. 중세적인 분위기의 건축물은 학생들의 즐거운 분위기와 상반 된 듯 보인다. 다채로운 13개의 안뜰, 아케이드, 갤러리는 대학교를 더욱 부럽게 만들고 있다.

현재 빌뉴스 대학교Vilnius University에는 약 23,000명의 학생들이 공부하는 12개의 학부가 있다. 대학 행정부는 가장 오래된 궁전과 3개(역사, 문학 및 철학)학부에 자리잡고 있다.
1570 년대에 설립된 도서관도 있다. 500만 장이 넘는 지문과 오래된 원고가 축적되어 있는 대학교는 세계 최초로 알려진 리투아니아어 도서 2권 중 하나 인 마르티나스 마즈브다스Martynas Mažvydas 교리 문답의 원본이 있다.

가이드 투어

리투아니아어, 영어, 프랑스어, 러시아어 및 폴란드어 언어로 9~15시까지 빌뉴스 대학을 보고 싶어하는 관광객에게 제공되고 있다.

대학 서점

1579년에 세워진 빌뉴스 대학교는 대학 구내 서점 때문에 관광객이 찾는다. 잘 알려져 있지는 않지만 전 세계에서 가장 아름다운 서점으로 꼽힐만한 곳이라고 한다. 서점에 들어서면 눈에 띄는 것이 천장에 그려진 벽화들이다.

1979년 대학교 설립 400주년을 기념해 안티나스 흐미엘랴우스카스가 그렸다는 벽화는 대학 400년의 문화와 자부심을 그렸다. 벽화 사이사이 그려진 인물들은 유명교수와 학교 발전에 관련된 인물들이다. 벽화와 서점 모두 40년이 넘었다. 그냥 두었으면 평범한 서점이었을 공간이 벽화로 인해 새로운 공간, 전혀 다른 의미로 다가오는 공간이 될 수 있다는 사실이 새로웠고 부러웠다.

빌뉴스 대성당
Vilnius Cathedral

팔라디오 양식의 성당의 화려하게 장식된 리투아니아 천주교 영성의 심장부인 빌뉴스 대성당Vilnius Cathedral은 공식적으로 '성 스타니슬라우스 & 성 라디슬라우스 대성당'으로 불리는 빌뉴스 대성당은 숨막히게 아름다운 신고전주의 교회이자 빌뉴스에서 가장 상징적인 명소이다. 성당은 역사적인 빌뉴스의 중심부에 있는 성당 광장에서 도심을 내려다보고 있다.

우아한 성당 건축물을 확인하거나 내부를 둘러보며 화려하게 장식되고 아름답게 복원된 본당을 보고 나서 성당의 종탑이 세워져 있는 옛 성곽을 살펴보고 성당 바닥 아래에 섬뜩한 지하실과 납골당을 둘러보자.

성당과 종탑은 아름다운 성당 광장에서 가장 높이 솟아 있다. 2개의 역사적인 구조물에서 멀리 떨어져 건축적 우수성을 살펴 보자. 기독교 이전 시대부터 신성한 장소였으며, 아마도 발트의 토속 신Perkūnas를 숭배하는 데 사용되었다. 원래 성당 건물은 1251년에 세워졌고 수백 년 동안 여러 차례 재건과 복원을 거쳤다.

현재, 볼 수 있는 외관은 18세기 후반에 건설된 것이다. 장엄한 원주 기둥이 있는 포르티코와 페디먼트로 이루어진 웅장한 팔라디오 양식의 건축물은 다시 조각된 성 카시미어, 성 스타니슬라우스, 성녀 헬레나가 성당 지붕을 장식하고 있다. 빌뉴스의 고대 성곽의 기초 위에 건설된, 홀로

서 있는 높은 흰색 자립 종탑을 주목해서 보자.

성당 안으로 들어가 동굴 같은 본당과 11개의 예배당은 리투아니아의 수호성인을 기리는 하이 바로크 양식의 성 카시미어 예배당이다. 예배당 곳곳의 아름다운 프레스코화, 치장 벽토 세공, 조각상들을 찾아보고 일부 리투아니아의 지도자와 왕족의 묘실을 볼 수 있는 성당 납골당의 가이드 투어에 참여하는 것도 좋은 방법이다.

스테부크라스STEBUKLAS

'기적'이라는 뜻의 대성당과 종탑 사이, 바닥면에 적힌 석판으로 리투아니아의 빌뉴스부터 시작해 에스토니아의 탈린까지 이어진 발트의 길을 기념하는 석판이다. 독립이 된 이후 이 석판 위를 3바퀴 돌면 소원이 이루어진다는 이야기가 돌면서 지금도 관광객이 주위를 빙글빙글 돌고 있다.

게디미나스 동상

대성당의 오른쪽에 있는 커다란 동상으로 수도를 빌뉴스로 옮긴 것을 기념하는 동상이고 동상 아래에는 수도를 옮기는 데 도움을 준 5대 공작의 얼굴이 새겨져 있다.

BALTIC STATES Tip

대성당의 특징

천둥의 신인 페르쿠나스(Perkunas)에게 제사를 지내던 장소를 국가의 상징물로 만들었다. 1387년부터 2년 동안 최초의 목조 성당이 세워졌다. 파괴되었지만 다시 복원되었다. 성당 뒤에 있는 성 카시미르 예배당은 바로크식 둥근 지붕과 화려한 대리석, 프레스코화로 장식되어 아직도 아름다움을 뽐내고 있다.

대성당 광장

대성당 광장
Cathedral Square

빌뉴스 성당 탑 아래에 있는 도시의 상징적인 도심 광장에서 수 세기에 걸쳐 내려온 전통을 체험할 수 있다. 대성당 광장은 신고전주의 양식의 빌뉴스 대성당과 독특한 종탑이 옆에 서있는 빌뉴스 구시가지 한복판에 있다. 빌뉴스 번화가의 교차로에 위치한 대성당 광장에서는 다양한 박람회, 행사, 콘서트, 전시회, 퍼레이드 등이 정기적으로 열린다. 성당의 건축물을 둘러보고, 고대 도시 성벽의 자취를 따라 가다보면 광장의 역사적인 기념물을 만날 수 있다.

커피와 기름에 튀긴 긴 과자인 자가레리아리Žagarėliai를 먹고 광장에 앉아서 지나가는 사람들을 볼 수 있다. 광장에서는 박람회, 야외 콘서트, 종교 행사, 군대 퍼레이드 등 다양한 이벤트를 열린다. 12월에는 높은 크리스마스 트리가 세워지고 새해에는 광장에서 예포의식과 기념행사가 열린다.

광장의 역사

리투아니아의 그리스도교 선교 이전부터 빌뉴스 시민들은 광장의 알록달록한 화강암 도로에 모여 예배 기도를 드렸다. 토속 신앙의 신성한 예배 장소에 지어진 것으로 알려진 18세기 성당이 광장을 차지하고 있다. 대성당에서 한발 뒤로 떨어져 팔라디오 양식의 파사드와 대성당 지붕을 장식하고 있는 3명의 조각상을 볼 수 있다. 높은 종탑은 성당 위로 어렴풋이 보인다. 한때 고대 로어 성의 일부였던 우뚝 솟은 작은 탑에는 신고전주 양식의 파사드와 중세시대의 초석이 남아 있다.

14세기 도시 설립의 공로를 인정받은 리투아니아 대공작 게디미나스의 청동 기념비가 가장 유명하다. 1989년의 정치적 시위 '발트의 길'을 기리는 마법의 돌(Magical Stone) 위에 서서 역사의 한 페이지를 생각해 볼 수 있다. 1만 명의 시민들이 평화로운 시위에 참여해 발트 해 국가들의 독립을 지지하기 위해 서로 손을 잡고 600km의 인간 띠를 만들었다.

대성당 광장 밖에는 녹음이 우거진 캐슬 힐이 위치해 있습니다. 리투아니아 그랜드 듀크 궁전, 게디미나스 탑, 리투아니아 국립 박물관과 응용미술 박물관이 근처에 있다.

리투아니아 국립 박물관

National Museum of Lithuania

13세기부터 1945년까지 리투아니아 인들의 삶을 알 수 있는 박물관이다. 민속 공예품이 대부분이지만 14세기에 만들어진 초창기 동전이 인상적이다.

리투아니아 귀족 궁전

Palace of the Grand Dukes of Lithuania

리투아니아 귀족들이 살았던 궁전을 재건한 곳인데 강대국의 침입을 받았던 역사를 이해하는데 도움이 된다.

1층에 16~17세기의 역사 흔적이 주로 담겨 있지만 그 이전의 귀족들의 삶을 이해할 수도 있도록 준비되어 있다. 18세기부터는 사교 행사가 주로 열렸고 러시아 점령기에 폐허가 되었다. 이후 복원사업을 거쳐 2013년에 다시 열었다.

홈페이지_ www.valdovurumai.lt
요금_ 4€ / 가이드투어 20€(학생 2€)
시간_ 화~금요일 11~18시 / 토~일요일 11~16시

게디미나스 언덕

Gediminas Hill

대성당 광장 뒤로 솟아 있는 48m높이의 언덕에서 빌뉴스 시내를 감상할 수 있다. 언덕에 있는 게디미나스 성Gediminas Castle은 13세기에 도시의 시작과 함께 지어졌으나 파괴되었다가 최근에 복원이 완료되었다. 케이블카를 이용해 언덕을 오르면서 아름다운 빌뉴스 시내를 볼 수도 있다.

게디미나스 성(Gediminas Castle)

빌뉴스 전경을 위해 찾는 관광지는 빌뉴스의 상징인 게디미나스 성Gediminas Castle 빌뉴스로 수도를 옮긴 게디미나스Gediminas 공작이 처음으로 지은 성이다.

이곳에서 보는 구시가지 전경은 아름답기로 유명하다. 구시가지는 세계문화유산으로 지정되어 있다.

리프트

2003년 빌뉴스에서 리프트가 시작되었는데, 게디미나스 언덕에서 정상까지 쉽게 올라갈 수 있다. 71m를 35초 만에 산으로 올라가고 16명이 탑승한다. 네리스(Neris) 강이 있는 도시의 아름다운 경치를 보러 언덕으로 올라간다.

▶**전화**_ +370 5 261 7453
▶**이용시간**_ 9~10월 10~21시
(10~다음해 3월까지 10~18시)
▶**요금**_ 2€

게디미나스 캐슬 타워 (Gediminas Castle Tower)

48m높이의 게디미나스 언덕Gediminas Hill 꼭대기의 대성당 뒤에 위치한 여러 번 재건된 게디미나스 캐슬 타워Gediminas Castle Tower는 빌뉴스 전경을 보기 좋은 곳이다.
카테드로스 아이크스테Kateros Aikste에서 길을 따라 가면 된다. 붉은 벽돌의 탑은 상류층 성의 일부였다. 구시가지의 아름다운 전경을 감상하려면 나선식 계단을 통해 탑의 꼭대기로 올라가면 된다.
탑 안에는 박물관이 있고 14~18세기의 성 모습을 재현한 모형과 중세 무기가 전시되어 있다.
게디미나스 타워는 빌뉴스 어퍼 캐슬의 고대 요새가 있던 잔재이다. 캐슬 힐 꼭대기의 구시가지 위로 높게 자리를 잡은 타워는 1300년대 초반, 통치 기간 동안 빌뉴스를 수도로 만든 리투아니아의 대공, 게디미나스의 이름을 따서 지어졌다. 현재, 타워 안에는 리투아니아 국립박물관의 분관이 있다.
박물관이 있고 멋진 언덕 위 전망을 선사하는 중세 시대 성탑의 기반부 안에서 도시 빌뉴스의 발상지를 확인할 수 있다. 빌뉴스 성과 도시의 매혹적인 중세시대에 관한 전시를 관람하고 역사적인 빌뉴스의 전경을 볼 수 있는 타워 꼭대기에 있는 전망대에 올라갈 수 있다.

위치_ 성당 광장에서 도보로 15분
요금_ 무료(빌뉴스 카드 소지자)

케이블카(요금 : 10유로)

게르미나스 타워를 리투아니아 국립박물관의 주요 위치와 연결하는 빠르고 경치 좋은 케이블카를 타고 올라갈 수 있다.

요새

게디미나스 타워의 요새는 녹음이 무성한 캐슬 힐 기슭에 우뚝 솟아 구 시가지를 내려다보고 있다. 원래의 목조 건축물 위에 지어진 붉은 벽돌의 성 토대를 보면, 벽돌 잔해는 1400년대 초반의 것이지만, 탑의 많은 부분은 재건되고 복원되었다. 타워 안으로 들어가 수 세기에 걸친 요새의 역사를 보여주는 전시에는 재건축 모형, 방어 장비, 유물, 고고학적 연구 결과를 볼 수 있다.

전망대

게디미나스 타워의 위층으로 올라가면 캐슬 힐 정상에 있는 전망대에서 아름다운 구 시가지와 빌뉴스 시 외곽의 전망을 조망할 수 있다. 빌뉴스 성당, 리투아니아 국립박물관, 네리스 강을 둘러싸고 있는 고대 건물 등을 찾는 재미가 있다.

게디미나스 대공의 전설

게디미나스는 스벤타라지오(Sventaragio) 계곡의 숲에서 사냥을 한 후 꿈에서 언덕 위에서 울부짖는 철로 된 늑대를 보았다. 큰 도시를 지어야 하는 장소를 알려줬고 게디미나스는 그대로 따랐다.

성 박물관(Castle Museum)

1968년에 시작해 그는 리투아니아 국립박물관의 회원이 되었다. 게디미나스 성의 박람회는 14세기에 소개된다.

17세기 후반 빌뉴스 성Vilnius castle, 무기, 옛 빌뉴스Bilnius의 상징적인 재구성의 시작. 탑 꼭대기에는 빌뉴스의 멋진 파노라마가 보이는 전망대가 있다.

홈페이지_ www.lnm.lt
요금_ 5€(학생 2.5€)
시간_ 4~9월 10~21시(10~다음해 3월 18시까지)
전화_ +370-5-261-7453 / +370-5-262-9426

삼 십자가 언덕
Three Crosses Hill

경치 좋은 언덕 위 리투아니아의 전설이 깃든 기념물에 오르면 파노라마처럼 펼쳐진 아름다운 빌뉴스의 스카이라인을 볼 수 있다. 빌뉴스 주변 7개의 언덕 중 하나의 녹지에서 형태가 뚜렷한 하얀색 3개의 십자가 기념물이 우뚝 솟아 있다. 전설에 따르면 언덕 꼭대기는 프란치스코 수도사들이 순교한 성지이다. 언덕을 천천히 오르면 17세기 초부터 사람들이 숭배했던 장소를 만날 수 있다. 전망대에서 바라보면 도시 전체를 더 멀리 더 넓게 볼 수 있는 장점이 있다.
삼 십자가는 칼누 파크의 언덕 위에 위치해 있다. 칼누 파크는 빌뉴스의 구시가지 서쪽에 있다. 언덕에 오르면 일부 가파른 곳이 있으며 시간은 약 20분 정도 소요된다. 칼누 파크는 3개의 십자가 언덕으로 이어지는 오솔길을 만나게 된다. 낡은 나무 계단을 오르다 보면 언덕 꼭대기에서 한적한 풀밭을 만나게 된다. 풀숲에서 흰색 콘크리트 십자가가 우뚝 솟아 있다. 1950년, 소련이 파괴한 십자가를 교체할 목적으로 1989년에 기념물이 세워졌다.
3개의 십자가가 세워진 장소는 도시풍경을 즐기고 빌뉴스 주변 6곳의 다른 언덕 꼭대기를 조망할 수 있는 전망대이다. 성 베드로와 성 바울 교회의 높은 첨탑, 눈에 띄는 빌뉴스 성당의 하얀 종탑, 서쪽 캐슬 힐에 있는 게디미나스 탑Gediminas Tower을 볼 수 있다. 오후 늦게 삼 십자가에 오르면 아름다운 석양을 볼 수 있다.

삼 십자가 전설

리투아니아 대공국 역사에 관한 16세기, 연대기에 따르면 14명의 프란치스코 수도사들이 빌뉴스에 와서 복음을 전도했다고 한다. 현지 마을사람들은 분노하여 수도원을 불태웠다. 전에는 '블리크 언덕Bliek Hill' 이라 알려진 언덕 꼭대기에서 7명의 수도사들은 참수형을 당하고 나머지 7명은 십자가에 못 박혀 죽은 후 네리스 강Nelis River에 버려졌다. 전설은 엉성하지만 16세기 이후 사람들은 14명의 수도사들을 추종하기 시작했다. 그들을 기리기 위해 언덕 위에 3개의 십자가 최근에 재현된 것이다.

문학골목

literature alley

골목길을 걷다가 발걸음을 멈추게 하는 곳은 문학골목으로 유명 문학인의 작품과 사진들이 담벼락에 촘촘히 붙어 있다. 리투아니아의 문학인과 문학사를 한눈에 볼 수 있도록 만든 참신한 아이디어가 돋보인다. 현재 101명의 문학인이 소개되어 있는데 누군가를 기다리는 빈자리는 여유와 여백의 미를 느끼게 한다.

빌뉴스의 크리스마스

빌뉴스 TV 송신탑

Telecentras

리투아니아에서 가장 높은 초현대적인 첨탑에는 회전식 전망대와 주변 시골의 멋진 풍경이 한눈에 내려다보이는 카페가 있다. 빌뉴스 TV 송신탑의 첨탑 부분은 높이가 327m로 리투아니아에서 가장 높은 구조물이다. 1980년에 완공된 거대한 TV 및 라디오 송신탑은 빌뉴스를 대표하는 상징물로 도시의 특별 행사에 따라 새로 단장했다. TV 송신탑의 전망대에서 빌뉴스와 그 외 지역의 멋진 경관을 구경할 수 있다.

도시 어디에서나 빌뉴스에서 가장 높은 구조물인 TV 송신탑을 바라볼 수 있다. 송신탑 아래를 둘러보고 엘리베이터를 타고 위로 올라가면 전망대가 있다. 송신탑 지하에 가면 리투아니아 독립 투쟁을 기념하고 1991년 소비에트 군대와의 항쟁에서 사살된 14명의 비무장 민간인을 기리는 전시관이 있다.

소비에트 군대가 송신탑을 점령을 하려고 했을 당시 송신탑 지하는 봉쇄되었고 무력 충돌에서 700명의 시민들이 부상을 입었다. 송신탑 지하에는 기념표지물과 기념수가 있다. 자유의 종 상단에는 8m 높이의 동상 희생Sacrifice이 하늘을 향해 팔을 들고 서 있다.

전망대

초고속 엘리베이터를 타고 45초 이내에 18층을 오르면 현기증 나는 높이의 전망대에 도달할 수 있다. 이곳에서 회전식 바닥이 있는 초현대적인 식당인 밀키 웨이(Paukščių Takas)가 있다.

전망대 높이는 165m이고 55분 간격으로 회전한다. 점심이나 저녁 식사를 즐기며 천천히 바뀌는 풍경을 내다보고, 한 잔의 차 또는 커피를 마시며 전망을 즐기는 모습을 볼 수 있다. 빌뉴스 도시 스카이라인을 감상하면서 시내를 조망할 수 있다. 날씨가 맑으면 송신탑에서 육안으로 50㎞ 너머까지 볼 수 있다.

위치_ 역사 지구 서쪽 5km 떨어진 Karoliniškės 위치

주소_ Sausio13-osios gatve 10

시간_ 11~22시

홈페이지_ www.telecentras.lt

요금_ 6€(어린이 3€)

그루타스 공원
Grutas Park

2001년 4월에 완공된 공원은 입구부터 특이하다. 93개의 동상과 조각상이 전시되고 있다. 감시초소가 있고 철조망이 있는 이 공원의 컨셉은 시베리아라고 한다.
시베리아로 사람들을 나르던 기차까지 있다. 이곳에 수용되던 이들은 누굴까? 소련시대의 동상들이다. 소련시대가 종식되면서 리투아니아 전역에 있던 동상과 조각상을 철거했는데 처리방법을 놓고 많은 토론이 오갔고 동상을 용해하거나 파괴하는 대신 이렇게 한곳에 모아 공원을 만들기로 한 것이다.
레닌, 스탈린 등의 조각상은 당대에 유명한 조각가가 만든 것으로 미적 감각은 뛰어나다고 한다. 공산 세계가 무너진 후 그들의 조각상과 동상을 파괴함으로써 일종의 한풀이를 했다. 반면 리투아니아는 그들을 한곳에 모아 감금하는 방법으로 세련된 한풀이를 하고 있는 것이다.

공원에는 박물관과 미술관도 만들어 놓았고 한해 20만 명 정도가 찾는다고 하는데 자라나는 아이들의 교육에 큰 도움을 주고 있다.

그루타스 공원식당
식당에서 맞이하는 이들의 복장도 특이하다. 소련시대 가난한 이들의 음식을 먹는 특이한 경험을 할 수 있다. 빵 위에 청어와 양파를 얹고 보드카를 한 번에 다 마신 후에 빵을 먹는다. 보드카를 먹는 잔에 눈금이 표시되어 있다. 100g은 조국을 위하여, 150g은 당을 위하여 200g은 스탈린을 위하여라는 문구가 표시되어 있다. 스탈린이 조국과 당보다 위에 있다는 것을 표현했는데 권력이 얼마나 강력했는지 알 수 있다.

우주피스
Uzupis

빌뉴스의 몽마르트로 불리는 언덕의 예술인 마을로 유명한데 이 우주피스는 소련시대만 해도 가장 낙후되고 소외된 마을이었으나 지금은 누구나 부러워하는 마을이 되었다. 독립과 함께 많은 예술인이 마을로 들어와 살면서부터이다. 낡고 초라한 건물들은 예술가들에 의해 특색있고 볼만한 건물들로 바뀌어갔고 더 많은 예술가들이 합류하면서 마을은 활기를 찾았다.

젊은 예술가들은 그들의 재능을 마을을 살리는데 쏟아 부었다. 연주회나 설치 예술작업을 개최하면서 인기를 얻었고 흥미롭고 매력 있는 마을이 되었다. 그리고 우주피스를 더 좋은 마을로 바꾸기 위한 작업은 지금도 진행 중이다.

빌뉴스의 박물관

리투아니아 국립박물관(National Museum)

선사 시대부터 현대까지 시대별로 리투아니아 문화를 중점적으로 살펴볼 수 있는 박물관 단지로 구성되어 있다. 리투아니아 국립박물관National Museum은 빌뉴스의 주요 유적지 내에서 전시되었던 방대한 규모의 리투아니아 문화유산을 소장하고 있다. 이곳에서 빌뉴스 성, 고대 요새, 오래된 농가와 관청 건물에 보관된 역사, 고고학, 민속학에 관한 다양한 전시물을 둘러볼 수 있다. 1855년 빌뉴스 골동품 박물관으로 설립된 리투아니아 국립박물관에는 석기시대 유적, 중세시대 기념물, 민속 예술품을 포함해 800,000점 이상의 소장품이 있다.

캐슬 힐 기슭에 위치한 신무기와 구무기 전시관 빌딩 안에 박물관 본관이 있다. 신 무기관에서는 19세기 중엽 초기 박물관의 모습을 살펴볼 수 있고 13~19세기까지의 리투아니아 역사를 좀 더 깊이 이해할 수 있다. 민속 예술, 농부의 생활상, 주물 십자가 등 오랜 역사를 자랑하는 수제품을 포함해 국가 형성과 관습에 대해서도 알 수 있다.

구 무기관이 있는 빌뉴스 로어 성의 홀을 투어하고 전시 중인 중석기 시대와 신석기 시대의 고고학적 발견들을 볼 수 있다. 옛날 도자기와 도구들, 복원된 중석기 시대의 성직자 묘가 있다. 리투아니아의 기존 발트 문화의 역사와 지역 민속학에 대해 알아볼 수 있는 박물관이다.

요금_ 빌뉴스 시티 카드 소지자 무료 **시간_** 월요일 휴관

관람 순서

가파른 언덕을 따라 오르거나 케이블카를 타고 게디미나스 성 탑에 도착하면 빌뉴스의 탄생지인 고대 요새의 흔적을 찾아볼 수 있다. 복원된 탑 내에 있는 박물관을 둘러보고 나서 위층에서 파노라마처럼 펼쳐진 도시를 감상하면 된다.

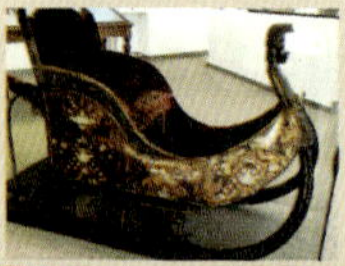

전망대

도시 전체를 둘러보며 하우스 오브 시그너토리, 빈카스 쿠르디카 박물관(Vincas Kurdika Museum), 요나스 슬리우파스(Jonas Sliupas) 메모리얼 농가, 요나스 바사나비시우스Jonas Basanavicius 생가 등 여러 지역의 박물관 위치를 확인할 수 있다.

KGB 박물관(KGB Museum)

벽에 수많은 사람들의 이름이 새겨진 건물은 소련 시대에 빨치산 활동을 하다가 살해된 사람들이다. 소련시대 KGB건물이었던 이곳은 지금 박물관으로 사용하고 있다. 박물관 2층에는 흑백사진으로 시베리아로 끌려간 사람들의 역사적 사실에 관한 것을 알려주는 사진들과 옷가지가 전시되어 있다.

리투아니아는 40년대부터 50년간 소련의 지배를 받았다. 당시 36만 명이 사망했거나 시베리아로 강제 추방되었다. 지하에는 수많은 라투아니아 인들이 고문당하고 쥐도 새도 모르게 처형당하는 공간을 그대로 남겨두었다. 잠을 자지 못하게 하는 서 있는 방도 있는데 죽지 않을 만큼만 제공받았던 음식들과 함께 그들의 힘겨운 싸움을 느낄 수 있다.

완벽한 방음을 갖춘 고문실 등이 당시의 상황을 말없이 웅변하고 있다. 또 다른 지하실은 몰래 처형을 자행했던 처형실에는 아직도 당시의 총탄 자국이 그대로 남아 있다. 가슴을 뭉클하게 만드는 현장으로 우리나라의 서대문 형무소 같다.

리투아니아 전통음식

리투아니아를 대표하는 음식은 '체펠리나이[Cepelinai]' 정도로만 아는 사람들이 많다. 이마저 모르는 사람들이 더욱 많겠지만 리투아니아는 의외로 대표적인 음식들이 많다. 리투아니아는 독일 기사단의 영향으로 독일과 폴란드의 음식에도 영향을 받았다.

호밀 빵 (Juoda duona)

리투아니아는 농사가 잘되지 않는 춥고 거친 환경에 놓여 있었다. '호밀 빵'은 먹을 것이 풍부하지 않은 옛날부터 리투아니아 인들이 즐겨 먹던 전통음식이다. 먹을 것이 없던 시절에 사람들은 '호밀 빵'을 신성한 음식이라고 생각했다. 호밀 빵만으로 식사를 하는 경우도 다반사였다.
호밀 빵은 수프, 샐러드와 곁들어 먹거나, 샌드위치를 만들 때 사용한다. 레스토랑에서는 음식을 주문하면, 식전 빵으로 나오거나 따뜻한 수프와 함께 나온다. 리투아니아에는 빵 종류가 다양한 이유가 주식으로 빵을 중요하게 생각하기 때문이다. 마요네즈, 치즈, 마늘을 첨가해 튀겨서 술안주로도 먹는다.

키비나이 (Kibinai)

리투아니아의 트라카이에서 빵 속에 고기가 들어간 키비나이가 유명하다. '키비나이'는 간단하게 먹을 수 있어서 전쟁에 대비해 만들었다.

커드치즈 (Varškės sūris)

리투아니아의 대표적인 '커드치즈'는 젖소에서 짜낸 우유로 만들어진다. 주로 디저트로 먹는 커드치즈는 달고, 짭짤한 맛을 지니지만 연하고 부드러운 식감을 가지고 있다. 꿀이나 잼을 발라먹지만 그냥 먹어도 부드러워 먹기에 좋다.

살티바르시아이 (Šaltibarščiai)

살티바르시아는 관관객에게 호불호가 갈리는 전통음식이다. 색깔이 보통의 스프와 다른 밝은 분홍색이기 때문에 처음 보면 신선하다고도 하고 이상하다고도 한다. 발효시킨 우유, 비트 , 오이, 파, 달걀 등을 스프에 넣고 삶은 감자와 함께 먹는다. 특이한 것은 여름에는 차가운 스프로 먹는다는 것이다.

체펠리나이 / 딛츠쿠쿠리아이 (Cepelinai/ Didžkukuliai)

비행선 모양에서 이름이 유래한 체펠리나이는 리투아니아에서 가장 유명한 요리일 것이다. 비행선 모양에서 유래한 것이다. 현재는 딛츠쿠쿠리아이라는 이름을 더 많이 사용하고 있다. 속에 감자뿐만 아니라 고기, 버섯 등이 들어간다.

제마이츄 브리나이 (Žemaičių blynai)

삶은 감자를 고기, 버섯, 커드로 채워 튀긴다. 튀겨서 상하는 것을 방치하려고 했던 이 음식도 느끼하다. 리투아니아 인들도 시큼한 크림과 함께 먹는다.

바란데리아이 (Balandėliai)

배추쌈처럼 보이는 바란데리아이는 배추 안에 쌀과 고기를 채워 만든다. 느끼하기 때문에 감자나 소스가 함께 있어야 한다.

베다라이 (Vėdarai)

한국의 순대와 거의 비슷하다. 돼지창자 안에 빻은 옥수수, 감자를 으깨 채운다. 우리나라에서 느끼한 음식을 김치와 먹듯이 시큼한 크림 함께 먹는 것이 특징이다.

트라토리아 드 플라비오

Trattoria de Flavio

리투아니아 전통음식을 바탕으로 지중해의 해산물 요리를 접목시킨 요리를 선보인다. 청어요리에 레몬을 곁들여 신선함을 높이고 돼지고기와 감자로 만든 요리들이 주 메뉴이다. 현지인의 기호에 맞추어서 호불호가 갈린다.

주소_ Ligonines g. 5
요금_ 주 메뉴 10~20€
시간_ 12~23시
전화_ +370-5212-2225

스윗 루트

Sweet Root

우즈피스에서 리투아니아 전통음식을 재해석해 유럽의 다른 나라 음식에 조화를 이룬 요리로 인기를 끌고 있다. 비트, 말린 버섯, 양파, 감자, 훈제 고기 등의 재료를 사용하고 신선한 채소로 기발한 음식을 만든다. 다만 우리나라 관광객의 입맛에는 조금 난해할 수 있으니 추천음식으로 선택하는 것이 좋겠다.

주소_ Uzupio g. 22-1
요금_ 주 메뉴 10~20€
시간_ 12~23시
전화_ +370-6856-0767

텔레그라파스
Telegrafas at Kempinski

1897년부터 시작되었지만 내부 인테리어는 깔끔하고 세련된 분위기다. 고급 레스토랑답게 음식의 질도 높고 서비스 수준도 훌륭하다.
메인 요리는 가격대가 비싸서 부담이 되지만 고급호텔의 유명 셰프가 만드는 요리에 맛있는 음식을 먹을 수 있다. 스테이크와 튀긴 브리나이는 커드치즈와 함께 먹으면 더욱 풍부한 식감을 나타낸다. 리투아니아에서 가장 고급 레스토랑으로 추천해주는 곳이다.

주소_ Universiteto g. 14
요금_ 주 메뉴 15~40€
시간_ 07~11시 30분, 18시 30분~22시 30분
전화_ +370-5220-1160

두블리스
Dublis

사전에 미리 예약을 하는 고급 레스토랑으로 가격은 비싸지만 음식은 맛있다고 소문난 맛집이다. 직원은 친절하고 내부 인테리어는 차분하고 조용한 느낌이다.
코스별로 나오기 때문에 허겁지겁 먹기보다 맛을 즐기면서 여행의 이야기를 풀어 놓으면 좋은 레스토랑이다. 스칸디나비아 스타일의 재료 본연의 맛을 내도록 짠맛도 덜하다.

주소_ Traku g.14
요금_ 주 메뉴 10~25€
시간_ 12~23시
전화_ +370-6744-1922

아만두스
Amandus

리투아니아에서 맛본 음식 중 가장 입맛에 맞도록 요리를 해주어 먹을 때 입안에서 소스와 함께 녹는 맛은 잊을 수 없다. 주말에는 30분 이상 기다려야 먹을 수 있으니 미리 예약을 하고 가야 기다리지 않는다. 각 음식마다 담는 용기와 플레이팅도 자연에서 가지고 온 재료이기 때문에 친환경적이라는 취지에 맞다.

주소_ Pilies st 34 at Hotel Artagonist
요금_ 주 메뉴 10~25€
시간_ 11~22시
전화_ +370-6754-1191

차이카
Chaika

파니니와 케이크, 다양한 주스를 마시면서 이야기를 나누기 때문에 한 끼를 해결하기보다 간식이 더 적합할 수도 있다.
북유럽스타일의 목조주택에 간결한 내부 인테리어도 리투아니아에 있을 것 같지 않은 카페이다. 관광객보다 현지인이 더 많이 찾는 카페로 단맛이 강한 케이크가 우리나라 관광객의 입맛에 달 수 도 있다.

주소_ Totoriu g.7
요금_ 주 메뉴 10~25€
시간_ 11~19시
전화_ +370-6004-7200

하차푸리 소두
Chacapuri Sodu

리투아니아에서 특이하게 조지아 음식인 하차푸리를 요리하는 레스토랑이 신기하지만 현지인들의 사랑을 받고 있다. 정통 조지아 음식인 하차푸리Chacapuri와 힝칼리Hinchali를 주메뉴로 하고 있으며 탄산수와 함께 먹으면 느끼함이 줄어든다.

하차푸리(Khachapuri)

피자를 닮은 하차푸리는 안에 치즈를 넣었기 때문에 칼로리가 대단히 높다. 2조각정도를 먹으면 배가 부를 정도이다. 밀가루 반죽 안에 치즈를 듬뿍 넣고 오븐이나 화덕에 구워 조지아 와인과도 잘 어울린다.

힝칼리(Khachapuri)

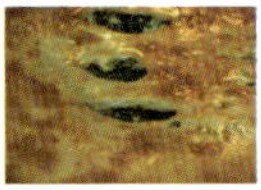

우리의 왕만두를 닮은 힝칼리는 만두를 빚는 것과 마찬가지로 속에 야채와 고기를 넣어 빚어서 육수에 담아 익힌 후에 건져낸다.

주소_ Sodu g.9
요금_ 주 메뉴 10~25€
시간_ 12~23시 **전화_** +370-5240-5851

세인트 게르민
Saint Germin

중세풍의 골목길에 레스토랑이 늘어서 있는 곳에서 스테이크와 생선요리를 주메뉴로 한다. 관광객이 많이 찾아서 바쁠 때는 불친절하다고 느낄 수도 있지만 서비스는 좋은 편이다.
스테이크는 부드럽고 질기지 않아 먹기에 좋다. 생선요리는 조금 짜다는 것만 빼면 맛있다.

주소_ Literatu g. 9
요금_ 주 메뉴 10~20€
시간_ 11~23시
전화_ +370-5262-1210

스테이 익스프레스 호텔
Stay Express Hotel

올드 타운 광장에서 300m 떨어진 위치가 좋은 호텔로 가격도 저렴하고 직원들이 친절하여 자유여행자들에게 인기가 있는 호텔이다. 버스터미널에서 500m정도로 가깝지만 오래된 호텔이라 시설은 감안

하고 지내야 한다. 저렴한 가격에 호텔에서 머물고 싶다면 추천한다.

주소_ Vingriy g. 14, 빌뉴스 올드 타운, LT-01309
요금_ 트윈룸 33€~
전화_ +370-6851-4933

빌뉴스 Sleeping의 특징

빌뉴스 여행에서 관광객에게 가장 좋은 숙소의 위치는 역시 구시가지이다. 구시가지 내에는 호텔과 호스텔이 많이 있다. 어디에 숙소를 잡아야할지 고민이 된다면 구시가지 내에서는 어디든 상관없다는 사실이다. 구시가지는 가까워 어디든 도보로 이동이 가능하고 밤에도 위험하지 않다.

여름에도 덥지 않은 빌뉴스의 숙소에는 에어컨이 없고 선풍기만 있는 곳이 많다. 북유럽의 여러 호텔도 에어컨이 없는 숙소가 많은 것처럼 같은 북방의 리투아니아 빌뉴스도 마찬가지 이유이다.

빌뉴스는 2층 침대의 도미토리로 8~10명까지 같이 사용하는 호스텔은 많지 않다. 호스텔은 오전에 체크아웃을 하면 청소를 하고 14시부터 체크인을 하기 때문에 오전에는 체크인을 안 해 주는 숙소가 많다. 오전에는 짐만 맡기고 관광을 하고 돌아와 체크인을 해야 한다. 호텔은 다소 체크인 시간이 아니어도 유동적이지만 호텔마다 직원마다 다르다.

이볼리타 호텔
Evolrita Hotel

버스터미널에서 약 5~10분정도 소요되는 3성급 호텔로 가격도 저렴하고 직원들이 친절하여 자유여행자들에게 인기가 있는 호텔이다. 버스터미널에서 가깝고 크지만 오래된 호텔이라고 해서 시설의 수준이 떨어지지 않는다. 조식은 많이 먹을 수 있지만 재료가 싱싱하지 않아 맛이 없다.

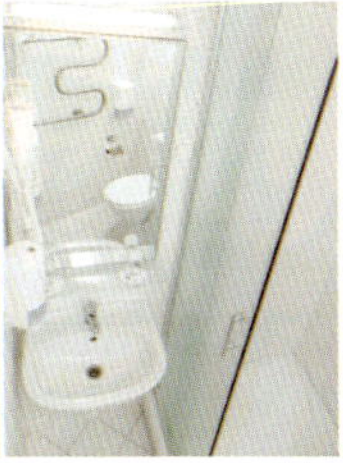

주소_ Vingriy g. 14, 빌뉴스 올드 타운, LT-01309
요금_ 트윈룸 33€~
전화_ +370-6851-4933

파노라마 호텔
Panorama Hotel

새벽의 문에서 500m 정도 떨어져 있어 위치가 너무 좋은 중심에 있는 호텔이다. 구시가지를 여행할 때 어디든 걸어가기가 편하다.
현대적인 느낌의 호텔로 저렴하고 청결한 호텔을 원하는 여행자에게 추천한다. 건물에 많은 객실까지 갖추어 예약에 여유가 있지만 냉장고가 없어 여름에 묶을 때는 감안하고 예약해야 한다.

주소_ Sodu g. 14, 빌뉴스 올드 타운, LT-03211
요금_ 트윈룸 52€~
전화_ +370-5233-8822

알렉사 올드 타운 호텔

Alexa Old Town Hotel

오래된 고택을 숙소로 만들어 중세 분위기에서 지내고 싶은 여행자에게 추천한다. 직원은 24시간 상주하기 때문에 늦게라도 체크인이 가능하고 빌뉴스 시내를 자전거를 빌려 둘러볼 수 있다.

새벽의 문에서 가까워 버스 정류장과 구시가지 관광이 편하게 이루어진다. 방이 좁고 조식은 적절하지만 맛이 있지는 않다. 작은 호텔이지만 조식이 잘 나와 여행자들이 좋아한다.

주소_ Pylimo g. 53, 빌뉴스 올드 타운, LT-01137
요금_ 트윈룸 46€~
전화_ +370-5219-1780

리얼 하우스 B & B

Real House B & B

아파트형 호텔로 조리를 할 수 있고 에어컨과 욕실까지 있는 넓고 쾌적한 호텔로 길가에 있지만 호텔 간판이 잘 보이지 않아 처음에 찾기가 힘든 단점이 있다.

구시가지에서 도로보 5분 정도 소요된다. 냉장고와 에어컨, 드라이기까지 비치되어 여성들이 좋아하고 조식도 상당히 많은 재료가 준비된다. 다시 머물고 싶은 가성비가 아주 좋은 호텔로 추천한다.

주소_ Siauliy g. 8-1, 빌뉴스 올드 타운, LT-01134
요금_ 트윈룸 54€~
전화_ +370-6551-9160

시티 호텔 알기르다스
City Hotel Algirdas

자유여행자에게 인기가 높은 호텔로 걸어서 15분 정도의 거리에 있어 시내 중심으로 이동해야 하는 불편은 있지만 가격이 적당하고 시설이 좋다.
공간이 넓고 직원이 친절하여 더 오래있고 싶다는 생각이 든다. 구시가지로 가는 길에 마트 등이 있어 늦은 시간에 다니지 않으면 위험하지 않다.

주소_ Algirdo g. 24, Naujamiestis, LT-03218
요금_ 트윈룸 56€~
전화_ +370-5232-6650

호텔 콩그레스
Hotel Conggress

19세기의 오래된 건물에 구시가지에서 500m정도 떨어진 4성급 호텔로 고전적인 분위기로 꾸며져 있다.
청결하게 유지하여 깨끗하며 룸 내부가 넓어 편안하게 만들어준다. 조식뷔페도 좋고 영어로 의사소통이 가능한 친절한 직원까지 단점을 찾기 힘들다. 에어컨도 잘 나와 부부와 가족단위의 여행자가 특히 좋아한다. 빌뉴스 성곽과 게디미나스 탑이 600m 정도 떨어져 있다.

주소_ Vilnius g. 2/15, 빌뉴스 올드 타운, LT-01102
요금_ 트윈룸 108€~
전화_ +370-5269-1919

셰익스피어 부티크 호텔
Shakepeare Boutique Hotel

호텔이 많지 않은 빌뉴스에서 대한민국의 여행자가 잘 모르는 호텔이다. 17세기식의 궁전에 자리 잡은 호텔의 직원은 친절하고 청결하여 세련된 분위기로 연출해 지내기 좋은 4성급 호텔이다.
중심부인 게디미나스 탑과 대통령 궁, 빌뉴스대학교가 5분 이내의 위치에 있다. 구시가지 내에는 공간이 한정되어 여름이면 관광객이 많이 늘어나기 때문에 숙소가 부족한 경우도 발생하고 있다. 1층의 레스토랑은 리투아니아 전통요리를 전문으로 한 음식의 맛도 상당히 좋다. 룸 내부는 큰 편은 아니다.

주소_ Bernardinu g. 8/8, 빌뉴스 올드 타운, LT-01124
요금_ 트윈룸 104€~
전화_ +370-5266-5885

귀네주 아파트 1
Gyneju Apartment 1

구시가지에 있는 좋은 시설을 갖춘 아파트로 위치도 좋다. 호텔보다 상당히 가격이 저렴하고 더 넓은 공간에 사우나 시설도 있으며 조리할 수 있는 식탁과 요리시설도 갖추고 있다. 다만 처음에 출국하기 전에 메일로 예상 도착시간을 알려주고 공항에서 미리 전화를 하는 것이 아파트에 도착해서도 헤매지 않는 방법이다.

귀네주 아파트 1(Gyneju Apartment 1)
주소_ Gyneju g. 14, Naujamiestis, LT-01109
요금_ 트윈룸 31€~
전화_ +370-6759-9978

귀네주 아파트 2(Gyneju Apartment 2)
주소_ Gyneju g. 14, Naujamiestis, LT-01109
요금_ 트윈룸 31€~
전화_ +370-6759-9978

25 아워스 호스텔
25 Hours Hostel

구시가지 내에 있는 호스텔로 버스터미널 바로 앞에 있고 주인 아주머니는 친절하고 가격이 저렴하지만 넓은 공간에 침대도 편하다.
다른 호스텔은 저녁 늦게 도착하면 체크인에 문제가 발생하는 데 24시간 프런트가 운영 중 이어서 체크인에 문제가 발생하지 않고 찾아가는 길도 쉽다. 조용하고 정을 느낄 수 있는 호스텔로 추천한다.

주소_ Sodu g. 9, 빌뉴스 올드 타운, LT-01313
요금_ 트윈룸 12€~
전화_ +370-5233-8167

소두 호스텔
Sodu Hostel

빌뉴스에서 호스텔로는 가장 시설이 좋다고 하는 호스텔로 구시가지내에 있다. 게디미나스 탑에서 5분 거리에 있는 인기 있는 호스텔이다. 많은 여행자들이 찾는 호스텔로 어디를 가도 안전하게 여행이 가능하다. 깨끗한 시설이지만 침대가 딱딱하다는 평이 있다.

주소_ Sodu g. 8, 빌뉴스 올드 타운, LT-01313
요금_ 트윈룸 10€~
전화_ +370-5233-6187

리투아니아 소도시

남부 | **트라카이**

서부 | **카우나스**

북부 | **샤울레이**

서북부 | **클라이페다 · 네링가 · 팔랑가**

Trakai

남부 | 트라카이

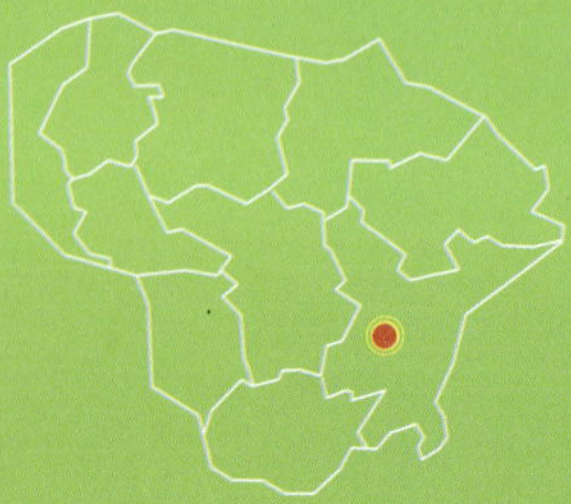

Trakai

오늘날 트라카이Trakai는 거대한 두 호수사이에서 북쪽으로 좁아지는 반도에 위치한 작고 조용한 숲과 호수의 도시로 알려져 있다. 리투아니아에는 2,800여개의 호수가 있어 호수의 나라로 불리기도 한다.

트라카이 역사

게디미나스Gediminas가 빌뉴스에서 서쪽으로 27㎞ 떨어진 트라카이Trakai에 1321년 수도를 세웠다고 한다. 그리고 다음 100년 동안 트라카이Trakai의 호숫가에 위치한 두 곳의 성이 독일 기사단을 방어하기 위해 세워진다.

한눈에 트라카이 파악하기

트라카이Trakai의 기차역에서 브타누토Vytauto 거리를 따라 중앙광장으로 이동하면 버스 터미널이 나오고 더 북쪽으로 올라가면 카라이무Karaimu 거리에서 관광명소가 보이게 된다.

카라이무Karaimu 거리를 따라 늘어선 나무로 된 집들 중 30번지에는 바그다드에서 생겨나 모세의 율법에만 따르는 유대교의 분파 카라이마이Karaimai의 19세기 초 기도의 집이 있다. 약 100여명의 카라이마이Karaimai가 트라카이Trakai에 여전히 살고 있다고 한다. 카라이무Karaimu 거리에서 남쪽으로 약 200m 정도 떨어진 자리오리 거리를 따라 15세기의 아름다운 묘지가 있으며 성 지역에서 북서쪽으로 300m지점에서 시작된다.

트라카이 성
Trakai Castle

트라카이 성Trakai Castle의 유적이 시내 남쪽 끝에 위치한 호숫가에 있는 가까운 공원에 위치하고 있다. 트라카이 성Trakai Castle은 1362~1382년에 건설되었는데 지금은 다시 복원된 붉은 벽돌로 된 고딕 양식의 기원은 1400년경까지 거슬러 올라간다. 해자로 둘러싸인 중앙탑에는 동굴모양의 중앙 궁전과 여러 개의 갤러리, 홀과 방 등이 있으며 트라카이 역사박물관Trakai History Museum이 자리하고 있다.

나무로 만든 판자 위를 걷다 보면 트라카이 호수Trakai Lake에서 고혹적인 박물관과 활터가 자리한 동화 같은 성을 만나게 된다.

트라카이 성Trakai Castle은 맑은 물 위에 떠 있는 것처럼 보인다. 1400년대 초 최초로 세워진 한 폭의 그림같이 아름다운 석조 성은 작은 '마리엔 부르크'라 불리기도 한다. 복원된 성벽 안에 있는 역사박물관을 둘러보면 이곳이 왜 리투아니아 대공국의 전략적 요충지인지 알 수 있다.
오랜 역사가 깃든 전시물과 종교, 문화 유물 전시를 통해 관람객들의 관심을 끄는 성의 유산을 한눈에 엿볼 수 있다.

홈페이지_ www.trakaimuziejus.lt
주소_ Karaimy g.41
요금_ 7€
시간_ 5~9월 10~17시(3, 4, 10월 19시까지)

역사박물관

호수 한 가운데에 자리한 트라카이 성Trakai Castle은 붉은 빛깔의 성과 호수가 잘 어우러져 뽐내고 있다. 지금은 다리가 놓여 있어 건너기가 수월하지만, 중세의 이 성은 난공불락의 요새였을 것이다.
성 외부의 아름다움에 비해 성 내부는 별로 볼만한 것이 없는 것이 아쉽지만 호수 위에 떠 있는 듯 아름다움만으로도 이 성은 수많은 관광객을 끌어 모으고 있다. 아름답고 오래된 역사를 되새기는 성이다.

둘러보기

트라카이Trakai 본토와 연결되어 있는 길고 아름다운 판자 위를 걷다 보면 트라카이 성에 닿을 수 있다. 복원된 위층 바닥과 코너 탑 아래에서 벽돌로 튼튼히 쌓은 원래의 성벽 토대를 눈으로 확인할 수 있다. 성문을 지나면 오랜 역사가 느껴지는 안뜰을 만나게 된다. 웅장한 공작 저택 꼭대기에는 5층짜리 망루 또는 내부 탑이 자리해 있다.

박물관 전시 목적으로 복원된 전시실과 홀

왕궁 남쪽 부속 건물의 듀칼 홀에 화려한 장식물이 그대로 남아 있다. 아름다운 성을 통치했던 공작들의 연대기를 한눈에 살펴보고 이곳에 거주했던 타타르 족과 카라임 사람들에 대해 알 수 있다.
그들은 만든 전형적인 중세 시대의 도자기와 민속 의상을 비롯해 다양한 동물 박제품, 활터에서 큰 활과 석궁 쏘기를 체험할 수 있다.

위치_ 빌뉴스에서 서쪽으로 31㎞

Kaunas

서부 | 카우나스

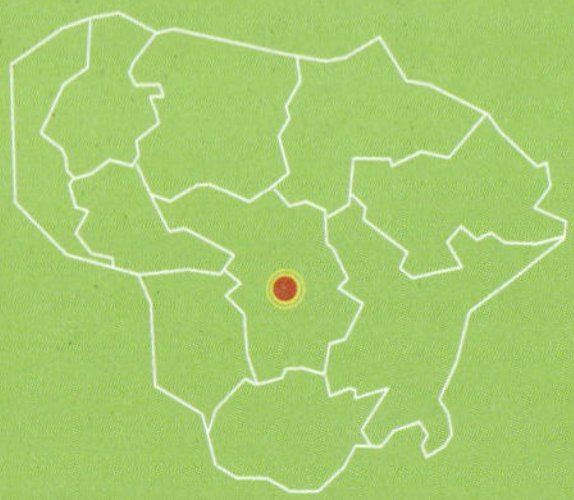

Kaunas

빌뉴스Vilnius에서 서쪽으로 110㎞ 떨어진 카우나스Kaunas는 리투아니아 인이 가장 많은 도시이다. 수도인 빌뉴스보다 더 리투아니아적인 도시로 알려져 있다.
카우나스Kaunas는 1차 세계대전 후에 잠시 빌뉴스Vilnius가 폴란드에 편입되었을 때 리투아니아의 수도였다. 빌뉴스 다음으로 카우나스Kaunas가 리투아니아의 문화거점이라고 판단하면 된다.

카우나스 IN

카우나스Kaunas는 리투아니아의 2번째 도시로 버스와 기차가 많이 운행하고 있다. 카우나스Kaunas에서 리투아니아의 빌뉴스Vilnius, 클라이페다, 팔랑가Palanga까지 매일 여러 차례 운행을 하고 있다.

버스터미널

카우나스 한눈에 파악하기

동쪽으로 신도시가 보행위주의 라이스베스 알레야Laisves Aleja에 몰려 있으며 상점, 레스토랑, 박물관, 갤러리 등이 있다.
버스터미널과 기차역은 라이스베스 알레야Laisves Aleja의 동쪽 끝에 있으며 남쪽으로 약 1㎞정도 떨어진 비타우토 프로스펙타스Vytauto Prospektas아래쪽에 위치하고 있다.

카우나스Kaunas는 리투아니아에서 2번째로 큰 도시지만 도시 전체를 보는 데 2시간 정도 소요된다. 통일 광장 주변에 수많은 15~16세기 독일 상인들의 저택들이 복원되어 있고 일부는 카페나 레스토랑들이 들어서 있다.

카우나스 핵심도보여행

수도인 빌뉴스에서 서쪽 방향으로 약 90㎞ 떨어져 있는 리투아니아의 카우나스에는 약 37만 명이 거주하고 있다. 카우나스 동물원에 방문하면 가족과 함께 다양한 동물을 구경하면서 즐거운 시간을 보낼 수 있다. 밖에 나가 신선한 공기를 마시면서 머리를 식히고 싶다면 도시락을 들고 아주올리나스 공원의 조용한 그늘 밑 벤치에서 쉬면된다.

여행 중 교양을 쌓고 지식을 넓히고 싶다면 비타아타스Vytautas 전쟁박물관 같은 문화적 명소를 방문하자. 타다스 이바나우스카스Tadas Ivanauskas 동물박물관 같은 자연사 박물관에서는 다채롭고 흥미로운 표본을 둘러보는 것도 좋지만 몰랐던 자연의 세계도 알게 될 것이다. 예술 작품에 관심이 많다면 악마 박물관이나 M.K. 츄르료니스 기념박물관에서 다양한 작품을 마음껏 구경할 수 있다. 일대에서 가장 매력적인 역사적 명소는 비타우타스 매그너스 대학교이다. 역사적 매력으로 가득한 카우나스 성 같은 성은 카우나스 여행에서 꼭 둘러봐야 할 명소이다.

다른 문화와 종교를 경험해 보는 건 여행이 선사하는 또 다른 즐거움일 것이다. 카우나스의 종교를 체험해 볼 수 있는 대천사 성 미카엘 교회, 카우나스 성당이나 파자이슬리스 수도원도 좋은 곳이다. 시청 광장에 들러 이곳만의 독특한 풍광과 소리에 흠뻑 빠져보자. 카우나스 최고의 공연장은 역시 카우나스 스테이트 드라마 극장만한 곳이 없다.

구시청사
Rotuše

시청광장에 있는 하얀 색 건물로 전혀 시청 같지 않다. 다양한 건물로 사용되다가 18세기에 내부 공사를 하면서 시청사로 사용했다. 1542년에 지어진 건물의 용도가 계속 바뀌다가 지금은 결혼식장으로 활용되기도 한다. 주말에 하얀색 드레스를 입은 신부와 하얀색 건물이 조화를 이루어 아름다운 장면을 연출하기도 한다.

주소_ Rotušės a. 15

마이로니스의 동상
Maironis

광장의 남서쪽 코너에는 마이로니스Maironis의 동상이 있다. 그는 카우나스Kaunas의 사제였으며 스탈린이 그의 작품을 금지시켰던 작가였지만 지금은 리투아니아의 국민적인 시인이 되었다.
마이로니스Maironis가 1910년부터 1932년까지 살았던 집이 지금은 문학 박물관이 되었다.

리투아니아 스포츠 박물관
Lithuanian Sports Museum

그리 멀지않은 무지에야우스Muziejaus 7에 리투아니아의 농구 선수들을 다룬 리투아니아 스포츠 박물관이 있다.

주소_ Muziejaus g. 7~9
전화_ +370-3722-0691

대통령궁
Historical Presidental Palace

카우나스Kaunas가 임시 수도(1, 2차 세계대전 사이의 1920~30년대)였던 시기에 사용된 대통령궁으로 리투아니아 현대 역사를 알 수 있는 건물이다. 리투아니아 초대 대통령의 조각상이 있다.

홈페이지_ www.istorineprezidentura.lt
주소_ Vilnius g. 33
시간_ 11~17시(목요일 19시까지 / 월요일 휴관)
요금_ 2€ **전화_** +370 3720 1778

카우나스 성

Kaunas Castle

1030년에 최초로 지어졌지만 완공은 14세기이다. 계속된 전쟁으로 파괴와 복구를 반복하다가 현재 복원된 탑과 성벽 구역은 모두 카우나스 성Kaunas Castle의 유적으로 남아 있다.

카우나스Kaunas 도시의 끝에 위치하는데 최초의 방어 요새이기 때문에 적을 처음 발견할 수 있는 지점에 성이 지어졌다. 성 주변으로 공원이 조성되어 지금은 카우나스Kaunas 시민들의 한적한 휴식장소가 되었다.

홈페이지_ www.kaunomuziejus.lt
주소_ Pilies g.17
시간_ 화~토 10~18시(일요일 16시까지, 월요일 휴관)
요금_ 2.5€

성 피터와 폴 성당
St. Peter and Paul Cathedral

규모면으로 카우나스에서 가장 큰 성당이라서 카우나스 대성당이라고 부른다. 고딕과 바질리카 양식이 혼합된 성당으로 입구의 마이로니스Maironis의 조각상을 볼 수 있다. 19세기 러시아 점령기에 민족의식을 고취시키는 민족시로 리투아니아인의 사랑을 받는 시인이다.

페르쿠노 하우스
Perkuno House

독특한 양식의 건물로 빌뉴스의 성 안나 교회St. Anne's Church와 모양이 비슷하지만 내부는 허름하다. 15세기에 카우나스 상인들이 이용하던 공간으로 19세기에 천둥의 신 페르쿠나스의 석상이 발견되어 보존되었다. 아담 미치키에비츠 기념관으로 활용하고 있다.

홈페이지_ www.perkunonamas.lt
주소_ Aleksoto g. 6
시간_ 월~금 10~16시 30분
(주말에는 단체 관광객만 입장 가능)
요금_ 2€

통일 광장
unity square

라이스베스 알레야Laisves Aleja에서 한 블록 북쪽에는 통일 광장이 있다. 이 광장에는 14,000명의 학생들이 다니는 카우나스 기술대학Kaunas Technical University과 좀 더 작은 규모의 비타우나스 마그누스 대학Vytautas Magnus University이 접해 있다.

성 미카엘 대천사 교회
St. Micheal the Archangel Church

겉보기에는 러시아정교회 분위기이지만 가톨릭 성당이다. 리투아니아어로 '소보라스собopac'라고 부르기 때문에 혼동이 될 수도 있을 것이다. 성당 주위로 카페와 레스토랑이 형성되어 지친 여행자가 쉬어 가기에 좋다.

주소_ Nepriklausomybes a. 14
전화_ +370-3722-6676

미콜라스 질린스카스 미술관
Mykolas Zilinskas Art Museum

푸른색의 네오 비잔틴 양식의 성 미카엘 대천사 교회St. Micheal the Archangel Church가 우뚝 솟아 있다. 대성당을 바라볼 때 바로 오른쪽에 위치한 미콜라스 질린스카스 미술관Mykolas Zilinskas Art Museum 앞에는 자신의 남성성을 드러내며 한 남자의 멋진 동상이 서 있다. 동상은 1991년에 세워진

이후로 논쟁의 중심이 되고 있다. 미술관에는 리투아니아 현대 미술작품들이 전시되어 있다.

주소_ Neprikausomybes a. 12
시간_ 11~17시(목요일 19시까지 / 월요일 휴관)
요금_ 2€

비타우타스 대제 전쟁박물관

Vytautas the Great War Museum

군사박물관이 아니라 리투아니아의 역사에 대한 박물관이다. 리투아니아에서 가장 위대한 영웅으로 1933년 뉴욕에서

카우나스까지 논스톱으로 비행을 시도한 다리우스와 지레나스의 비행기 잔해가 있다.

주소_ K. Donelaichio g.64
시간_ 11~17시
전화_ +370-3732-0765

M-K 치우르니오니스 박물관

M-K Ciurlionis Museum

리투아니아에서 가장 위대한 미술가이자 작곡가인 오이우르니오니스의 다양한 그림이 소장되어 있다.

악마박물관

Velniu Muziejus

악마 모양의 조상이나 악마를 연상시키는 조각, 재떨이, 파이프 등 기이한 수집품으로 가득한 관심을 끌고 있다.

주소_ V. Putvinskio g. 64
시간_ 11~17시(목요일 19시까지 / 월요일 휴관)
요금_ 2€
전화_ +370-3722-1587

예수부활성당

hurch od Resurrection of Jesus Christ

카우나스 시내에서 가장 높은 건물로 꼭대기에 전망대가 있어 올드타운의 아름다운 전경을 볼 수 있다.
성당 아래에서 푸니쿨라를 타고 언덕 위를 올라갈 수 있다.

주소_ Aušros 6
시간_ 7~19시(월~금요일 / 토, 일요일은 9시 시작)
요금_ 1.5€

카우나스 근교
Kaunas outskirts

나인스 요새
Ninth Fort

카우나스Kaunas 시내에서 약 7㎞떨어진 나인스 요새Ninth Fort는 19세기 말에 건설된 곳으로 2차 세계대전 당시에 나치가 죽음의 수용소로 이용하던 곳이다.
카우나스Kaunas에 살던 대부분의 유대인을 포함해 약 8만 명에 이르는 사람들이 이 곳에서 죽었다. 수용소 건물의 한 곳이 아직도 남아 있으며 집단 무덤 현장에는 강렬한 기념조각이 세워져 있다.
나인스 요새Ninth Fort로 가는 버스가 카우나스의 중앙버스 정류장에서 정기적으로 운행하고 있다.

Šiauliai

북부 | 샤울레이

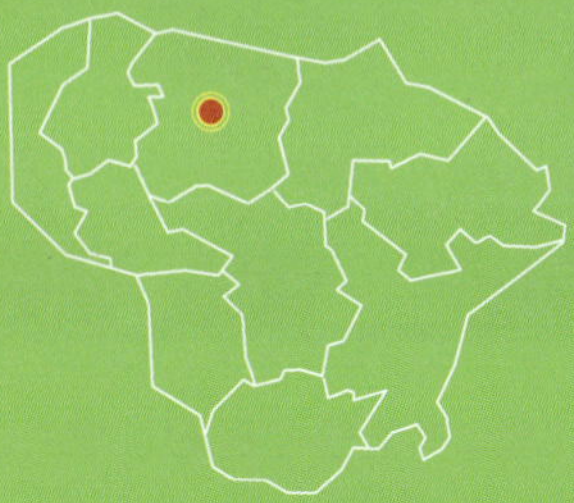

Šiauliai

카우나스Kaunas에서 북쪽으로 약140㎞ 떨어진 샤울레이Šiauliai는 리투아니아에서 4번째로 큰 도시이다. 이 도시의 실질적인 관광지는 기이한 십자가 언덕The Hill of Crosses이다. 대중교통을 이용한다면 리가로 가지 않는 한 샤울레이Šiauliai에서 하루는 머물러야 할 것이다.

남북으로 연결된 다운타운은 틸제스Tilzes 거리로 남쪽 끝에 버스 정거장이 있고 1㎞ 떨어진 북쪽에는 성 피터 & 폴 교회가 있다. 틸제스Tilzes 거리는 칼리닌그라드로 가는 도로와 연결되며 북쪽으로는 라트비아Latvia의 리가Riga와 연결된 도로가 있어 라트비아Latvia에서 리투아니아Lithuania 로 오는 첫 도시가 샤울레이Šiauliai가 되는 경우도 있다. 동서로 연결된 빌뉴스 거리로 성 피터 & 폴 교회에서 남쪽으로 300m 떨어진 틸제스Tilzes 거리와 교차하게 된다.

십자가 언덕 IN

버스가 버스정류장의 2번 플랫폼에서 출발하고 십자가 언덕으로 이어진 나무가 늘어선 2㎞의 초입에서 정차한다.(Kryziu Kalnas 2라는 표시를 찾으면 된다)

▶ 카우나스 3시간, 빌뉴스 4시간, 클라이페다 2시간 소요

십자가 언덕

The Hill of Crosses

2개의 작은 언덕으로 되어 있는 십자가 언덕은 수많은 십자가로 덮여 있다. 일부는 기도를 위해 세워진 것이고 일부는 추

도를 위해 세워진 것이다. 말 그대로 수많은 십자가들이 낮은 언덕에 숲을 이루고 있다. 십자가는 크기도 모양도 재 각각이다. 숫자를 알 수 없는 십자가 수는 수만 개에서 수십만 개까지 라고 한다.
십자가를 만드는 재료도 다양하다. 십자가만 있는 것도 아니다. 유대교의 것인 다윗의 별도 있고 일본 신사에 있는 부적 같은 것도 있다.

▲입구에서 십자가를 판매하고 있다. 다양한 이유로 십자가로 소원을 빈다.

소련의 통치시기에 이곳은 천주교의 성지뿐 아니라 리투아니아 전체의 성지이기도 했다고 한다. 이 언덕을 없애기 위해 소련군이 낮에 불도저로 밀어버리면 밤에 리투아니아 인이 다시 세우기를 반복했다고 한다. 이제 십자가 언덕은 리투아니아의 명소를 넘어 세계적인 관광명소로 자리 잡아 가고 있다.

홈페이지_ www.kryziukalnas.lt

BALTIC STATES Tip

십자가 언덕의 역사

이곳에 십자가를 세우기 시작한 것은 14세기부터라고 하는데 대량으로 세우기 시작한 것은 1831년과 1863년에 일어난 반러시아 독재에 맞선 희생자들을 기리기 위해서였다고 한다. 요즈음은 주로 결혼을 위해 감사의 표시로 세운다고 한다. 사람들이 십자가를 통해 기원하는 것도 다채로운데 "신이시여 리투아니아 경찰을 보호해 주소서", "신이시여 우리가 인생의 길에서 길을 잃지 않도록 도와주소서"는 문구도 있다. 소련 통치시기에 적어도 3배의 십자가가 불도저에 밀려 무너졌지만 다시 세워졌다.

Kilaipeda
Neringa
Palanga

서북부 | 클라이페다
네링가
팔랑가

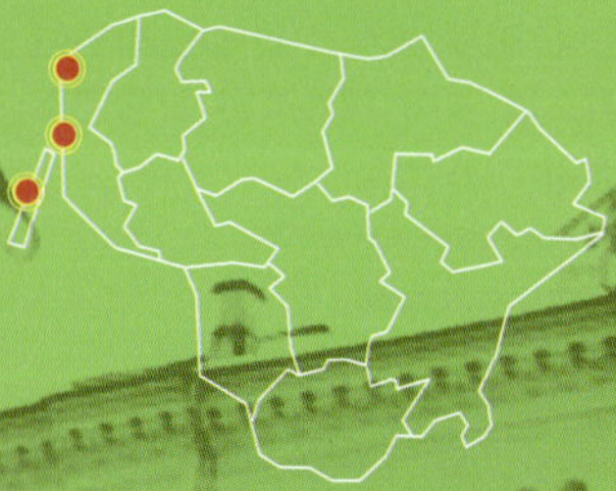

Kilaipeda

리투아니아에서 3번째로 큰 도시인 클라이페다는 항구도시로 빌뉴스에서 서북쪽으로 315㎞ 정도 떨어져 있다. 1차 세계대전 이전에 클라이페다는 메멜Memel이라는 독일도시였다. 1923년에 리투아니아가 클라이페다를 장악하였지만 1939년에 히틀러가 다시 합병하게 되고 2차 세계대전이 끝날 무렵에는 소련의 붉은 군대가 장악하게 된다.

오늘날에는 볼거리가 많은 아름답고 한적한 도시로 네링가Neringa의 쿠로니아 곶Curonian Spit의 가까운 곳에 적지 않은 관광지가 몰려있다.

남북으로 연결된 클라이페다의 중심가는 다네스Danes 강 남쪽에 집중되어 있다.

극장 광장

Theater Square

다네스Danes 강 남쪽의 1820년에 지어진 클라이페다 극장이 있다. 히틀러가 1939년에 메멜Memel이 독일에 다시 편입되었다는 것을 선언하기 위해 이 극장의 발코니에 나와 섰던 곳이다.

강의 북쪽에는 H 만 코가트바 다리의 바로 동쪽에 좁은 강변 공원이 있다. 클라이페다의 미술관과 부근의 조각공원이 있다. 시계박물관(월요일 휴관)은 화려한 18세기의 건물에 자리 잡고 있다.

쿠로니아 곶
Curonian Spit

발트해Baltic Sea 연안에 위치한 리투아니아Lithuania와 러시아Russia 두 국가에 걸쳐있는 세계유산이다.
쿠로니아 곶Curonian Spit은 리투아니아 클라이페다 주Klaipeda Region의 네링가Neringa와 클라이페다Klaipeda 사이의 지역뿐 아니라 러시아 칼리닐그라드 주Kaliningrad Region의 제레노그라드스크Zelenogradsk 지방까지 뻗쳐 있다고 한다.

주소_ Smiltynes St. 11
전화_ +370-4640-2256

스밀티네
Smiltyne

네링가 곶의 좁은 북쪽 끝이 클라이페다의 놀이 공간으로 해변, 19세기에 지어진 독일요새, 물개, 펭귄, 바다사자 공연이 펼쳐지는 멋진 해양박물관 & 수족관이 있다.

Neringa

발트 해와 쿠르시이 라군Kursiy Lagoon 사이에 위치한 모래곶은 모래언덕과 소나무 숲이 멋지게 어우러진 곶으로 대부분이 자연보호구역으로 보존되어 있는 곳이다.
곶의 북쪽 절반이 리투아니아이며 남쪽 절반은 러시아이다. 그리고 전체길이가 97㎞에 이르는 도로가 칼리닌그라드 지역으로 연결되어 있다. 유일한 산업이 어업이며 금방 훈제된 제품을 꼭 맛보자.

네링가Neringa의 주요 정착지는 니다Nida로 독특한 자연환경 때문에 러시아 국경부근에서 인기 있는 휴양지이다.

Palanga

팔랑가Palanga는 리투아니아의 대표적인 휴양도시로 여름철의 수도라는 별칭을 가지고 있다. 흔히 리투아니아를 발트3국 이라고 부르는 이유가 발트 해를 끼고 있기 때문이다. 팔랑가Palanga는 연 50만 명이 찾는 휴양도시이다.

바다 다리

Palang Bridge

발트 해를 좀 더 가까이 느끼게 만든 이 다리는 낚시꾼에게는 좋은 낚시터이다. 팔랑가Palanga의 일몰은 아름답기로 유명하다. 오늘도 사람들이 일몰을 기다리고 있다.

호박 박물관
Amber Museum

호박을 전문으로 1963년에 개관한 호박 박물관은 약 2만 개의 호박을 전시하고 있는데 그 중 11,000개의 호박이 4천만 년 전에 살았던 식물, 곤충을 간직하고 있다. 호박 안에는 많은 동물군과 식물군이 들어 있어 과학사적으로 의미가 높다고 한다.
리투아니아에서 가장 큰 호박은 호박의 무게만 3.5㎏으로 우리 돈으로 5억 원 이상의 가치가 있다고 한다.
선사시대부터 호박이 어떻게 이용되었는지 보여주는 전시관도 있어 호박의 오랜 역사를 알 수 있게 해준다. 원래 이곳은 귀족의 저택이었는데 그가 소유했던 호박 수집품을 위주로 박물관을 만들어 시작했다.

주소_ Vytauto g.17
전화_+370-4605-1319

에스토니아어 회화

ä '애'로 발음하므로 Pärnu는 '패르누'라고 발음한다.
ü 짧게 '유(you)'로 발음한다.

기본표현

안녕하세요 | Hello
Tere
떼레

안녕히 가세요 | Goodbye
Naägemiseni
내게미세니

네 | Yes / 아니오 | No
Jah / Ei
야흐 / 에이

감사합니다 | Thank you
Tänan / Aitäh
때난 / 아이때에

천만에요 | You're welcome
Palun
팔룬

실례합니다 | Excuse me
Vabandage
바반다게

영어는 하실 수 있나요? | Do you speak English?
Kas te räägite inglise keelt?
가스 떼 래에기떼 잉글리세

얼마에요? | How much is it?
Kui palju see maksab?
쿠이 파류 쎄 마크사브

은행 | Bank
banka
팡카

시장 | Market
turg
투르그

관광안내소 | the tourist office
turismibüroo
투리스미부료

몇 시에 시작 하세요 / 닫나요?
What time does it open / close?
Mis kell see avatakse / suletakse?
미스 켈 쎄 아바타크쎄 / 쑬레타크쎄

교통

버스 / 버스정류장 | Bus / Bus Station
buss / bussijaam
뿌스 / 뿌시야암

트램 | Tram
tramm
트람

기차 / 기차역 | Train / Train Station
rong / rongijaam
롱 / 롱지야암

보트 | Boat
paat
빠트

몇 시에 어디로 출발 / 도착하나요?
What time does the ( ) leave / arrive?
Mis kell lähels / saabub ( )?
미스 켈 래헬스 / 싸부브?

어디서 제가 차 / 자전거를 빌릴 수 있나요?
Where can I hire a car / bicycle?
Kust ma saan laenutada auto / jalgratas?
쿠스트 마 싼 라에누타다 아우토 / 얄그라타스?

직진하세요. | Go straight ahead
Otse
오테쎄

왼쪽 / 오른쪽으로 가세요. | Go left / right
Vasakule / Paremale
빠싸쿨레 / 빠레말레

시간

몇 시에요? | What time is it?
Mis kell on?
미스 켈 온

오늘 | today
täna
태나

내일 | tomorrow
homme
홈메

아침 | morning
hommikul
홈미쿨

저녁 | evenin
ohtul
오흐뚤

라트비아어 회화

기본표현

안녕하세요 | Hello
Sveika (여자) / Sveiks (남자)
스베이카 / 스베익스

안녕히 가세요 | Goodbye
Uz redzěsanos / Ată
우즈 레제샤노스

네 | Yes / 아니오 | No
Ja / Ně
야 / 네

감사합니다 | Thank you
Paldies
빨디에스

천만에요 | You're welcome
Lûdzu
루–주

실례합니다 | Excuse me
Atvainojiet
아트바이노이예트

영어는 하실 수 있나요? | Do you speak English?
Vai jus runăjat angliski?
바이 유스 루나야앗 일글리스키?

얼마에요? | How much is it?
Cik tas maksă?
찍 타스 막사아?

은행 | Bank
banka
팡카

시장 | Market
tirgus
티르구스

몇 시에 시작 하세요 / 닫나요? | What time does it open / close?
Cikos ciet / atvěrts?
찍코스 찌에트 / 아트베르츠?

교통

버스 / 버스정류장 | Bus / Bus Station
buss / autobuss
부스 / 아우토부스

트램 | Tram
tramvajs
트람

기차 / 기차역 | Train Station
vilciens / dzelzcela stăcija
빌찌엔스 / 젤츠젤라 스타–찌야

보트 | Boat
kugis
쿠기스

천만에요 | You're welcome
Lûdzu
루–주

몇 시에 다음 어디로 가나요?
What time is the next (   ) to ( )?
Cikos attiet nakamis ( ) uz (   )?
찍코스 아띠에뜨 ( ) 우즈 (   )?

어디서 제가 차 / 자전거를 빌릴 수 있나요?
Where can I hire a car / bicycle?
Kur es varu noîrět masînu / velosîpědu?
쿠스트 마 싼 라에누타다 아우토 / 얄그라타스?

직진하세요. | Go straight ahead
Uz prieksû
오테쎄

왼쪽 / 오른쪽으로 가세요. | Turn left / right
Pa kreisi / labi
빠크레이시 / 라비

(   )이 어디에 있나요? | Where is the (   )?
Kur atrodas (   )?
꾸르 아트로다스 (   )?

시간

몇 시에요? | What time is it?
Mis kell on?
미스 켈 온

오늘 | today
täna
태나

내일 | tomorrow
homme
빌찌엔스 / 젤츠젤라 스타–찌야

아침 | morning
hommikul
홈미쿨

저녁 | evening
ohtul
오흐뚤

리투아니아 회화

y '이'로 발음 / **c** 'ㅊ'로 발음 / **ẑ** 'ㅅ'로 발음
j '아'를 '야'로 발음 하듯이 발음

기본표현

안녕하세요 | Hello
Labas / Sveiki
라바스 / 스베익키

안녕히 가세요 | Goodbye
Iki pasimatymo / viso gero
이끼 빠시마마티모 / 비소 게로

네 | Yes / 아니오 | No
Taip / Ne
태입 / 네

감사합니다 | Thank you
Aĉiu
아추

천만에요 | You're welcome
Sveiki atvykě
스베이끼 아트브케

실례합니다 | Excuse me
Atsiprašau
아츠시프라소

영어는 하실 수 있나요? | Do you speak English?
Ar kalbate angliškai?
아르 칼바테 앙글리스케이?

얼마에요? | How much is it?
Keik kainuoja?
케이크 카이누오야?

은행 | Bank
bankas
팡카스

시장 | Market
turgus
티르구스

관광안내소 | the tourist office
turizmo informacijos centras
투리스모 인포르마치오스 첸트라스

몇 시인가요? | What time is it?
Kiek dabar valandy?
키엑 다바르 발란두

교통

버스 / 버스정류장 | Bus / Bus Station
autobusas
아우토부사스

트램 | Tram
tramvajus
트람바우스

기차 / 기차역 | Train / Train Station
traukinys / geležinkelio stotis
트라우킨스 / 겔레찐켈리오 스토티스

보트 | Boat
laivas
라이바스

몇 시에 어디로 출발 / 도착하나요?
What time does the (   ) leave / arrive?
Kada atvyksta / išvyksta (   )?
찍코스 아띠에뜨 (   ) 우즈 (   )?

어디서 제가 차 / 자전거를 빌릴 수 있나요?
Where can I hire a car / bicycle?
Kur aš galěčiau išnuomoti mašina / dvirati?
쿠르 아스 갈레치아우 이스누오모티 마시나
/ 드비라티?

직진하세요. | Go straight ahead
tiesiai
티에시아이

왼쪽 / 오른쪽으로 가세요. | Go left / right
Pasukti i kaire / Pasukti i dešine
빠수크티 이 데시네 / 라비

(   )이 어디에 있나요? | Where is the (   )?
Kur yra?
쿠르 이라?

시간

몇 시에요? | What time is it?
Kiek dabar valandy (   )?
키엑 디바르 발란두 (   )?

오늘 | today
šiandien
시엔디엔태나

내일 | tomorrow
rytoi
리또이

어제 | yesterday
vakar
바카르

아침 | morning
rytas
리타스

저녁 | evenin
popietě
포피에테

About 핀란드

북극에 가까운 춥고 습기 많은 땅

핀란드는 북유럽의 스칸디나비아 반도에 자리 잡고 있다. 그래서 여기에 있는 이웃 나라 노르웨이, 스웨덴과 함께 스칸디나비아 3국(노르웨이, 스웨덴, 핀란드)이라고 한다. 북극에서는 백야라는 신기한 자연 현상이 일어난다. 여름에는 해가지지 않고, 겨울에는 해가 뜨지 않는 현상이다. 북극 끝으로 가면 여름에는 73일 동안 해가지지 않고, 겨울에는 51일 동안 해가 뜨지 않는다.

오로라도 자주 볼 수 있는데, 마치 빛으로 만든 커튼을 두른 듯 환상적인 밤하늘을 보여 준다. 핀란드는 1년의 절반이 겨울이어서 연평균 기온이 섭씨 5.3도밖에 되지 않는다. 겨울에는 눈이 엄청나게 많이 내려서 한겨울이면 핀란드는 하얀 눈의 나라로 변신한다.

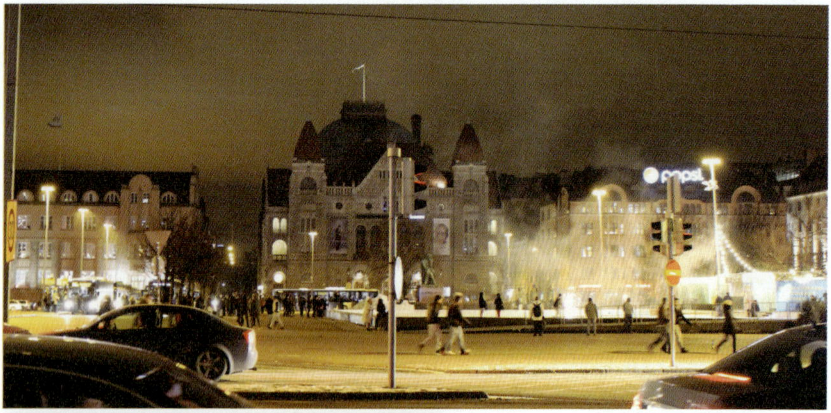

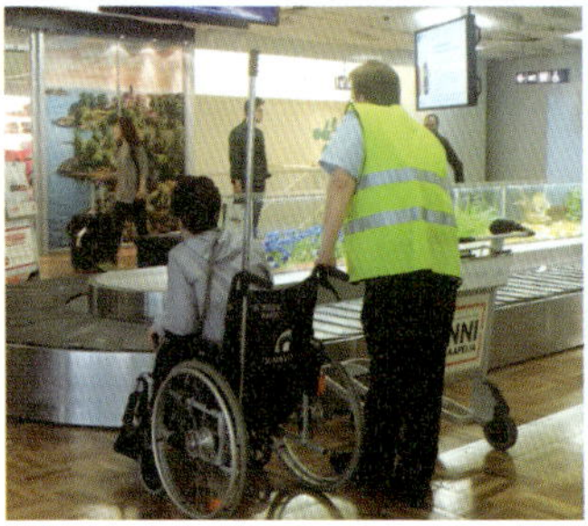

사람들의 생활을 보장하는 잘사는 나라

핀란드에서는 물건을 만들어 파는 제조업은 물론 서비스와 통신, 게임 산업도 크게 발달했다. 핀란드는 나무 말고는 자원도 많지 않고 1년의 절반 이상이 겨울인 나라이다. 그런데도 핀란드는 부정부패와 거짓말이 없는 깨끗한 사회를 만들었기 때문이다. 핀란드는 발전한 경제를 바탕으로 국민들의 집과 생활에 필요한 비용, 병원비, 교육비 등을 정부가 책임지는 대표적인 복지 국가이다.

거짓말을 싫어하는 핀란드

핀란드 인들은 조용하고 평화로운 것을 좋아한다. 거짓말을 하거나 남을 속이는 것을 부끄러워한다. 버스나 지하철에는 표를 검사하는 사람이 없다. 주차장에서도 모두 자동판매기나 주차 미터기를 이용해 스스로 알아서 주차 요금을 낸다. 돈을 내지 않고 몰래 이용하는 일이 거의 없기 때문이다.

IT 강국

자원이 많지 않은 핀란드는 세계에서 교육열이 높은 나라가 되었다. 창의성을 중요하게 여기는 핀란드의 교육 방식은 세계적으로 아주 유명하다. 이런 창의적 교육을 토대로 우수한 인재를 길러 세계적인 IT 강국이 되었다.

자연과 물질이 깨끗한 나라

세계에서 가장 물이 깨끗한 나라로 불릴 정도이다. 깨끗한 것은 자연뿐만이 아니다. 사회 분위기도 깨끗해서 세계에서 가장 부정부패가 없는 나라로 손꼽히는 나라가 핀란드이다.

숲과 호수의 나라

핀란드는 국토의 75%가 숲으로 덮여 있고 187,888개에 달하는 호수가 있다. 전 국토의 10%가 물로 덮여 있다. 핀란드의 물은 세계에서 가장 깨끗하기로 유명하다.

HELSINKI

헬싱키

헬싱키 빈타 공항 방향 ↑
세우라사리 야외 박물관
시벨리우스 기념비
세우라사리 섬
카페 레기타
라우타사리
렌시 터미널

리닌마키
빌터리 벼룩시장
쿨로사리 섬
툴로 공원
하카니에미 항
코르케아사리 섬
북항
헬싱키 중앙역
우스펜스키 교회
에스플라나디 공원
그랜드 마니라 호텔
카나야노카 터미널
올림피아 터미널
헬싱키 중심부
시 호스
카페
카이보푸이스토
공원
카루젤

국립 박물관
헬싱키 뮤직 센터
홀리데이 인 헬싱키 시티 센터
템펠리아우키오 교회
국회의사당
국립 현대 미술관 키아스마
중앙우체국 우편 박물관
자연사 박물관
엠 바
키와 카페
소코스 호텔 프레지덴티
헬카호텔
아카데미타
헬싱키 시립 박물관 & 데니스팰리스
중앙 버스터미널
서던 프라이드
캄피 고요의 교회
아모스 앤더스 미술관
호텔 빈
래디슨 블루 로열 호텔
키치
구 오페라 하우스

식물원
국립극장
역
네움 미술관
헤밍웨이
소코스 호텔 헬싱키
캄프
잇&조이
피크닉
헬싱키 대성당
원로원 광장
지젤 델리
카페 에인젤
파제르 카페
글로 호텔
아아리카
스트린버그
박픽카
퓨어
피시 마켓
우스팬스키 교회
에스플라나디 공원
카펠리
마켓 광장
마스키
루바드 소셜
카페 알토
카니나
카나바 터미널
클라우스 케이
쉐 도미니크
남항
마카시니 터미널
디자인박물관
건축박물관
경찰서
올림피아 터미널

헬싱키 IN

유럽을 가는 항공 노선 중에 핀란드 헬싱키까지 9시간에 도착할 수 있는 장점이 있는 핀 에어로 상당한 수의 한국인 환승객 덕분에 한국어 안내도 잘 된 편이다. 반타 국제공항을 유럽의 환승 거점으로 많이 이용한다. 핀란드의 헬싱키가 인구 100만이 넘는 대도시들 중에서 북극에 가장 가까운 고위도에 위치해 있기 때문에 동아시아에서 유럽으로 넘어갈 때 직항이 아니라면 헬싱키를 경유하는 것이 가장 시간이 적게 걸리는 최단거리이다.

헬싱키 반타 국제공항은 비행기 승객이 한꺼번에 내릴 때를 빼고, 대부분은 공항이 한산하다 보니 체크인, 보안 검사, 출입국 심사를 모두 20~30분 안에 마칠 수 있다. 반타 공항은 한국인에 대한 자동 출입국 심사를 시행하고 있으니 빨리 심사를 마쳐야 할 때는 상당히 도움이 된다. 터미널은 1 터미널과 2 터미널로 나누어져 있지만 실질적으로 한 건물에 있다고 봐도 무방하다.

공항에서 시내 IN

헬싱키 시내로 통하는 교통편은 615번 버스, 핀 에어 공항 리무진, 철도의 3가지 종류가 있다. 모두 헬싱키 중앙역이 종점이므로, 중간에 정차하는 곳의 요금에 따라 편한 것을 이용할 수 있다. 철도역에는 2개의 플랫폼이 있는데, 순환선이므로 어느 쪽을 타든지 헬싱키 중앙역에 도착한다.

헬싱키 반타 국제공항(Helsinki-Vantaa Airport / Helsinki-Vantaan lentoasema)

북유럽에서 4번째로 규모가 큰 헬싱키 국제공항은 핀란드 전체의 국제선 공항으로 반타(Banta) 중심부에서 약 5㎞, 헬싱키 시내에서 약 20㎞ 정도 떨어져 있다. 1952년 헬싱키 하계 올림픽을 위해 건설하기 시작한 공항은 1999년 국제 항공 운송 협회(IATA)가 세계 최고 공항으로 선정될 만큼 커지고 내부 디자인도 상당히 세련되었다. 핀란드에서 규모가 크고 가장 교통량이 높은 공항에 속한다.

핀에어, 플라이비 핀란드 등이 허브로 쓰고 있는 헬싱키 반타 국제공항은 인천 국제공항을 출발해 가는 직항인 핀 에어가 주 5~7회 운항(AY41, 42 / 기종은 A350(기존 A330에서 변경) 중 에 있다.

핀 에어(Finnair) 버스 (편도 6.3€ / 왕복 11.50€)

헬싱키 시내까지 가장 많이 이용하는 핀 에어Finnair 버스는 새벽인 5시 45분부터 새벽 1시10분까지 운행하고 15분 간격으로 35분이면 도착할 수 있기 때문에 이용률이 가장 높은 방법이다.

버스기사에게 직접 버스티켓을 현금이나 카드로 구입할 수 있으므로 편리하다. 터미널 1에서 내리면 플랫폼 10번, 터미널 2에서 내리면 플랫폼 11에서 탑승해 중앙역 30번 버스 정류장에서 하차하게 된다.

홈페이지 : www.pohjolanliikenne.fi

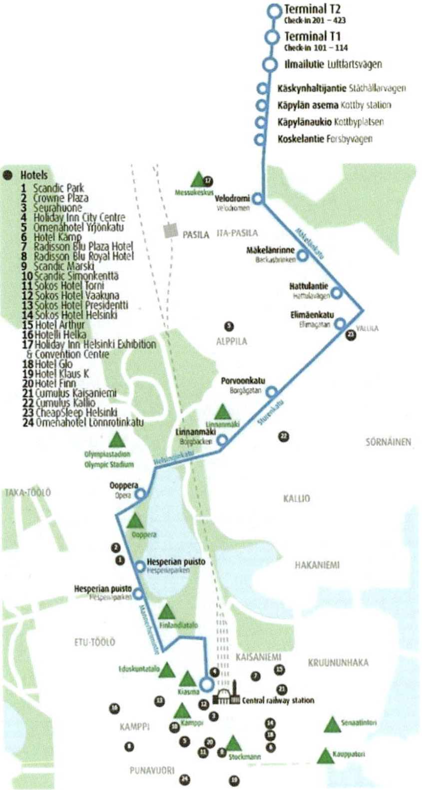

공항출발 → 중앙역 도착

T2 → (2 min) → T1 → (30 min) → R

DAILY October 1st - May 31st		
05.45	12.40	19.20
06.20	13.00	19.40
06.40	13.20	20.00
07.00	13.40	20.20
07.20	14.00	20.40
07.40	14.20	21.00
08.00	14.40	21.20
08.20	15.00	21.40
08.40	15.20	22.00
09.00	15.40	22.20
09.20	16.00	22.40
09.40	16.20	23.00
10.00	16.40	23.20
10.20	17.00	23.40
10.40	17.20	24.00
11.00	17.40	00.20
11.20	18.00	00.40
11.40	18.20	01.10
12.00	18.40	
12.20	19.00	

DAILY June 1st - September 30th		
05.45	13.00	18.40
06.20	13.15	19.00
06.40	13.30	19.20
07.00	13.45	19.40
07.20	14.00	20.00
07.40	14.15	20.20
08.00	14.30	20.40
08.20	14.45	21.00
08.40	15.00	21.20
09.00	15.15	21.40
09.20	15.30	22.00
09.40	15.45	22.20
10.00	16.00	22.40
10.20	16.15	23.00
10.40	16.30	23.20
11.00	16.45	23.40
11.20	17.00	24.00
11.40	17.20	00.20
12.00	17.40	00.40
12.20	18.00	01.00
12.40	18.20	

중앙역 출발 → 공항도착

R → (3 min) → H → (25 min) → T1 → T2

DAILY October 1st - May 31st		
05.00	11.30	17.50
05.30	11.50	18.10
05.50	12.10	18.30
06.10	12.30	18.50
06.30	12.50	19.10
06.50	13.10	19.30
07.10	13.30	20.00
07.30	13.50	20.30
07.50	14.10	21.00
08.10	14.30	21.20
08.30	14.50	21.40
08.50	15.10	22.00
09.10	15.30	22.20
09.30	15.50	23.00
09.50	16.10	23.20
10.10	16.30	23.40
10.30	16.50	00.00
10.50	17.10	
11.10	17.30	

DAILY June 1st - September 30th		
05.00	11.50	17.10
05.30	12.10	17.30
05.50	12.30	17.50
06.10	12.45	18.10
06.30	13.00	18.30
06.50	13.15	18.50
07.10	13.30	19.10
07.30	13.45	19.30
07.50	14.00	20.00
08.10	14.15	20.30
08.30	14.30	21.00
08.50	14.45	21.20
09.10	15.00	21.40
09.30	15.15	22.00
09.50	15.30	22.20
10.10	15.45	23.00
10.30	16.00	23.20
10.50	16.15	23.40
11.10	16.30	00.00
11.30	16.50	

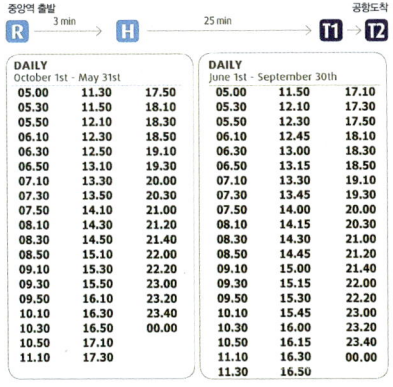

시내버스 615번(5.5€)

공항에서 중앙역까지 약 40~50분 정도가 소요된다. 가격은 저렴하지만 헬싱키 시내까지 시간이 오래 소요되는 단점이 있다. 따로 짐을 싣는 공간이 없으므로 좌석 옆에 놓으면 된다. 공항의 터미널 1에서 출발해 2분 후에 터미널 2에 도착한다.

▶공항 출발

월~금요일 6시30분~0시30분, 토요일 7~새벽1시, 일요일 6시5분~0시30분)

▶시내 출발

월~금요일 5시15분~22시45분, 토요일 5시25분~23시25분, 일요일 5시25분~22시50분)

순환철도(5.5€)

2015년, 7월에 개통한 I 와 P선이 있는데 순환하는 노선이므로 중앙역에 2개의 노선이 모두 경유한다. 철도패스가 있다면 무료로 탑승이 가능하여 비용을 아낄 수 있다.

택시

실제로 이용할 경우는 거의 없다. 미터제인 일반 택시와 정액제인 공항 택시가 있는데, 공항 택시는 미니 밴으로 합승을 하게 된다. 그래서 실제로 빠르다는 생각이 들지 않고 약 30분 정도 소요된다. 대략 요금은 50€ 가까이 나오므로 비용이 상당히 비싸다.

홈페이지 : www.airportaxi.fi

헬싱키에서 다른 나라로 이동하기

헬싱키에서 배로, 육로로, 철도로, 항공으로 유럽의 어디든 갈 수 있다. 핀란드 헬싱키에서 페리를 타면 에스토니아의 탈린(탈린 부분 참조)으로 이동할 수 있으며, 헬싱키 중앙역에서는 러시아 상트페테르부르크로 가는 열차가 매일 운행이 된다. 고속열차로 이동하므로 불과 3시간 30분이면 상트페테르부르크에 도착하게 된다. 가격은 시기에 따라 격차가 심하므로 사전에 인터넷으로 예매를 하는 것이 좋다.

예매 https://www.vr.fi/cs/vr/en/frontpage

한눈에 헬싱키 파악하기

독특한 문화의 매력

헬싱키는 활기찬 문화 활동, 아름다운 건물, 수많은 박물관과 갤러리 등을 갖춘 매력적인 도시이다. 헬싱키의 예술과 문화는 유럽의 서부와 동부, 모두에서 영향을 받아 독특한 매력을 지니고 있다. 헬싱키에서 가장 유명한 공공장소인 의사당 광장에 가면 다양한 조각 작품과 건물을 볼 수 있다. 인상적인 헬싱키 대성당은 물론 대통령 궁도 근처에 있다. 건축과 디자인에 관심이 많다면 곳곳에서 카를 루트비히 엥겔, 엘리엘 사리넨, 알바 알토 등의 작품을 볼 수 있다. 헬싱키 시립박물관, 핀란드 건축박물관, 알토 하우스, 디자인 박물관 등에 가면 핀란드와 헬싱키의 디자인 전통에 대배 알 수 있다.

유네스코 세계 문화유산

핀란드의 역사에 관심이 있다면 수오멘리나 바다 요새에 가보자. 18세기에 스웨덴 사람들이 지은 요새는 유네스코 세계 문화유산으로 지정되었다. 지금, 이곳은 박물관과 카페, 레스토랑이 있다. 핀란드 역사에 걸쳐 다양한 유물을 보려면 핀란드 국립박물관에 가면 된다.

다양한 미술관과 갤러리

헬싱키의 문화를 느끼고 싶다면 여러 미술관과 갤러리를 둘러보면 좋다. 아테네움 미술관과 씨네브리초프 미술관에는 핀란드 전통 미술과 유럽 미술 작품을 감상할 수 있다. 현대 미술은 키아스마 현대미술관에서 감상하면 된다.

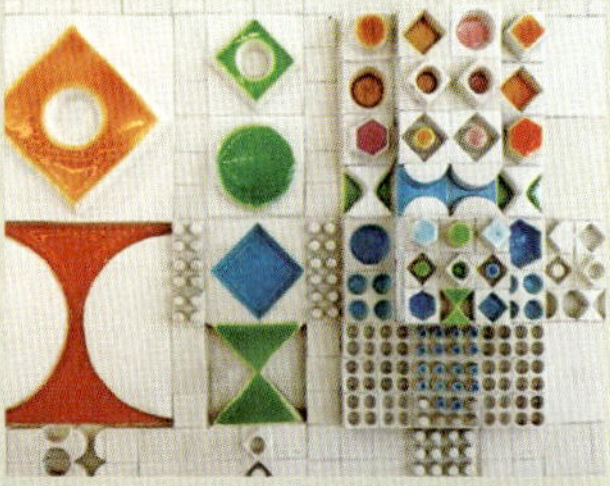

광장과 시장

올드 마켓 홀과 마켓 광장에 가면 기념품과 먹거리를 쇼핑할 수 있다. 세련된 쇼핑가를 원하면 디자인 디스트릭트나 에스플라나디 공원에 가면 된다. 번잡한 도시에서 잠시 벗어나고 싶다면 페리를 타고 인근의 섬으로 가도 좋다. 세우라사리에는 유서 깊은 집들이 많고 코르케아사리에는 헬싱키 동물원을 만날 수 있다.

세련된 디자인 중심지

헬싱키는 핀란드에서 문화와 경제의 중심지로서, 핀란드 남단의 반도에 자리하며 발트 해로 둘러싸여 있다. 세련된 스타일, 흥미로운 건축물, 무수한 박물관과 갤러리 등을 갖춘 특별한 매력을 지닌 북유럽의 수도이다.

헬싱키 시청

Kaupungintalo / Helsinki City Hall

헬싱키 시청Kaupungintalo은 헬싱키 시장의 집무실이 있는 곳으로 관광객과 현지인들을 위한 유서 깊은 만남의 장소이다. 실내악 연주회 같은 공개 행사에 참석하고 마켓 광장, 청동상이 있는 도시 공원, 아름다운 헬싱키 대성당 등 관광지까지 걸어갈 수 있다. 전시실의 예술 전시를 살펴보고 역사적인 건물의 로비에서 음악 공연과 예술가 모임 같은 행사에 참석할 수 있다.

청사는 19세기 초에 원래 호텔로 지어졌다. 독일 건축가 카를 루빙 엥겔이 건축물을 설계했지만 핀란드 건축가 아르노 루수부오리Aarno Ruusuvuori가 20세기 후반에 건물을 완전히 리모델링했다. 현대적인 유리 외관과 인상적인 건물 내부에 첨가된 장식이 인상적이다.

시청Kaupungintalo은 핀란드 수도의 여행이 시작되는 지점으로 좋은 장소이다. 로비에는 컴퓨터와 무선 인터넷이 제공되며 많은 도시의 서비스와 안내 팜플렛도 있다. 헬싱키 시청의 비르카 갤러리에 들러 저명한 예술가의 작품 전시를 관람할 수 있다. 비르카 갤러리는 모든 관람객에게 헬싱키에 대한 독특한 시각을 제공하고 있다. 갤러리의 주요 전시실에서 쇼케이스에 있는 작품을 감상해 보자. 전시는 다문화, 건축, 역사, 도시 문화 등 헬싱키의 다양한 측면에 초점을 맞추고 있다. 모든 전시는 무료이며 영어, 핀란드어, 스웨덴어로 진행된다.

주소_ Pohjoisesplanadi 1 North Esplanade
위치_ 헬싱키 시청은 헬싱키 공항에서 약 21㎞ 떨어진 크루눈하카Grununhaka 지구의 마켓 광장 옆 위치
시간_ 핀란드 공휴일, 종교 휴일 휴관
전화_ +358-9-1693757

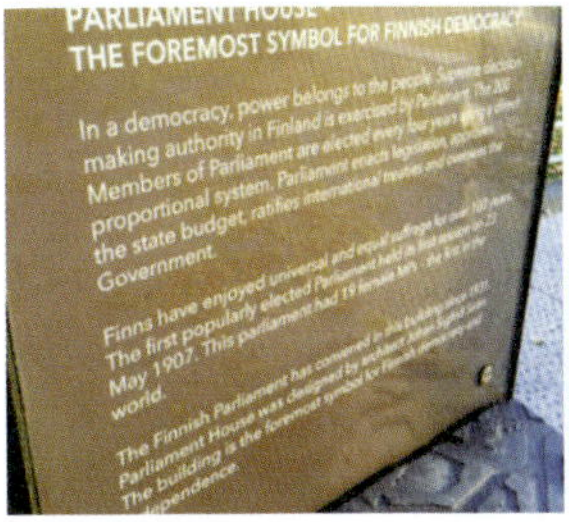

국회 의사당
Parliament

장엄한 신고전주의 양식 외관과 위풍당당한 기둥이 있는 도시에서 가장 크고 가장 눈에 띄는 건물 중 하나인 국회의사당Parliament은 의회가 열리는 곳이며 1931년에 완공되어 국가적인 중요성을 반영하고 있다. 상징적인 장소에서 발생한 계속 전쟁과 겨울 전쟁 시기 같은 핀란드 역사상 중요한 순간을 함께 했다. 핀란드와 유럽 정치에서 중요한 역할을 하는 고전적인 건물의 방청석에서 개회 중인 의회를 방청할 수 있다.

건물의 닳아진 고전적 디자인이 형성하는 모더니즘과 신고전주의 양식이 조화를 이루고 있다. 이다. 도로를 건너가면 건물 전체를 사진에 담아보고 건물의 전경을 감상할 수 있는 잔디밭 위에서 피크닉을 즐기며 휴식을 취하고 활기 넘치는 장소에서 행위 예술가의 공연을 구경할 수 있다.

화강암 외관의 코린트 양식 기둥머리가 있는 기둥 14개는 대형 야외 계단으로 이어진다. 건물 왼쪽의 관광 안내소로 가면 정보가 나와 있다. 메인 로비와 대리석 계단이 1층에 있다. 스테이트 홀, 리셉션 홀, 위엄 있는 총회실을 둘러볼 수 있다. 유럽연합, 국제조약, 핀란드 국무총리 선거와 관련된 결정을 내리는 건물의 역할을 알 수 있다.

주소_ Mannerheimintie 30
시간_ 화/금요일에는 역사적인 장소에서 개회 중인 200석 의회를 방청할 수 있음, 월요일~금요일 오전부터 오방후 늦게까지 개방
전화_ +358-9-4322027

헬싱키 중앙역

Helsingin rautatieasema

핀란드에서 사람이 가장 많이 찾는 건물인 헬싱키 중앙역은 핀란드 헬싱키의 철도의 중심으로 하루 이용객만 약 20만 명 정도이다. 헬싱키 공항에서 시내로 들어가는 버스의 최종 종착지도 중앙역일 정도로 중앙역은 헬싱키를 여행하는 중심적인 역할을 한다. 역 건물은 핀란드산 화강암으로 지어졌고, 역 앞의 시계탑은 조각상이 램프를 들고 있는 형태로, 저녁이 되면 조명이 들어온다.

모든 헬싱키 통근열차의 종착역이기 때문에 많은 열차가 중앙역을 기점으로 운행된다. 역 지하에는 헬싱키 메트로Metro와 연결되는 라우타티엔토리Rautatientori 역이 있다. 전체적으로 보았을 때 통근 열차가 바깥쪽, 그 외 열차가 안쪽 선로 및 승강장을 사용한다.

헬싱키 역은 교통의 요충지이다. 역 건물 양쪽에 버스 정류장이 있으며, 핀 에어가 운영하는 헬싱키 반타 국제공항으로 가는 버스가 서쪽에서 출발한다. 이외에도 YTV가 운행하는 공항 버스 노선이 있다. 라우타티엔토리Rautatientori 역은 역 건물 지하에 있으며, 지하보도와 쇼핑센터가 있다. 여러 헬싱키 노면 전차 노선이 역 바로 앞이나 동쪽을 지나간다.

주소_ Kaivokatu 1

전화_ +358-600-419000

승강장

승강장은 총 19곳으로, 1~4번까지는 역 동쪽에서 티쿠릴라샤(Tikurilrasha) 방면으로 가는 열차가 사용한다. 5~10번까지는 역 중앙에 있으며, 티쿠릴라(Tikurilra)를 지나서 탐페레(Thampere), 상트페테르부르크를 비롯한 다른 도시로 가는 열차가 사용한다. 11, 12번 승강장은 에스포(Espo) 경유 투르쿠(Turku)행 열차가 사용한다. 13~19번 승강장은 서쪽에 있으며, 에스포(Espo) 방면 통근 열차가 운행한다.

헬싱키 대성당

Tuomiokirrkko / Helsinki Cathedral

헬싱키 대성당Helsinki Cathedral은 녹색의 돔과 하얀 주랑이 멋진 조화를 이룬 아름다운 핀란드 루터파 성당으로 19세기 중반에 완공되었다. 4개의 더 작은 돔으로 둘러싸인 위풍당당한 녹색 돔을 볼 수 있는 헬싱키 성당은 헬싱키에서 인상적인 건축물이다.

아름다운 핀란드 루터파 성당에서 멋진 건축물을 감상하고 아연 조각 컬렉션을 볼 수 있다. 헬싱키 대성당은 헬싱키의 역사 지구에 있는 매력적인 교회이다. 성당은 신고전주의 건축 양식의 탁월한 성당으로 알려져 있으며 화려한 파사드와 인상적인 코린트식 기둥이 특징이다.

헬싱키 대성당 옆의 대형 광장인 원로원 광장에는 신고전주의 대표적인 건축물이 있다. 헬싱키 대학교의 본관, 정부 청사, 핀란드 국립도서관이 모두 원로원 광장의 가장자리에 둘러 있다.

위치_ 헬싱키의 심장부인 크루눈하카 지역
주소_ Unioninkatu 29
시간_ 9~18시
전화_ +358-9-23406120

성당 파악하기

건축가 카를 루빙 엥겔과 설계자 요한 알브레히트 에렌스트룀이 교회를 설계했다. 현재의 건물은 19세기 중반에 완공되었으며 핀란드의 대공인 러시아의 차르 니콜라이 1세에게 바쳐졌다. 엥겔이 설계한 원로원 광장에 속해있는 커다란 헬싱키 성당 주변의 건물들도 눈여겨 볼 필요가 있다.

해발 약 80m에 이르며 교회에서 가장 눈에 띄는 중앙 돔은 여러 각도에서 성당 안으로 자연광이 들어오도록 설계되었다. 4개의 작은 돔과 가로대에서 볼 수 있는 대칭적인 교회 배치가 인상적이다.

세계에서 가장 큰 아연 조각 컬렉션인 교회 지붕의 12사도 상은 약 3m 높이이며, 기둥 위 박공에 서 있다. 헬싱키 성당의 다른 주목할 만한 특징으로는 티메온 칼 본 네프(Timeon Karl von Neff)의 제단화와 설교단이 있다. 마틴 루터와 필리프 멜란히톤의 동상과 교회의 근엄한 양식은 루터파 종교개혁 당시 가톨릭교로부터의 전환을 반영했다.

원로원 광장

Enaatintori

성당과 박물관으로 둘러싸인 원로원 광장은 인기 있는 만남의 장소이다. 대형 광장에는 독일 건축가 카를 루빙 엥겔의 인상적인 19세기 신고전주의 디자인을 감상할 수 있다. 핀란드의 문화와 역사를 이해할 수 있고, 정치, 종교, 과학의 문화 중심지인 거대한 광장을 둘러싸고 있는 매혹적인 건물들이 있다.

광장에는 콘서트나 정치 집회가 열리고 겨울에는 눈으로 만든 하우스 행사와 스노보드 경기를 볼 수 있다. 늦은 오후에는 광장 주변 건물에서 디지털 카리용 음악이 흘러나온다. 동상 옆에 서있으면 5분 이상 지속되는 선율을 최적의 음향으로 즐길 수 있다.

위치_ 카이사니에미 지하철 역 하차,
헬싱키 대학교 근처

광장의 풍경

광장 북쪽에 있는 헬싱키 성당의 웅장한 녹색 탑과 돔을 올려다보게 광장이 조성되어 있다. 높은 계단 꼭대기에 있는 교회의 하얀 기둥 위에 있는 커다란 기둥을 눈여겨보고 가파른 계단을 올라가 꼭대기에서 광장을 내려다 보면 커다란 광장의 느낄 수 있다.
교회 앞에는 위풍당당한 알렉산드르 2세의 동상이 서 있다. 러시아 황제 알렉산드르 2세 동상은 러시아에 대한 핀란드의 독립 확대로 이어진 개혁 정책과 연관된 인물이다.

광장의 주변 모습

1822~1852년에 엥겔이 대부분을 설계한 헬싱키 심장에 있는 원로원 광장은 도시에서 가장 상징적인 건물들로 둘러싸여 있다. 헬싱키 국립 도서관에서 끝없이 줄지어 있는 두꺼운 책들 찬찬히 둘러보고 노란색 외관, 흰색 기둥, 중앙 원형 홀을 볼 수 있다. 광장의 남동쪽 모퉁이에는 가장 오래된 석조 건물인 제데르홀름 하우스가 있다.

원로원 광장에서 새해를 즐기는 모습

에스플라나디

Esplanadi

에스플라나디Esplanadi는 역사적인 2개의 일방통행로와 대형 공원으로 이루어진 한 폭의 그림 같은 아름다운 산책로이다. 매력적인 자갈길을 따라 거닐면 19세기에 조성된 에스프라나디Esplanadi 공원의 진면목을 알 수 있다. 주말 시장과 문화 행사가 펼쳐진다.

에스프라나디Esplanadi 공원에서 라이브 음악 공연을 관람하거나 패션쇼와 학생 퍼레이드 등 다양한 행사에 참석할 수 있다. 공원은 헬싱키 지역 주민들의 유서 깊은 만남의 장소이며, 카우파토리 마켓 광

요한 루드비그 루네베리의 동상

에스프라나디 공원의 중앙에는 핀란드의 국민 시인으로 여겨지는, 19세기의 유명한 핀란드계 스웨덴 시인 요한 루드비그 루네베리의 동상이 있다. 그의 아들 발테르 루네베리가 19세기 후반에 동상을 조각했다.

스웨덴 극장

에스프라나디 공원의 서쪽 경계에 있는 스웨덴 극장은 19세기 스웨덴어 연극 전용 극장으로 고전, 신극, 뮤지컬, 어린이 연극을 상연하고 있다.

하비스 아만다

에스프라나디 공원의 동쪽 가장자리에 자리해 있는 아르누보 청동상 바다에서 떠오르는 인어를 묘사하고 있다. 거대한 동상은 핀란드 조각가 빌레 발그렌이 파리에서 만들었으며 20세기 초에 헬싱키의 마켓 광장으로 옮겨와 세워졌다.

장과 헬싱키 성당 같은 명소를 방문하는 관광객들이 휴식을 취할 수 있는 훌륭한 공간이다.
에스프라나디 공원에는 레스토랑과 작은 매점이 있다. 매점에는 패스트리와 커피, 여름에는 아이스크림을 판매한다.
에스프라나디 주변 거리에도 레스토랑과 카페들이 많이 있다. 헬싱키의 관광지를 방문할 때 에스프라나디에 들러 잔디밭에서 휴식을 취하고 동상을 살펴보고 핀란드 레스토랑에서 식사를 즐기는 모습을 볼 수 있다.

홈페이지_ www.visithelsinki.fi
주소_ Pohjoisesplanadi

카우파토리(마켓 광장)

Kauppatori

카우파토리(마켓 광장)는 헬싱키의 주요 항구 옆에 있는 공공 광장이다. 카우파토리Kauppatori를 방문하여 문화 행사와 헬싱키 최고의 미식 요리, 별미, 수공예품을 즐길 수 있다. 블루베리, 클라우드 베리등의 과일가게와 그 뒤에는 생선이나 전통 고기 파이, 과자 등 다양한 핀란드 별미와 신선한 음식을 먹어볼 수 있는 기회이다. 광장은 에스프라나디Esplanadi 공원, 헬싱키 시청 등의 관광지와 인접해 있다. 헬싱키 중심의 시장에서 직접 만든 수공예품, 고급 핀란드 식품, 기념품 등 특별한 상품을 만나볼 수 있다.

홈페이지_ www.hel.fi **위치_** 에스프라나디 동쪽 끝
주소_ Kauppatori
전화_ +358 931 023565

올드 마켓

카우파토리(Kauppatori) 옆에 있는 올드 마켓은 헬싱키에서 가장 훌륭한 해산물과 다양한 먹거리와 수제제품을 파는 곳이다. 미각을 키우는 재래시장인 올드 마켓은 19세기 후반에 문을 열었으며 고급 치즈, 신선한 생선과 조개류, 전통 케이크, 향신료를 판매한다. 역사적인 올드 마켓에서 커피와 가벼운 식사를 하면서 여유를 즐길 수 있다.

광장의 계절 모습

여름

매달 첫 번째 금요일 저녁에 활기 넘치는 마켓 광장에는 빈티지 자동차 전시를 볼 수 있다. 기원은 알려져 있지 않지만 관광객과 현지인 모두에게 클래식 자동차를 감상하고 차주들을 만나볼 수 있는 기회를 제공한다.

가을

매년 10월 초에 열리는 발트해 청어 축제가 있다. 카우파토리가 떠들썩한 해양 테마의 공간으로 변화하는 것을 볼 수 있다. 훈제, 회, 튀김, 절임, 발효 등 다양하게 준비된 발트해 청어를 즐길 수 있다.

겨울

난방을 한 천막 카페에서 뜨거운 커피와 달콤한 간식을 판매한다. 광장은 다양한 종류의 맛있는 산딸기 열매, 화려한 꽃, 고급 아이스크림도 유명하다. 헬싱키 시립 박물관, 헬싱키 성당 같은 다른 관광지를 방문하는 동안 카우파토리에서 다양한 행사를 한다.

스토크만
Stokmann

1930년에 처음 문을 연 이후, 2010년에 마지막으로 확장된 스토크만Stokmann은 현재 헬싱키에서 가장 큰 쇼핑센터이다. 다양한 종류의 브랜드와 헬싱키 최고의 식품 매장들로 채워져 있는 스칸디나비아 최대 규모의 쇼핑몰이다.
상점들이 8층 건물의 7개 층에 퍼져 있으며 총면적 50,000㎡ 이상을 차지하고 있다. 헬싱키 최대 규모의 소매점 집결지인 스토크만에서 명품 브랜드의 세련된 옷이나 향수가 주로 판매되는 제품이다. 머리를 하거나 헬스클럽에서 운동을 하거나 사람들로부터 벗어나 식사를 할 수도 있다.
현관을 지나 밝고 화려한 공간으로 들어가면 최신 유행제품과 최대 브랜드들을 볼 수 있다. 아디다스, 나이키 등의 브랜드에서 스포츠 장비를 구입하거나 셔츠나 원피스를 고르기도 하고 향수 매장에서는 기분 좋은 향의 향수를 판매하고 있다. 소프트웨어나 전자 기기가 필요하다면 전자제품 매장에서 최신 컴퓨터, 휴대폰, 기타 최첨단 제품을 구입할 수 있다.
7층의 관광 안내소에서 면세 방법에 대한 정보를 얻을 수 있다. 스토크만Stokmann의 1, 8층에 있는 다양한 레스토랑에서 식사를 즐길 수 있다. 피자부터 아시아 요리와 인기 메뉴까지 다양한 요리가 있다.

홈페이지_ www.stokmann.com
주소_ Aleksanterinkatu 52 B
시간_ 9~21시(토요일 19시까지, 일요일 11~18시)
전화_ +358-358-91211

우스펜스키 대성당

Uspenski Cathedral

헬싱키의 역사적인 카타자녹카 지역의 언덕 꼭대기에 있는 서유럽에서 가장 큰 러시아 정교회 성당은 핀란드에 남아 있는 러시아 제국의 유물이다. 우스펜스키 대성당에서 웅장한 건축 양식을 보고 헬싱키에 끼친 러시아의 영향을 짐작할 수 있다. 대성당의 내부를 둘러보면 헬싱키의 루터파 교회와 다른 점을 발견할 수 있다.

헬싱키 내에서는 멀리에서도 볼 수 있는 녹색 첨탑 꼭대기의 황금빛 양파 모양 돔을 올려다보고 길 건너편에서 찬란한 종교 건축물의 모습을 감상할 수 있다. 황금빛 십자가는 대성당의 꼭대기를 표시하고 있으며 밤에는 따뜻한 조명으로 밝혀진 교회를 볼 수 있다. 교회는 광장과 피크닉을 즐기기에 좋은 잔디밭이 있는 바위 언덕으로 둘러싸여 있다. 탁 트인 전망을 감상할 수 있는 인접한 언덕에 올라가 20세기 초반의 다채로운 건축 양식이 있는 매혹적인 카타자녹카 지역을 돌아다녀 보자.

대성당에 들어가면 천장이 눈에 띄게 높은 본당의 크기가 놀랍게 다가온다. 러시아 정교회 성당은 헬싱키의 루터파 교회와 비교해서 화려하게 장식되어 있다. 1862년에 착공하여 6년 동안 진행된 교회 건설에는 건축가 알렉세이 고르노스타예프가 설계하였다. 건물은 크림 전쟁에서 파괴된 알란드의 Bomarsud 요새에서 가져온 벽돌로 지어졌다. 대성당 건설에서 기반으로 삼은 모스크바에 있는 16세기 교회의 이미지와 비교해 보는 것도 좋은 방법이다. 우스펜스키 대성당은 운하로 본토와 분리되어 있는, 헬싱키 중심부의 카타자녹카 지구에 위치해 있다.

홈페이지_ www.hos.fi **주소_** Kanavakatu 1
위치_ 헬싱키 기차역에서 동쪽으로 1.6㎞
시간_ 9시 30분~16시
전화_ +358-985-646100

카타자녹카
Katajanokka

작은 섬에 위치한 대 관람차에서 20세기 초반의 아르누보 건축을 볼 수 있다. 헬싱키 도심에서 동쪽에 있는 곳인 카타자녹카Katajanokka는 다채로운 건축 양식과 헬싱키의 러시아 통치 시기의 유물이 있는 중심지이다. 1900년대 초기로 거슬러 올라가는 지역에 서유럽에서 가장 큰 러시아 정교회 성당과 크루즈 페리가 있는 작은 항구가 자리해 있다.

웅장한 우스펜스키 대성당이 북서쪽에서 방문객들을 맞이한다.

초록색 첨탑과 황금빛 돔이 있는 거대한 암적색 외관을 보고 교회 안으로 들어가 헬싱키 대성당이 지닌 단순한 내부와 교회의 화려한 본당이 어떻게 다른지 비교하면서 보는 것이 좋다.

헬싱키 기차역에서 동쪽으로 15분 동안 걸으면 본토와 지구를 분리하는 좁은 운하에 도착할 수 있다. 작은 섬에 있는 많은 정류장이 있어서 버스를 타고 가다가 원하는 장소에서 내리면 된다.

카타자녹카(Katajanokka) 한눈에 파악하기

조용한 잔디밭에서 피크닉을 즐기고 교회가 서 있는 언덕 위로 올라가 카타자녹카(Katajanokka)의 탁 트인 전망을 감상하고 핀 에어 스카이 휠을 타고 40m 공중에서 풍경을 바라볼 수 있다.

옛 해군 막사의 노란색 건물과 스토라엔소 본사의 특이한 정육면체 건물 등이 있다. 아르누보 건물들이 늘어서 있는 루오트시카투(Luotsikatu) 구역을 둘러보자. 검은색 작은 탑과 진홍색 외관이 특징인 탈버그 하우스가 유명하다.

전 핀란드 대통령 마우노 코이비스토와 작곡가 에이노유하니 라우타바라가 살았던 곳은 예술적 분위기가 느껴지는 곳이다. 본토와 분리시키는 인공운하로 연결된 지구는 엄밀히 따지면 섬이다. 3개의 다리 중 하나를 건너서 찾아갈 수 있다.

캄피 광장
Kamppi

도시의 번화한 중앙 지구에는 환상적인 갤러리, 인상적인 건물, 핀란드식 스타일을 즐길 수 있는 8층짜리 백화점이 있다. 핀란드 최대 규모의 회화와 조각 컬렉션을 감상하고 수상 경력에 빛나는 캄피 예배당에서 국가 정부가 자리해 있는 거대한 건물을 구경하고 멋진 지하 공연장의 쇼도 볼 수 있다.
핀란드에서 캄피[Kamppi]처럼 높은 수준의 다양한 박물관을 찾을 수 있는 곳은 없다. 관광을 시작하기 좋은 곳은 핀란드 국립박물관이다. 선사 시대의 역사를 보여주는 전시물과 반짝이는 동전, 메달, 칼이 있는 지하 금고에 들러보자.

홈페이지_ www.kamppi.fi
주소_ Urho Kekkosen Katu 1
전화_ +358-466-294846

캄피(Kamppi) 광장 바라보기

남쪽으로 걸어가면 아테네움 미술관(Ateneum Museo)에서 훌륭한 전시를 만날 수 있다. 화가 에델펠트, 짐베르크, 할로넨의 작품들이 걸려 있고, 남쪽에 있는 키아스마 현대 미술관은 밝은 색의 독특한 작품과 조각을 전시하고 있다.
1920년대로 거슬러 올라가는 거대한 국회의사당을 볼 수 있는 북서쪽에는 적색 화강암으로 만들어진 고전적인 외관을 하고 있는 큰 기둥을 볼 수 있다.
단단한 돌 안에 들어가 있는 인상적인 건축물은 판유리와 구리줄이 아름다운 돔형 지붕을 형성해 놓았다. 나린카(Narinka) 광장에 있는 캄피 예배당(Kamppi Chapel of Silence)은 복잡한 무늬의 나무로 만들어진 예배당은 국제 건축상을 수상했다.

캄피 예배당
Kamppi Chapel of Silence

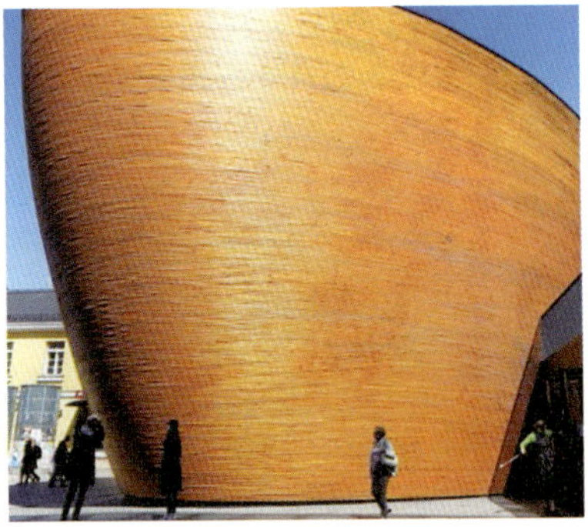

현대적인 예배당은 헬싱키의 도심에서 명상을 즐길 수 있는 최고의 장소로 여겨진다. 캄피 예배당Kamppi Chapel of Silence은

독특한 미니멀리즘 목조 디자인의 루터파 교회이다. '침묵의 예배당'이라고 불리는 목조 건물은 다양한 배경과 신앙을 가진 방문객에게 명상의 장소로 열려 있다.

홈페이지_ www.helsinginseurakunnat.fi
위치_ 키아스마 현대 미술관은 캄피 예배당에서 도보로 약 5분, 캄피의 나린카 광장 옆
주소_ Simonkatu 7 **시간_** 10~18시
전화_ +358-923-402018

인상적인 특징

혁신적인 목조 건축 양식을 보여주고 있는 예배당을 눈여겨보면 내벽은 기름을 바른 오리나무 판자로 만들어졌다. 창호는 거대한 물푸레나무 원목을 사용하여 지어졌고, 11m가 넘는 높이의 본당은 예배당의 가장 인상적인 특징 중 하나이다.
1970년대부터 현재까지 약 8,000점의 작품을 포함하는 뛰어난 현대 미술 컬렉션을 보유하고 있다. 신예 현대 미술가와 저명한 현대 미술가들의 사진, 만화, 조각, 설치, 디지털 작품 등을 전시한 캄피 예배당은 대형 쇼핑 엔터테인먼트 단지인 캄피 센터와 아름다운 공공 공간인 에스프라나디 공원에도 인접해 있다.

수오멘리나 요새
Suomenlinna Viaporin Linnoitus

수오멘리나 요새Suomenlinna Viaporin Linnoitus는 인상적인 건축물이 6개의 작은 섬을 가로질러 펼쳐져 있는 18세기 해상 요새이다. 육군 원수 오귀스탱 에렌스베르트 백작이 1748년에 세운 요새는 바다와 인접한 섬들의 절경을 감상할 수 있다. 잘 보존된 요새 안에 자리해 있는 박물관 때문에 헬싱키에서 가장 인기 있고 흥미로운 장소로 알려져 있다. 섬들 사이에서 반짝이는 아름다운 바다의 풍경을 보면서 역사적인 군도의 섬으로 여행을 가고 세계 최대의 해상 요새와 박물관, 주변 건물을 둘러보게 된다.

군도의 중앙에 있는 안내소를 방문해 요새에 대한 정보를 확인하고 건물에서 다양한 도보 투어를 출발할 수 있다. 1700년대의 유물이 전시된 박물관을 방문하고 요새 주위로 자갈길이 구불구불 나 있는 분위기를 즐길 수 있다. 따뜻한 여름밤에 아름다운 장소에서 석양을 감상하며 저녁까지 머물고 본토의 마켓 광장에서 산 음식을 섬으로 가져와서 피크닉을 즐기는 모습도 볼 수 있다.

홈페이지_ www.suomenlinna.fi
이동방법_ 카우파 광장에서 페리가 20분마다 출발
주소_ Suomenlinna C1 **시간_** 10~18시 **요금_** 8€
전화_ +358-295-338410

요새 건축학

적으로 옥외 계단과 정교한 선조 설계가 특징인 킹스 게이트(Kings Gate)와 요새 주위를 수호하는 러시아 통치 시대의 대포를 살펴보고 항공과 해상 교통을 위한 등대의 역할도 하는 수오멘리나(Suomenlinna) 교회의 상징적인 녹색 돔을 볼 수 있다. 바스티언 잰더(Vastian Zender)는 도시의 가장 오래된 건물이다. 깃발은 핀란드 독립을 기념하기 위해 1918년에 처음으로 게양되었다.

헬싱키에서 문화를 즐기자! Best 2

국립 극장(National Theater / Suomen Kansallisteatteri)

19세기 핀란드 문화 운동에서 중요한 역할을 한 역사적인 극장은 신낭만주의 양식으로 지어졌다. 국립 극장은 헬싱키의 극예술 현장의 대부분이 펼쳐지는 4개의 무대가 있는 역사적인 건축물이다. 극장 앞 광장에 서 있는 핀란드 작가 알렉시스 키비의 동상과 극장의 북쪽에 있는 분수가 활기찬 극장 분위기를 만들어준다. 1872년에 처음에는 순회 극단이었던 단원조직은 핀란드어를 사용하는 가장 오래된 극장으로 발전하였다. 빨간 탑, 녹색 돔, 정교한 세부 장식이 인상적이다.

건축가 온니 퇴른크비스트-타르야네가 설계한 건물은 1800년대 핀란드에서 인기 있었던 신낭만주의 디자인의 건물이다. 885석 규모의 메인 스테이지에서 공연을 선보인다. 실내 장식의 메인 공연장에는 황금 발코니가 정교하게 장식되어 있고 붉은 관객석들이 줄지어 있다. 작은 공연장은 307석 규모이고 윌렌 사우나 공연장에는 154명을 수용할 수 있는 공간과 친밀한 분위기의 오마포흐야 스튜디오는 80석 규모의 작은 공연장이다.

국제적인 작품을 관람하거나 옛 그리스나 로마 작품을 감상할 수 있다. 아방가르드 공연이나 핀란드어로 공연하는 현지 연극을 감상할 수도 있다. 핀란드가 러시아 제국의 일부였고 스웨덴어가 지적 엘리트층의 언어였을 때 핀란드어를 유일하게 사용하는 극장으로 시작해 독립을 위한 문화 운동과 연관이 있다.

홈페이_ www.kansallisteatteri.fi **위치_** 헬싱키 중앙역 광장 북쪽 위치, 지하철 하카니에미Hakanniemi 역 하차
시간_ 10~19시(극장 매표소 월~토요일 운영) **전화_** +358-9173-31331

핀란디아 홀(Finlandia - Talo Huset Hall)

홈페이지_ www.finlandiatalo.fi **위치_** 현대 미술관 근처, 깜삐[Kamppi]역 하차 **주소_** Mannerheimintie 13
시간_ 9~19시(월~금요일) **전화_** +358-940-241

핀란디아 홀은 인상적인 현대 건축 양식으로 높이 평가되는 회의장이자 행사장이다. 약 1,700석 규모의 공연, 고급 식당, 퇼로 베이의 훌륭한 전망을 볼 수 있는 대형 베란다 등 다양한 구역으로 이루어져 있다. 국제 음악 행사에 참석하고 헬싱키의 다목적 공간을 가이드 투어로 둘러볼 수 있다.
핀란디아 홀에서는 알바 알토 재단과 협력하여 투어를 진행하고 있다. 건물의 독특한 인테리어 디자인은 모든 표면, 가구, 장식 패널이 건축적 기능성에 대한 알바 알토의 비전을 상징하여 디자인 되었다. 퇼로 베이의 헬싱키 중심부에 위치한 핀란디아 홀은 연중 내내 이벤트가 개최되어 헬싱키 시민들의 문화생활을 책임지고 있다.

알바 알토

유명한 핀란드 건축가인 알바 알토는 단순함과 기능성을 생각하고 핀란디아 홀을 설계하여 20세기 후반에 완공되었다. 홀의 경사진 지붕은 우수한 음향을 위해 의도된 것이다. 대강당은 국제 정상 회의, 엔터테인먼트 행사, 회의 같은 중요한 행사에 사용되었다.

전시

박물관에는 석기 시대부터 현재까지 핀란드의 역사가 보존되어 있다. 고대 동전, 메달, 장식 등 기타 문화적 중요성이 있는 전시품을 포함하는 박물관의 상설 컬렉션에서 흥미로운 유물을 볼 수 있다.

헬싱키의 특이한 교회 Best 3

템펠리아우키오 교회(Temppelliaukion Kirkko)

화강암 바위의 안을 파내서 건축물을 깎아 만든 템펠리아우키오 교회Temppelliaukion Kirkko는 흔히 '바위 교회'라고 불린다. 교회보다는 바위로 된 은신처처럼 보이는 교회는 자연 그대로의 바위를 깎아 만들었다. 바위 표면에 세워진 템펠리아우키오 교회Temppelliaukion Kirkko는 세계에서 가장 비범한 종교 건물이다. 교회는 암석 노두 속에 지어졌으며 구리선으로 만든 천장은 호화로운 현대적 인테리어를 갖추고 있다. 교회의 기원은 티모 수오말라이넨과 투오모 수오말라이넨이다. 1969년에 문을 연 교회의 이름은 핀란드 어로 '템플 스퀘어Temple Square'를 의미한다.

지상에서 약 12m 솟아있는 원형 구리 돔은 교회의 외부에서 유일하게 눈에 띄는 부분이다. 구리 돔이 있는 상징적인 암반층의 모습을 위에서 보면 돔은 비행접시처럼 보인다. 원형 교회 안으로 들어가면 다듬지 않은 자연 그대로의 돌이 내부 벽을 형성하고 있다. 태양광이 통과할 수 있게 설계된 180개의 창유리는 밝고 상쾌한 분위기를 연출한다. 천연자재와 인공자재가 매끄럽게 조화를 이루고 갈색 발코니로 올라가면 교회의 내부를 감상할 수 있다. 바위벽이 제공하는 뛰어난 음향은 클래식 콘서트를 감상하면 느낄 수 있다. 입구의 정보 게시판에 현재 진행 중인 연주회와 기타 행사에 관한 자세한 정보가 있다.

홈페이_ www.temppelliaukionkirkko.fi **위치_** 캄피Kamppi 역 하차 **주소_** Lutherinkatu 3
시간_ 10~18시 **전화_** +358-923-406320

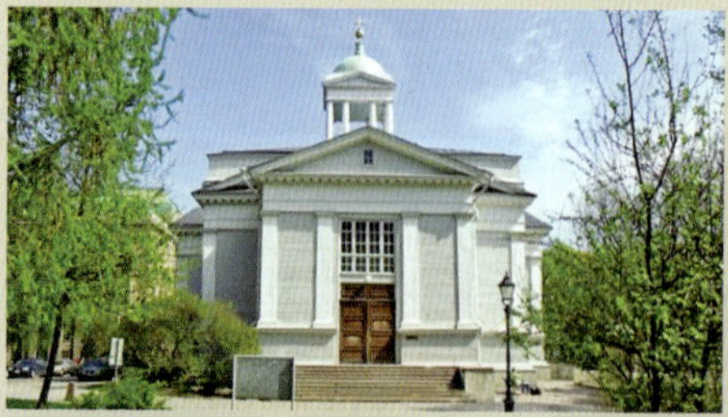

홈페이지_ www.helsinginseurakunnat.fi **위치_** 캄피[Kamppi]역에서 남쪽으로 걸어서 10분 **주소_** Bulevardi 16 B
시간_ 12~15시(월~금요일, 목요일 21시) **전화_** +358-923-406128

헬싱키 올드 교회(Vanha Kirkko)

1,000명이 넘는 흑사병 희생자가 묻혀 있는 공원에 세워진, 헬싱키에서 가장 오래된 교회는 소박한 매력을 뽐낸다. 헬싱키 올드 교회는 도심의 이름이 같은 공원에 있는 신고전주의 건축물이다. 1826년에 지어진 가장 오래된 교회이며 상징적인 지위를 가지고 있다.
25년 후 헬싱키 성당이 완공되기 전에 임시적인 마음의 고향으로 처음 지어지기도 했다. 건축가 카를 루빙 엥겔이 2년 동안 설계했으며 헬싱키가 핀란드의 수도가 된 이후 건설된 최초로 루터파 교회였다.
18세기 범유행병과 관련 있는 인접한 공원이 어떻게 페스트 공원이라는 별명을 붙인 이유는 흑사병 희생자 중 일부가 이곳에 묻혔기 때문이다. 옛 묘지에 남아 있는 50여 개의 묘비와 기념물을 살펴본 후 공원의 북동부 구역에 있는 옛 지역 상인을 위한 제데르홀름 무덤과 1918년 내전으로 사망한 핀란드 군인과 독일 군인의 무덤도 볼 수 있다.

내/외부 모습

교회 지붕의 목조 기와 꼭대기에 있는 녹색 돔을 올려다보면 하얀 외관의 교회와 아름다운 교회 정원의 우아한 디자인을 감상하면서 쉴 수 있다.
갈색 정문이 두드러지게 하얀 외관과 대조되어 돋보인다. 목조 교회는 눈 덮인 겨울에 특히 매력적이다. 여름에는 교회 현관의 계단에서 피크닉을 즐기고 고요한 분위기를 홀조 맛보는 시민들이 의외로 많다. 건물 안으로 들어가 우아한 하얀 실내를 감상하고 32개의 스톱이 있는 19세기 오르간을 볼 수 있다.

세인트 존스 교회(Johannes Church / Saint Johns Church)

1891년에 완공된 교회는 스웨덴 건축가 A. E. 모란데가 이 인상적인 건축물을 설계했다. 수용 인원으로 핀란드에서 가장 큰 석조 교회인 세인트 존스 교회의 쌍둥이 첨탑은 헬싱키에서 가장 상징적인 특징 중 하나이다. 큰 행사나 콘서트에 참석하면 본당에서 뛰어난 음향을 감상할 수 있다. 언덕을 올라가 녹색 첨탑과 정교한 장미창이 있는 이 커다란 고딕 석조 교회의 매력을 발견할 수 있다.

푸나노코 언덕Punanotko Hill에 서 있는 커다란 교회 입구 옆에는 조각가 카리 유바의 세례자 성 요한 동상이 서 있다. 74m에 달하는 녹색 쌍둥이 탑의 측면에 있는 모자이크 디자인의 인상적인 장미창을 볼 수 있다.

중앙 출입구를 지나 교회로 들어가면 2,600석 규모의 본당에서 엄청난 규모의 교회를 직접 볼 수 있다. 재단화의 그림은 유명한 핀란드 작곡가 장 시벨리우스의 처남인 에로 예르네펠트에 의해 만들어졌다. 웅장한 샹들리에를 감상하고 복도를 장식하고 있는 수많은 보물을 찬찬히 둘러보자.

교회가 서 있는 언덕은 6월 중순에 세인트존스 데이를 기념하기 위한 모닥불을 피우는 장소로 수세기 동안 사용되어 왔다. 울창한 숲 속의 고요한 분위기와 교회 밖의 잔디밭은 피크닉을 즐기기에 더할 나위 없이 좋은 장소이다.

위치_ 남쪽 울란리나Ullanlinna 지구, 중앙역 광장Rautatientori 역에서 남쪽으로 도보로 15분 **주소_** Korkeavuorenkatu 12
시간_ 10~15시 **전화_** +358-923-407730

헬싱키 박물관 Best 5

국립 박물관(Suomen Kansallismuseo / National Museum)

핀란드 국립박물관Suomen Kansallismuseo은 전시와 교육 행사를 통해 핀란드의 풍부한 역사를 보존하는 것을 목표로 하는 박물관이다. 고대 동전, 메달, 장식 같은 흥미로운 전시품을 볼 수 있고 어른과 어린이를 위한 양방향 소통형 전시도 준비되어 흥미를 유발하고 있다. 수많은 희귀한 유물을 소장하고 있고, 쌍방향 소통형 학습을 위해 꾸며진 핀란드 국립박물관Suomen Kansallismuseo은 가족 방문객에게 좋은 곳이다.

박물관 건물은 핀란드의 중세 성과 교회를 반영한 정교한 구조물이다. 20세기 초에 민족낭만주의 스타일의 건축 양식과 아르누보 스타일의 인테리어가 조화로운 건물이다.

홈페이지_ www.kansallismuseo.fi **위치_** 캄피Kamppi역, Rautatientori역 하차 **주소_** Mannerheimintie 34
시간_ 11~18시(월요일 휴관) **전화_** +358-40-128-6469

박물관 입구에 있는 핀란드 조각가 에밀 웍스트롬Emil Wikström의 곰 동상이 인상적이다. 스웨덴어를 구사한 핀란드 화가인 악셀리 갈렌-칼레라의 프레스코화와 석기시대의 엘크 머리 동석 조각 같은 흥미로운 전시품들은 12~20세기 초반까지 핀란드 문화의 발전과 관련된 전시품들이다.

내부사진

고대 중세

쌍방향

워크숍 빈티(3층)

양방향 소통형 전시가 있다. 핀란드의 왕, 왕비, 황제, 대통령의 역사에 대해 알아볼 수 있도록 준비해 어린이의 박물관 방문을 높이고 있다. 워크숍 빈티는 실험과 직접 체험을 통해 학습하는 것에 초점을 맞추고 있으며 자녀와 같이 온 부모나 학교에 호응이 좋다. 20세기 초반 벽돌집과 통나무 집 짓기, 말에 마구 씌우기 등의 활동이 있다.

가이드 투어

박물관을 둘러보면서 선사 시대부터 현재까지 수많은 흥미로운 유물을 둘러보고 핀란드의 역사에 대해 설명해 준다. 전문가의 토론이나 그룹 토론이 있는 특별 가이드 투어 등도 있다.

세우라사리 야외 박물관(Seurasaari Open Air Museum)

세우라사리 야외 박물관은 한국 민속촌을 보는 것 같은 느낌으로 북서쪽의 섬에 위치하고 있지만 섬까지 긴 다리로 연결되어 있다. 헬싱키 서부 해안에 있는 이름의 시조가 된 섬에 있다. 다양한 건축 양식과 핀란드 여러 지방의 생활 방식을 보여주기 위해 조성되었다.
전통 핀란드 농장 구역에는 안티 농장, 이바르스 농장, 쿠르시 농장, 니에멜래 소작 농장이 배치되어 있다. 마지막 농장은 1909년에 최초로 박물관이 이곳으로 가져온 한 무리의 건물들 중 하나였다. 카힐루오토 매너 하우스를 방문하면 빨간색 외관, 당대 가구, 귀족 역사를 확인할 수 있다.
고풍스러운 건물들을 둘러싸고 있는 숲은 겨울에는 눈으로 덮인 매력적인 목조 건축물을 볼 수 있다. 섬에는 작은 해변과 피크닉을 즐기기에 좋은 잔디밭과 녹음이 우거진 섬의 푸른 초원을 따라 산책할 수 있다.

홈페이지_ www.museovirasto.fi **위치_** 버스로 30분 **주소_** Seurasaari **전화_** +358-9-4050-9660

간략한 박물관 역사

18~20세기까지 핀란드의 농촌 생활을 반영하는 87개의 개별 건물이 박물관과 이름이 같은 섬으로 옮겨져 와서 복합 단지를 이루고 있다. 울창한 숲과 예쁜 해변이 있는 경치 좋은 섬에 자리한 역사적인 건물들로 구성된 흥미로운 박물관에서 수 세기에 걸친 핀란드의 생활양식과 풍습을 경험할 수 있다.
박물관에서 가장 오래된 건축물은 카루나 교회이며 1685년에 지어졌고 1912년에 여기로 옮겨져 왔다. 1909년에 악셀 올라이 헤이켈 교수가 박물관을 설립하여 사적인 용도로 개인이 건설했던 교회의 장신구와 장식품도 전시되어 있다.

디자인 박물관(Design Museum)

핀란드와 전 세계 디자인의 역사를 보존하는 것을 목표로 설립된 디자인 박물관은 디자인 도면, 사진, 전시품으로 이루어진 방대한 컬렉션을 소장하고 있다. 19세기 후반부터 운영된 헬싱키 디자인 박물관[Design Museum]은 유럽에서 가장 오래된 박물관 중 하나이다. 20세기 후반부터 현재의 박물관이 자리해 있는 곳은 구스타프 뉘스트롬[Gustaf Njustrom]이 설계한 신 고딕 건축 양식의 19세기 학교 건물이다.
고전적인 핀란드 디자인을 감상할 수 있는 상설 컬렉션에는 75,000점 이상의 전시품, 45,000개의 도면, 125,000개의 사진으로 이루어져 있다. 유리, 휴대폰, 독특한 가구와 의류 등 핀란드의 풍부한 디자인 역사를 보여주는 수많은 매혹적인 소장품들이 많다.
현대적인 핀란드 건축에 초점을 맞춘 박물관은 디지털 이미지, 사진, 모형, 도면의 뛰어난 컬렉션으로 이루어져 있다. 박물관에서 본 디자인제품은 다양하게 구비되어 있는 건축 관련 서적, 엽서, 포스터를 둘러보면서 구입할 수 있다.

홈페이지_ www.designmuseum.fi **위치_** 핀란드 건축 박물관까지 도보로 5분
주소_ Korkeavuorenkatu 23 **시간_** 11~18시 **전화_** +358-3-589622-0540

자연사 박물관(Luonnontieteellinen museo)

1913년에 지어진 헬싱키의 자연사 박물관은 박제 모형, 지질학 전시품, 다채로운 정원이 종합적으로 수집되어 있는 복합 전시 단지이며 전 세계의 식물학, 동물학, 지질학, 고생물학 표본을 전문적으로 전시하고 있다. 핀란드의 사계절을 재현한 배경 속에 박제된 곰과 다른 동물들이 분포해 있는 핀란드 자연 전시실에는 핀란드의 고유성을 확인할 수 있다.
헬싱키 대학교의 일부로 포함된 연구 시설 역할을 하고 있는 박물관은 지라프스 인 더 김나지움 전시실이 유명하며 박물관의 시작과 목적에 대한 이야기가 담긴 사진과 안내판을 보면서 관람할 수 있다. 다양한 박제 동물들을 살펴보고 식물원의 아름다운 분수 사이를 거닐면서 지질학적 수집품을 관찰이 가능하다.
자연사 전시가 있는 본관에서 기차역 건너편에 있는 쿰풀라 식물원과 카이사니에미 식물원도 있다. 연못, 다리, 핀란드 국내외의 다채로운 식물로 채워져 있는 경치 좋은 공원을 산책하고 박물관의 주요 지질학적 수집품이 있는 쿰풀라 매너 하우스는 과학적 가치도 상당하다.

홈페이지_ www.luomus.fi **위치_** 캄피Kamppi 역 하차 후 북쪽으로 5분 정도 이동 **주소_** Pohjoinen Rautatiekatu 13
시간_ 10~17시 **전화_** +358-9191-8000

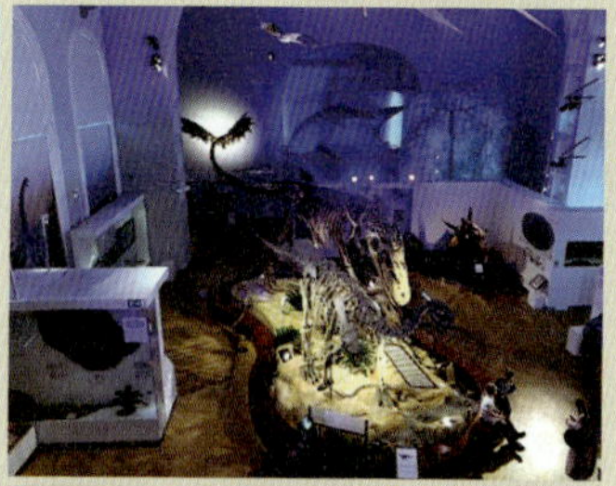

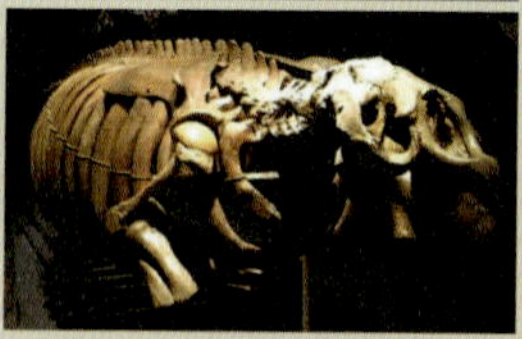

홈페이지_ www.kiasmaa.fi **위치_** Mannerheiminaukio 2 **시간_** 10~17시 **전화_** +358-9173-36501

키아스마 현대 미술관(Kiasma Modern Museum)

핀란드 국립 미술관의 현대 미술 작품 컬렉션은 20세기 후반에 시작되었다. 핀란드와 다른 주변 국가 출신의 현대 예술가들의 작품에 초점을 맞추고 있는 키아스마 현대 미술관을 방문하면 1970년대부터 현재까지의 뛰어난 작품을 감상할 수 있다. 현대 미술관에는 설치 작품, 실험 작품, 디지털 작품, 회화 등이 있다. 키아스마 현대 미술관은 현재를 반영한 새로운 작품을 수집하고 전시하는 것을 목표로 한다.
핀란드 최대의 미디어 아트 컬렉션 중 하나를 전시하고 있다. 뉴욕에 기반을 둔 미국의 건축가 스티븐 홀이 설계한 키아스마 건물은 핀란드 국립 미술관을 구성하는 3개의 박물관으로 다른 시설은 아테네움 미술관과 시네브리코프 미술관이다.

만네르헤임 동상 & 박물관(Mannerheim Mournment & Museo)

키아스마 현대미술관을 방문할 때 인상적인 칼 구스타프 만네르헤임의 동상Mannerheim Mournment을 찾아가보자. 만네르헤임 동상Mannerheim Mournment은 핀란드 군부 지도자이자 정치자인 칼 구스타프 만네르헤임Mannerheim을 묘사하고 있다. 동상은 말을 타고 전투에 나가려고 하는 모습을 보여준다. 국회의사당, 키아스마 현대미술관, 핀란드 국립박물관을 찾으면 볼 수 있다.

만네르헤임 동상Mannerheim Mournment에서 10분 거리인 만네르헤임 박물관Mannerheim Museum을 찾으면 핀란드 지도자에 대해 알 수 있다. 박물관은 만네르헤임Mannerheim이 헬싱키에서 마지막으로 살았던 저택 안에 있다. 사령관의 군사적 업적에 대한 전시가 대부분이다.

홈페이지_ www.Mannerheim-museo.fi **주소_** Kalliolinnantie 14 **시간_** 11~16시 **전화_** +358-358-096-35443

칼 구스타프 만네르헤임(Mannerheim)

1918년 해방 전쟁, 1939~1940년 겨울 전쟁, 1941~1944년 계속 전쟁에서 핀란드 방위군의 최고 사령관으로 참전했고 1944년부터 1946년까지 핀란드 대통령을 지냈다.

만네르헤임 동상에서 가까운 박물관

키아스마 현대미술관

만네르헤임 동상 옆에 키아스마 현대미술관 입구가 있다. 키아스마에는 1970년대부터 현재까지의 현대 미술 작품이 전시되어 있다. 핀란드와 주변 국가의 예술가가 만든 설치예술, 미디어 아트, 회화, 조각 같은 작품을 볼 수 있다. 박물관은 헬싱키에서 건축학적으로 중요성을 지닌 건물로 여겨진다.

핀란드 국립박물관

걸어서 5~10분이 소요된다. 석기 시대부터 현재까지의 핀란드 역사를 보존하고 있다. 박물관의 전시에는 고대 동전, 메달, 장식, 가구, 보석 등 흥미로운 전시를 볼 수 있다.

시벨리우스 기념비 & 공원

Sibelius Mournment & Park

그림 같이 아름다운 공원에는 600개의 파이프로 된 경이로운 기념비는 핀란드 출신의 음악가인 시벨리우스를 기념하기 위한 것이다. 기념비 주변을 돌아다니면서 관광객과 현지인들은 사진을 찍는다. 나무, 잔디밭, 공원 오솔길로 이루어진 공원은 헬싱키 시민들의 허파역할을 하고 있다. 바람이 부는 날에 기념비를 찾아가면 파이프가 내는 음악 소리를 들을 수도 있다. 시벨리우스 공원의 아름다운 숲 속을 산책하고 잔디밭에 자리를 잡고 피크닉을 즐기는 시민들을 볼 수 있다. 상징적인 핀란드 시의 한 장면을 묘사한 동상인 칼레발라 기념비와 전사자에게 경의를 표하는 제2차 세계대전 기념비도 있다.

홈페이지_ www.visitfinland.fi

위치_ 헬싱키의 톨로 지구에 있는 이름의 시조가 된 공원 중앙, 기념비에서 도보로 약 30분

주소_ Mechelininkatu

시벨리우스 기념비(Sibelius Mournment)

공원의 한가운데에 있는 추상 예술 작품이다. 핀란드의 예술가 엘라 힐투넨이 제작한 후 처음에 파시오 무지카Passio Musicae라는 제목이 붙인 기념비는 1967년 시벨리우스 사후 10주년에 처음 공개된 작품의 추상적인 디자인은 많은 논란의 원인이 되었다.

핀란드의 작곡가 장 시벨리우스Jang Sibelius를 기리는 조형물은 공중에서 떠있는 것처럼 보이는 오르간 파이프로 구성되어 있다. 속이 빈 600개의 강철 파이프들이 조형물은 흐르고 움직이듯이 파이프가 물결 모양을 형상화해 놓았다. 높이가 8.5m이고 너비가 6.5m인 기념비는 크다. 수많은 파이프 중에 오직 3개만 바닥에 닿아 조형물을 지지하고 있으며 추상적인 오르간이 공중에 떠있는 착각을 불러일으킨다. 기념비의 옆면에는 1865년 태어난 작곡가의 젊은 시절 모습을 한 흉상을 볼 수 있다.

헬싱키 교외
Helsinki Suburb

헬싱키 동물원
Korkeasaari Zoo

지구 환경을 탐험하고 세계적으로 몇 안 되는, 헬싱키 동쪽에 있는 섬 코르케아사아리Korkeasaar에 있는 동물원이다. 1889년부터 운영된 헬싱키 동물원에서 희귀한 표범을 감상하고 곰과 사자를 관찰할 수 있다. 머리 위로 날아다니는 앵무새 무리를 살펴보거나 먹이를 잡기 위해 빠르게 내려와 물속으로 뛰어드는 맹금류를 볼 수 있다. 하카니에미에서 페리(5~8월)를 타거나 겨울에는 섬의 북쪽에서 다리를 건너가면 된다.

희귀동물

150종의 동물을 구경할 수 있는 섬 동물원은 시끄러운 도시와 분리된 세계에 들어간 것처럼 느껴진다. 불곰이 어슬렁거리고 순록과 몽고 야생말이 냉지에서 먹이를 찾아다니는 눈 덮인 툰드라로 들어갈 수 있다. 운이 좋으면 현재 야생에 서식하고 숫자가 70마리에 불과한 희귀한 아무르표범을 볼 수도 있다.

호주 구역

에뮤와 캥거루를 구경하고 새 우리로 이동해 마코 앵무새가 공중을 가득 채운 장면을 볼 수 있다. 땅에는 수백 종의 열대 식물로 덮여 있다.

홈페이지_ www.korkeasaar.fi
주소_ Mustikkamaanpolku 12
시간_ 10~16시 **전화_** +358-503-525989

조대현
63개국, 198개 도시 이상을 여행하면서 강의와 여행 컨설팅, 잡지 등의 칼럼을 쓰고 있다. MBC TV 특강 2회 출연(새로운 나를 찾아가는 여행, 자녀와 함께 하는 여행)과 꽃보다 청춘 아이슬란드에 아이슬란드 링로드가 나오면서 인기를 얻었고, 다양한 강의로 인기를 높이고 있으며 '트래블로그' 여행시리즈를 집필하고 있다.
저서로 크로아티아, 모로코, 호주, 가고시마, 발트 3국, 블라디보스토크, 퇴사 후 유럽여행 등이 출간되었고 후쿠오카, 러시아 & 시베리아 횡단열차, 폴란드, 체코&프라하, 아일랜드 등이 발간될 예정이다.

폴라 http://naver.me/xPEdID2t

정덕진
10년 넘게 게임 업계에서 게임 기획을 하고 있으며 호서전문학교에서 학생들을 가르치고 있다. 치열한 게임 개발 속에서 또 다른 꿈을 찾기 위해 시작한 유럽 여행이 삶에 큰 영향을 미쳤고 계속 꿈을 찾는 여행을 이어 왔다. 삶의 아픔을 겪고 친구와 아이슬란드 여행을 한 계기로 여행 작가의 길을 걷게 되었다. 그리고 여행이 진정한 자유라는 것을 알게 했던 그 시간을 계속 기록해나가는 작업을 하고 있다. 앞으로 펼쳐질 또 다른 여행을 준비하면서 저서로 아이슬란드, 에든버러, 발트 3국, 퇴사 후 유럽여행, 생생한 휘게의 순간 아이슬란드가 있다.

트래블로그

발트 3국 & 헬싱키

초판 3쇄 인쇄 I 2019년 6월 13일
초판 3쇄 발행 I 2019년 6월 17일

글 I 조대현, 정덕진
사진 I 조대현
펴낸곳 I 나우출판사
편집 · 교정 I 박수미
디자인 I 서희정

주소 I 서울시 중랑구 용마산로 669
이메일 I bluewizy@gmail.com

979-11-89553-70-8 (13980)

※ 일러두기 : 본 도서의 지명은 현지인의 발음에 의거하여 표기하였습니다.